普通高等教育电子信息类规划教材

数字音频技术及应用

谢　明　编著

机械工业出版社

本书从基础理论到专业知识，从基本原理到实际系统和仿真设计，从简单到复杂，系统地介绍了音频信息处理的基础理论、基本方法和简要算法。本书共10章，包括绪论、音频信息处理与识别系统、音频信息采集与数字化、音频信息变换、音频信息编码、音频信息滤波、音频信息增强、音频信息的信噪分离、音频信息的分割与合成、音频信息的编辑。

本书可以供从事通信与信息工程、信号与信息处理、信息技术与电子工程、计算机网络与多媒体技术、自动化与智能化、生物医学工程等方面的教学、科研、工程、技术人员学习参考，也可作为大专院校相关专业的本科和研究生教材。

图书在版编目(CIP)数据

数字音频技术及应用/谢明编著. —北京:机械工业出版社,2017.7
普通高等教育电子信息类规划教材
ISBN 978-7-111-57411-8

Ⅰ.①数… Ⅱ.①谢… Ⅲ.①数字技术-应用-音频设备-高等学校-教材 Ⅳ.①TN912.271

中国版本图书馆CIP数据核字(2017)第165558号

机械工业出版社(北京市百万庄大街22号 邮政编码100037)
策划编辑：尚 晨 责任编辑：尚 晨
责任校对：张艳霞 责任印制：常天培
唐山三艺印务有限公司印刷

2017年8月第1版·第1次印刷
184mm×260mm·13.75印张·326千字
0001-3000册
标准书号：ISBN 978-7-111-57411-8
定价：39.00元

凡购本书，如有缺页、倒页、脱页，由本社发行部调换

电话服务
服务咨询热线：(010)88379833
读者购书热线：(010)88379649

网络服务
机工官网：www.cmpbook.com
机工官博：weibo.com/cmp1952
教育服务网：www.cmpedu.com
金书网：www.golden-book.com

前　言

声音的感知、传输、处理、识别、存储，自从动物形成以来，就产生并存在于动物界。最早最原始的声音感知，是动物的声音传感细胞、组织或器官。最早最原始的声音传输，是动物的发声细胞、组织或器官。最早最原始的声音处理，是动物的神经细胞、组织、器官或大脑。最早最原始的声音识别，也是动物的神经细胞、组织、器官或大脑。声音感知、传输、处理、识别、存储的能力，随着动物的进化、进步、升级而增强。

音频信息处理理论与技术广泛应用于人类社会的各个方面。可以说，只要有声音的时间、地点、场合、领域，都需要音频信息处理与识别。例如人，只要不是听力障碍的人，只要没睡着，耳和大脑都在接收、处理、识别音频信息。在空间科学领域，包括航天、航空，需要进行音频信息采集、传输、处理、识别、通信等，特别是传输、通信、加密等理论与技术的研究。在军事领域，包括空间、地面、海上海下军事对抗，需要音频信息技术，特别是噪声与抗噪、声呐定位、探测、跟踪、制导等理论与技术研究。在工业生产、制造、建筑领域，需要音频信息技术，特别是噪声与抗噪、超声探伤、测量、定位、切削、加工等理论与技术研究。在农业生产领域，需要音频信息技术，特别是超声灭害、育种、催生、音乐助长、虫害探测、定位、跟踪、诱导等理论与技术研究。在信息工程领域，包括信息系统、信息处理、信息安全、有线通信、无线通信、移动通信、有线网络、无线网络、移动网络等，更是离不开音频信息技术。在生物医学、生命科学领域，需要音频信息技术，特别是超声诊断、检测、定位、治疗、聋哑病理、治理、康复、人工听觉等理论与技术研究。在科学研究、高等教育领域，大部分研究院所、高等院校都有音频信息理论与技术的研究单位和研究课题和项目。这些课题和项目涉及各个领域的应用。在人类的生活领域，包括社会活动、物质生活、精神生活、文化娱乐、智慧城市、智慧社区、智慧家居、智慧服务等，特别是多媒体信息与技术、语言语音技术、音像音响技术等，也离不开音频信息的理论与技术研究。总之，音频信息技术无时不在，无处不有。

本书作者根据自己多年的教学探索、研究、实践和经验，经过总结、提炼、升华和创新，编写了本书。本书从基础理论到专业知识，从基本原理到实际系统和仿真设计，从简单到复杂，深入浅出、图文并茂、有案有例、系统地介绍了音频信息处理的基础理论、基本方法和简要算法。本书共有10章，包括绪论、音频信息处理与识别系统、音频信息采集与数字化、音频信息变换、音频信息编码、音频信息滤波、音频信息增强、音频信息的信噪分离、音频信息的分割与合成、音频信息的编辑。本书可以供从事通信与信息工程、信号与信息处理、信息技术与电子工程、计算机网络与多媒体技术、自动化与智能化、生物医学工程等方面的教学、科研、工程、技术人员学习参考，也可作为大专院校相关专业的本科和研究生教材。

本书在编写过程中，得到学校和学院各级部门的热情鼓励和大力支持，得到同事们的热心关怀和友好建议，也得到机械工业出版社的大力支持。在此，对他们一并表示最真诚的感谢。由于本人水平有限，书中会有一些不足之处，敬请读者批评指正。

谢　明

目　录

第1章 绪　论

1.1 序言

声音，自从宇宙形成以来，就形成并存在于宇宙。声音的感知、传输、处理、识别、存储，自从动物形成以来，就产生并存在于动物界。最早的，也是最原始的声音感知，是动物的声音传感细胞、组织或器官。最早的，也是最原始的声音传输，是动物的发声细胞、组织或器官。最早的，也是最原始的声音处理，是动物的神经细胞、组织、器官或大脑。最早的，也是最原始的声音识别，也是动物的神经细胞、组织、器官或大脑。声音感知、传输、处理、识别、存储的能力，随着动物的进化、进步、升级而增强。

随着人类世界和人类社会的快速进步和高速发展，与时俱进的现实化和现代化，最早的最原始的声音处理已经不能适应人类世界和人类社会的进步和发展。人类需要更好的理论、先进的方法、高级的手段、崭新的设施进行声音处理，去适应世界的变革，去满足社会的需求，去解决社会的问题，去维系人类的生成。因此，声音处理的研究具有重大的理论意义和社会价值。

人类从自然界接收的信息主要有五大信息：视觉信息即图像和视频信息、听觉信息即声音和音频信息、触觉信息即冷暖软硬等信息、嗅觉信息即气味信息、味觉信息即味道信息。这些信息中，视觉信息占60%，听觉信息占20%，其他信息占20%。可见，音频信息是人类和自然界进行信息互通的第二大信息。因此，音频信息感知、传输、处理、识别、存储的研究具有重大的理论意义和社会价值。

音频信息处理，最早的恐怕要算是1876年3月10日美籍英国人亚历山大·格雷厄姆·贝尔（Alexander Graham Bell）发明的贝尔电话（Bell Telephone）。贝尔电话是把声音转换成音频电信号，音频电信号通过金属线从电话发送端传输到电话接收端，在电话接收端，再把音频电信号转换成声音。贝尔电话的声电转换传感器是磁铁弹簧片话筒，电声转换器也是电磁弹簧片听筒。那时，贝尔电话还没有音频信息处理和识别功能。贝尔电话也是最早的有线通信系统（Cable Communication）。后来，贝尔电话经过不断地改进、创新，逐步发展成了当代的电信网络电话和电信网络通信（Telecommunication）。如今的电信网络电话和通信具有高级先进的声电转换和电声转换以及强大的智能化的音频信息传输、处理、识别、存储功能。贝尔有线电话也发展成了当代的无线电话（Wireless Phone）和移动电话（Mobile Phone）。如今，移动电话比电信电话功能更强大，智能化程度更高。

音频信息存储，最早的恐怕要算是1877年8月15日美国人托马斯·阿尔瓦·爱迪生（Thomas Alva Edison）发明的留声机（Gramophone）和唱片（Microgroove）。爱迪生留声机是把声音转换成波形轨道存储在介质唱片上，被称为留声，即录音。回放时再从介质唱片上读取轨道波形转换成声音，被称为放声，或放唱。声音转换成波形轨道的传感器是一片振动片、一个杠杆和一颗唱针组成的机械装置，称为录音头。录音时，声音振动振动片，振动片通过杠杆推动唱针运动，唱针在唱片上刻划出声音强弱的波形轨道。唱片材质为赛璐珞(Celluloid)。轨道波形转换成声音的传感器和录音头一样，被称为唱头或拾音头。放音时，唱针在轨道中运动，通过杠杆推动振动片振动发声。那时，爱迪生留声机只有声音的录放功能，还没有声音的传输、处理和识别功能。爱迪生留声机当时也被称为说话机。后来，爱迪生留声机经过不断地研究、改进、创新，发展成了当代的有线无线电声音视网络系统。如今的有线无线电声音视网络系统具有高级先进的声电转换和电声转换，强大的智能化的音频信息传输、处理、识别、存储功能。

当前，海量音频信息感知、传输、处理、识别的速度、精度、灵敏度、分辨率、质量、自动化程度、智能化程度等还不够高，海量音频信息的存储空间和存储容量还不够大，存取的速度、自动化程度、智能化程度等还不够高。因此，音频信息处理的新理论、新方法、新技术、新工艺、新设备的探索、研究、创新、开发不能停滞不前，需要持续不断的努力。

音频信息长远的主要研究方向是：

1）海量音频信息的高速度、高精度、高灵敏度、高分辨率、高质量、高自动化、高智能化的感知。

2）海量音频信息的高速度、高精度、高效率、高自动化、高智能化的传输、处理、识别。

3）海量音频信息的大空间、大容量、高速度、高自动化、高智能化的存储。

音频信息的感知、传输、处理、识别、存储中，音频信息的感知和存储是音频信息的源头和终点，音频信息的识别是终极目标，音频信息处理是实现终极目标的关键，音频信息传输是连接音频信息感知、处理、识别、存储的桥梁。因此音频信息处理的研究必不可少，且非常关键。

音频信息处理以声学为基础，以人类听觉为参照，以数学物理电子学理论、方法、技术为主导，进行研究和发展。

1.2 声学基础

宇宙万事万物，都在永恒地运动。运动是绝对的，静止是相对的。万事万物的运动是多姿多彩的、变化莫测的，有平动、转动、自转、摆动、振动、膨胀、收缩、分解、合成、复合运动等。其中，振动有简单的振动、复杂的振动。复杂的振动可以是简单振动的合成。一般简单的振动是简谐振动，一般复杂的振动可以是简谐振动的合成。一般简谐振动释放的能量是一种波，这种波是正弦波。一般合成简谐振动释放的能量也是一种波，这种波是正弦波的合成。

正弦波可以表示为：

$$s_s = A\sin(\omega t + \varphi) \tag{1.1}$$

其中，下标 s 表示简谐波；A 是正弦波振动的幅度，量纲是米（m）；ω 是振动的角频率，量纲是弧度/秒（rad/s）；t 是振动的时间，量纲是秒（s），φ 是振动的初始相位，量纲是弧度（rad）。

正弦波的合成可以表示为：

$$s_c = \sum_{i=-\infty}^{\infty} A_i \sin(\omega_i + \varphi_i) \tag{1.2}$$

其中，下标 c 表示合成波；下标 i 表示单个简谐波。

简谐波的角频率 ω 与频率 f 及周期 T 之间的关系为：

$$\omega = 2\pi f = 2\pi/Tf = 1/TT = 1/f \tag{1.3}$$

其中，频率 f 的量纲是赫兹（Hz），即周/秒（c/s）；周期 T 的量纲是秒/周（s/c）。

波有能量，简谐波的能量密度可以表示为：

$$E = A^2 \tag{1.4}$$

波可以在真空中传播。波传播的速度 v 可以表示为：

$$v = \lambda f = \lambda/T = \lambda\omega/2\pi \tag{1.5}$$

这里，λ 是波的波长，量纲是米/周（m/c）。

浩瀚的宇宙，存在无穷无尽的波，有光波、电磁波、声波等。其中，声波是能够被人类和其他动物的听觉细胞、组织、器官、系统感知到的波。声波的频率分布从 20 Hz ~ 20 kHz，又被称为音频声。低于 20 Hz 的波叫次声波，高于 20 kHz 的波叫超声波。声波可以是单频率的波，一般为简谐波，即正弦波，又被称为纯音。声波也可以是多频率的波，一般可以认为是一些单频率正弦波的合成，又被称为复合音，如图 1-1 所示。图中，第一幅是一段声音波形，其余七幅是组成声音波形的正弦波。这段声音波形可以表示为：

$$s(t) = 10\sin(20\pi t) + 8\sin(40\pi t) + 5\sin(60\pi t) + 6\sin(80\pi t) + \sin(100\pi t) + 3\sin(120\pi t) + 2\sin(140\pi t)$$

神秘的自然界，存在无数的声波。这些声波可以分类成自然声音、动物声音、人类声音、人造声音、突发声音等。自然声音如风声、雨声、雷电声、海浪声、流水声等；动物声音如鸣叫、会话、歌唱、运动响声等；人类声音如语音、歌声、呼叫声、笑声、哭声、读书声等；人造声音如乐音、钟声、机器声等；突发声音如爆炸声、垮塌声等。这些不同的声音有不同的频率范围，不同的中心频率，不同的幅度，不同的特性。

声音的频率范围一般用频带宽度 B 来表示：

$$B = f_h - f_l \tag{1.6}$$

其中，f_h 是上截止频率，频率 $f > f_h$ 的幅度都非常小，可以忽略不计。f_l 是下截止频率，频率 $f < f_l$ 的幅度都非常小，可以忽略不计。

声音的中心频率一般用 f_0 来表示：

$$f_0 = (f_h + f_l)/2 \tag{1.7}$$

或者

$$f_0 = f \mid Af = \max\{[Af_h, Af_l]\} \tag{1.8}$$

这里，符号 $x \mid y$ 表示条件 y 下的 x，Af 是频率为 f 的幅度 A，$[x, y]$ 是从 x 到 y 的闭区间。

声音传播的能量或强度（声强），一般用平均能流密度来描述。平均能流密度就是单位时间内通过单位面积的声音的平均能量：

$$P = \mu v A^2 \omega^2/2 \tag{1.9}$$

其中，μ 是传播介质的密度，v 是声波的传播速度，A 是声波的幅度，ω 是声波的频率。一般情况下，空气的密度大约为 $\mu = 1.29\ \mathrm{kg/m^3}$，声音在空气中的传播速度大约为 $v = 340\ \mathrm{m/s}$。

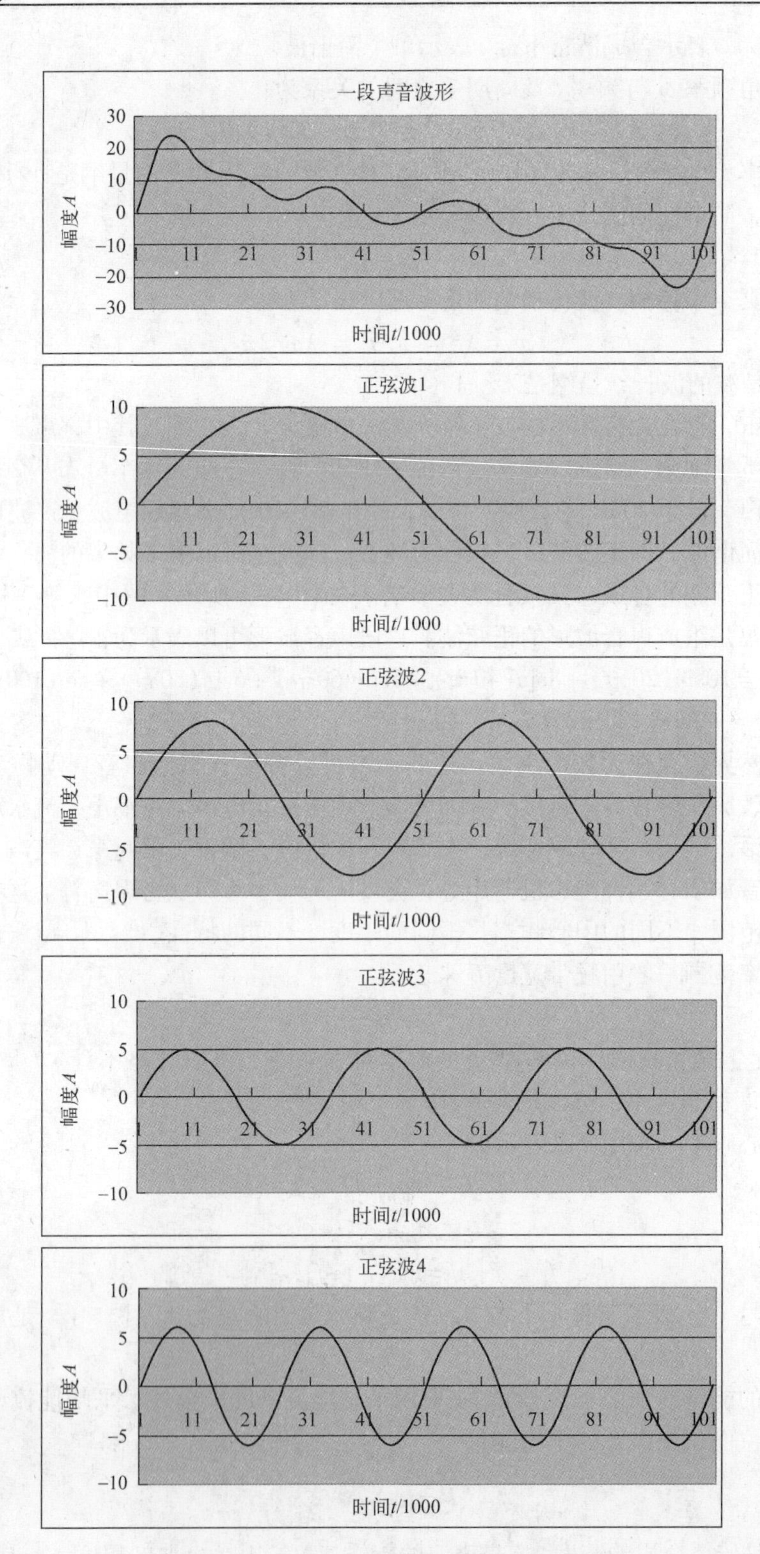

图 1-1 一段声音波形及其组成的正弦波

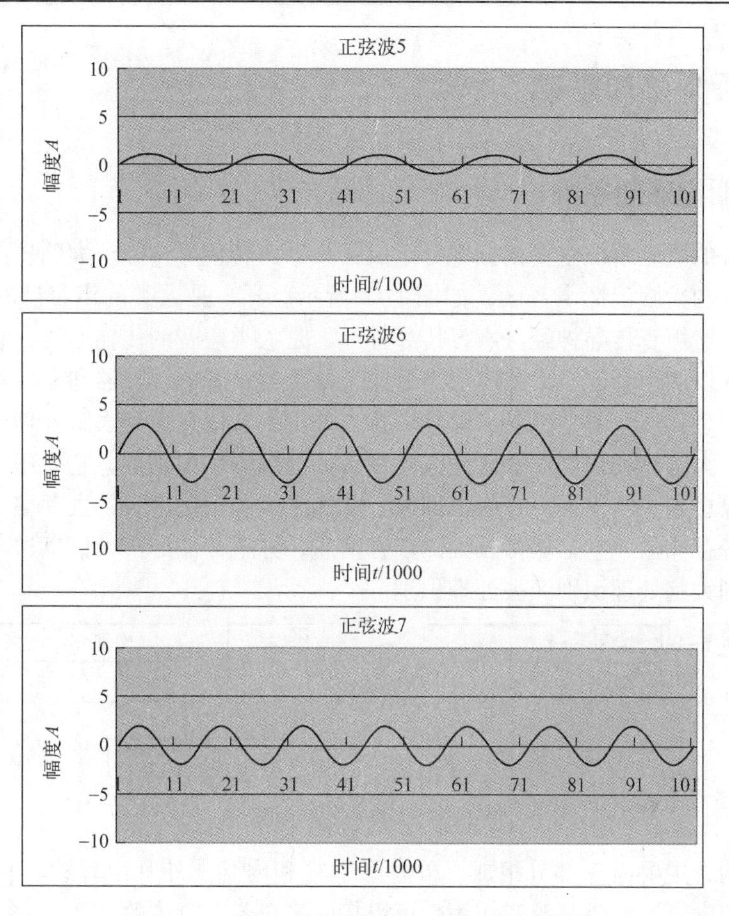

图1-1　一段声音波形及其组成的正弦波（续）

声音传播的压强（声压），一般用有声音传播时介质中心的压强与无声音传播时的压强之差来表示，采用声压级L_p来计量：

$$L_p = 10\log(P^2/P_0^2) = 20\log(P/P_0) \tag{1.10}$$

其中，$P_0 = 2 \times 10^{-5}$，单位Pa（帕），是参考声压，接近人类的正常听觉阈值。

声音传播过程中存在反射、折射、绕射、衍射、干涉、衰减、吸收等现象。声音的反射就是声音在一种介质中传播时遇到另一种介质在这两种介质界面处反射回到原来介质中继续传播。声音的反射有全反射、漫反射和多径反射。漫反射又叫散射，就是反射后声音分多个方向传播。反射回来听到的声音叫回声。多径反射是在多种界面之间多次反射。多径反射听到的声音叫混响声音。声音的折射就是声音在一种介质中传播时遇到另一种介质在这两种介质界面处改变方向在另一种介质中继续传播。声音的绕射就是声音在传播过程中遇到较大障碍物时绕过障碍物弯曲传播路径继续向前传播。声音的衍射就是声音在传播过程中绕过圆形或球形障碍物后或者穿过较窄的通道后形成幅度加强和削弱的条纹状分布。这种条纹叫衍射条纹。声音的干涉就是几种声音在传播过程中相遇叠加形成幅度加强和削弱的条纹状分布。这种条纹叫干涉条纹。声音的衰减就是声音在传播过程中能量逐步减弱甚至消失。声音的吸收就是声音在一种介质中传播时遇到另一种介质，进入另一种介质后能量迅速衰减消失。

1.3 人类听觉感知基础

1.3.1 人类听觉感知系统

人类对声音的听觉系统主要由五部分组成：耳、声音传导神经、大脑皮层声音区、大脑处理识别声音区和大脑记忆声音区，如图 1-2 所示。耳，是人类的声音感知器，它把感知到的声音信息传给声音传导神经。声音传导神经，是人类声音的传输通道，它把接收到的声音信息传给大脑皮层声音区。大脑皮层声音区，是人类声音的缓存器和反应器，它临时存储接收到的声音信息，产生听觉反应，感知声音，并把声音信息送到大脑处理识别声音区和大脑记忆声音区。大脑处理识别声音区是人类声音的处理器和识别器，它处理识别接收到的声音信息，把结果送到大脑皮层声音区去回放，并送到大脑记忆声音区去存储。大脑记忆声音区，是人类声音存储器，它存储接收到的声音信息，并把存储的声音信息送入大脑皮层声音区去回放，送到大脑处理识别区去处理识别。

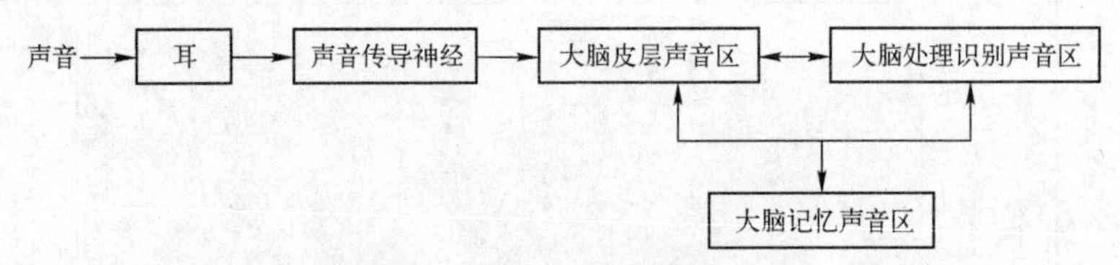

图 1-2　人类声音听觉系统

人耳的结构，主要由三部分组成：外耳、中耳和内耳。外耳由耳廓、耳孔和外耳道构成。耳廓形状非常奇特，具有集音作用，可以接收来自各个方位的声音，并把这些声音都反射或多径反射进入耳孔。外耳道，是一条较长的声音管道，长约 2.5 cm，端部被中耳的鼓膜封闭，形成谐振腔，谐振频率约 3500 Hz。它把由耳孔进来的声音聚焦共振放大，投射到中耳的鼓膜上，把空气振动声波转换成机械振动声波。耳道隔离中耳鼓膜与外耳，保护中耳鼓膜不受外部伤害，并收集排放污垢，杀菌消毒，保护耳道畅通清洁健康。中耳由鼓膜、鼓室、听骨、耳肌、韧带和咽鼓管等构成，如图 1-3 所示。耳肌连接鼓膜和听骨，韧带支持

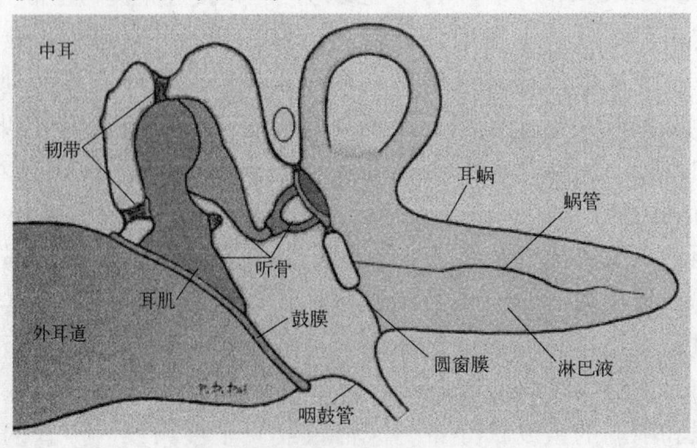

图 1-3　人耳结构原理图

（摘自 http://amuseum.cdstm.cn/AMuseum/perceptive/page_2_ear/page_2_3/page_2_3_2.htm，版权属该作者所有）

听骨运动，鼓室和咽鼓管调节中耳内气压，过滤噪声，清洁中耳。鼓膜接收到外耳的声波产生振动，带动听骨连杆运动，将声波传到内耳。内耳由耳蜗、膜性螺旋蜗管、淋巴液和圆窗膜构成如图1-3所示。圆窗膜是淋巴液的弹性密封窗。中耳听骨的运动使耳蜗内的淋巴液浪动，把机械声波转换成液体声波。淋巴液的浪动使蜗管摆动，蜗管的毛细胞随蜗管摆动产生电荷，把液体声波转换成电信号。电信号进入与耳蜗相连的声音传导神经，再传入大脑皮层声音区。

1.3.2 人类听觉感知的特性

人耳的结构限制了人耳只能感知一定范围内的声音。人耳对声音的感知特性用听阈和辨别阈来描述。听阈和辨别阈主要有频率域和幅度域的听阈和辨别阈。频率域听阈是人耳能感觉到的最低声波频率和最高声波频率，最低频率是20 Hz，最高频率是20 kHz，即频率范围是20 Hz～20 kHz。幅度域听阈是人耳能感觉到的最低声波强度。通常以青年人的平均幅度域作为听力的0 dB。声波强度大于60 dB会使人感到不舒服。声音强度过高会损坏听力。人耳的正常听阈如图1-4所示。图中两条曲线表示幅度域听阈的最小和最大声压，两条曲线左右交点表示频率域听阈的最低频率和最高频率。频率域辨别阈是人耳能够辨别的最小频率差，又被称为音调辨别阈。幅度域辨别阈是人耳能够辨别的最小幅度差，又被称为强度辨别阈或响度辨别阈。

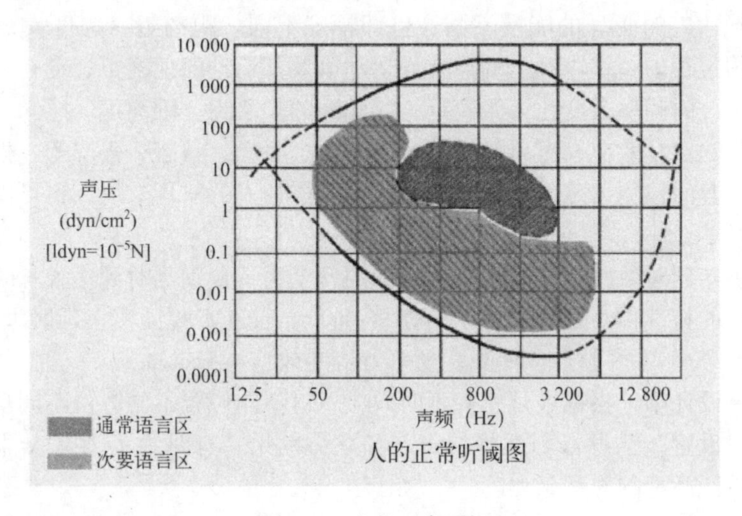

图1-4 人的正常听阈

（摘自 http://amuseum.cdstm.cn/AMuseum/perceptive/page_2_ear/page_2_3/page_2_3_1_i.htm，版权属该作者所有）

1.3.3 人类听觉感知效应

人类听觉感知对外界声音存在一些效应，这些效应对人类听觉感知进行音频信息分析、处理、识别、评价等有着重要的影响。人类听觉感知效应主要有掩蔽效应、双耳效应、延时效应等。

人类听觉感知掩蔽效应，是一种声音阻碍人耳感知另一种声音的现象。人类听觉感知掩蔽效应有频域掩蔽效应和时域掩蔽效应。

频域掩蔽效应是频率非常接近的强度较强的声音掩蔽强度较弱的声音。人耳频域掩蔽效应，不容易同时感知频率非常接近而强度较弱的声音，但容易同时感知频率相差较大强度较弱的声音。这种现象，相当于频率非常接近强度较强的声音掩蔽了强度较弱的声音，但不能掩蔽频率相差较大的强度较弱的声音。这是因为人耳听阈在频率非常接近时提高了而辨别阈降低了，如图1-4中的下曲线所示。因此，利用这种效应，可以采用移动频率的方法减低噪声；采用丢弃或粗量化弱小声音的方式进行压缩编码；克服这种效应，可以采用移动频率的方法增强弱小声音等。

时域掩蔽效应是时间上非常接近的强度较强的声音掩蔽强度较弱的声音的现象。人耳时域掩蔽效应，不容易感知时间非常接近而强度较弱的声音，但容易感知时间相差较大强度较弱的声音。这种现象，相当于时间非常接近强度较强的声音掩蔽了强度较弱的声音，但不能掩蔽时间相差较大的强度较弱的声音。这是因为人耳听阈在非常短的时间内提高了而辨别阈降低了。因此，利用这种效应，可以采用压缩时间的方法减低噪声；采用丢弃或粗量化邻近弱小声音的方式进行压缩编码；克服这种效应，可以采用延迟时间的方法增强弱小声音等。

人类听觉感知双耳效应，是人耳对来自同一声源的声音的感知存在时间差、音量（幅度）差、波数和相位差、音色（频率）差等现象。声波的波前或波阵面一般是球面波。球面声波传播的过程中，速度固定，由于声源与人的两耳的距离不同，因而声波到达人的两耳的时间不同。距离近，时间短；距离远，时间长。因为声波到达两耳的时间不同，导致声波到达两耳的波数和相位也不同。声波传播过程中存在能量衰减，声源与人的两耳的距离不同，因而声波到达人的两耳的能量不同，也即幅度不同。距离近，幅度大；距离远，幅度小。声波传播的过程中，在声源运动或者人运动以及都运动的情况下，存在多普勒效应，即人耳感知到的声波的频率会变化。距离近，感知到的频率高；距离远，感知到的频率低。因此，利用人的听觉双耳效应，可以辨别声音的方位、距离、状态、强弱等。根据人的双耳效应，可以实现声音的检测、定位、跟踪、识别等。根据人的双耳效应，也可以仿真立体声虚拟现实声音等。

人类听觉感知延时效应，是相同声源相同的几个声音分别延时到达人耳时，听觉感知才能分辨各个声音的特性称为延时效应。哈斯（Haas）通过实验证实，延时大于50 ms以上，人耳才能分辨各个声音，故延时效应又被称为哈斯效应（Haas effect）。在剧场、歌厅、影院等的影响效果设计中，根据人耳感知延时效应，对不同位置不同方位不同功率扬声器的声音进行精确延时设置，就可得到理想的声音和立体效果。有时为了消除人耳感知的延时效应，需要消除不同声音的时间延迟。

1.3.4 人类听觉感知力与评价

人类听觉感知随人而异。对相同的声音，不同的人有不同的感知。这种感知的差异，常常用听觉感知能力，即听力来描述。人的听力，是启动听觉感知系统，接受声音信息的能力。听力可以用听阈、辨别阈、强度灵敏度、频率灵敏度、音高精准度、调高精准度、时值精准度等来描述。

听阈，如前所述，是感知声音的最小强度（时间域幅度）。听阈越低，听力越好。常规人的听阈在0~20 dB之间。听阈大于20 dB的人有听力障碍。大于120 dB的人为全聋。正常人随身体老化，听阈上升，听力下降。

辨别阈，如前所述，是辨别两个声音的最小频率差和强度差。频率差和强度差越小，听力越好。正常人随身体老化，辨别阈上升，听力下降。

强度灵敏度，是感知声音强度的最小变化。感知强度变化越小，强度灵敏度越高，听力越好。正常人随身体老化，强度灵敏度下降，听力下降。

频率灵敏度，是感知声音频率的最小变化。感知频率变化越小，频率灵敏度越高，听力越好。正常人随身体老化，频率灵敏度下降，听力下降。

音高精准度，是感知两个声音频率差的最小误差。感知频率差的误差越小，音高精准度越高，听力越好。例如对音阶高低感知的误差越小，音高精准度就越高。常规人的音高精准度不高，经过训练的音乐人的音高精准度非常高。

调高精准度，是感知声音频率的最小误差。感知频率的误差越小，调高精准度越高，听力越好。例如对音调高低感知的误差越小，调高精准度就越高。常规人的调高精准度不高，经过训练的音乐人的调高精准度非常高。

时值精准度，是感知声音变化时间长短的最小误差。感知变化时间的误差越小，时值精准度越高，听力越好。例如对音乐节拍节奏感知的误差越小，时值精准度就越高。常规人的时值精准度不高，经过训练的音乐人的时值精准度非常高。

常规人的听力只注重听阈和辨别阈的测量和定量评价，特定人的听力需要特定听力的测量和评价，音乐人的听力需要全面的听力测量和评价，特别注重灵敏度和精准度的测量和评价。

在音频信息的分析、处理、识别、制作中，按照人耳的听觉感知力，降低、粗化、压缩听力不敏感的信息，增强、细化、延展听力敏感的信息，以获得理想的音频信息。

1.4 音频信息处理理论与技术

音频信息的采集、传输、处理、识别、制作等的理论与技术广泛应用于人类社会的各个方面。可以说，只要有声音的时间、地点、场合、领域，都需要音频信息处理与识别。例如人耳和大脑都在接收、处理、识别音频信息。在空间科学领域，包括航天、航空，需要进行音频信息采集、传输、处理、识别、通信等，特别是针对传输、通信、加密等的理论与技术研究。在军事领域，包括空间军事对抗、地面军事对抗、海上海下军事对抗，需要音频信息采集传输、处理、识别、通信等，特别是针对噪声与抗噪、声呐定位、探测、跟踪、制导等理论与技术研究。在工业生产、制造、建筑领域，也需要进行音频信息采集、传输、处理、识别、通信等，特别是针对噪声与抗噪、超声探伤、测量、定位、切削、加工等理论与技术研究。在农业生产领域，也需要进行音频信息采集、传输、处理、识别、通信等，特别是针对超声灭害、育种、催生、音乐助长、虫害探测、定位、跟踪、诱导等理论与技术研究。在信息工程领域，包括信息系统、信息处理、信息安全、有线通信、无线通信、移动通信、有线网络、无线网络、移动网络等，更是离不开音频信息采集、传输、处理、识别、通信等理论与技术的研究。在生物医学、生命科学领域，也需要进行音频信息采集、传输、处理、识别、通信等，特别是针对超声诊断、检测、定位、治疗、聋哑病理、治理、康复、人工听觉等理论与技术研究。在科学研究、高等教育领域，大部分研究院所、高等院校都有音频信息采集、传输、处理、识别、通信等理论与技术的研究单位及研究课题和项目。那些课题和项目涉及各个领域、形形色色的问题、方方面面的应用。在人类的生活领域，包括社会活动、物质生活、精神生活、文化娱乐、智慧城市、智慧社区、智慧家居、智慧服务等，特别是多媒体信息与技术、语言语音技术、音像音响技术等，也离不开音频信息采集、传输、处理、识别、通信等的理论与技术研究。总之，音频信息及音频信息采集、传输、处理、识别、通信等无时不在，无处不有。

音频信息采集、传输、处理、识别、通信等理论与技术研究，可以分为三部分：音频信息处理、音频信息识别、音频信息通信。本书主要介绍音频信息处理理论与技术。音频信息处理理论与技术主要包括音频信息处理与识别系统、音频信息采集与数字化、音频信息变换、音频信息编码、音频信息滤波、音频信息增强、音频信息的信噪分离、音频信息分割与合成以及音频信息编辑。

音频信息处理与识别系统，主要研究系统的结构、功能、信息流程。系统结构包括硬件系统和软件系统，重点是软件系统。功能主要是音频信息处理功能和识别功能。

音频信息采集与数字化，主要研究音频信息采集系统及声音传感器和前置放大器、数字化系统及 A－D 模数转换器、音频信息采样、音频信息量化等理论与技术。

音频信息变换，是把音频信息从一个时间域变换到另一个时间域或频率域或变换域的运算和操作。前者被称为同态变换，后者被称为异态变换。音频信息变换主要研究基本的典型的常用的变换理论、方法、算法等。

音频信息编码，是把音频信息用一组码或一组符号来表示的运算和操作，以减少音频信息的冗余，压缩或降低音频信息的数据量。音频信息编码主要研究典型的常用的编码理论、方法、算法和编码标准等。

音频信息滤波，是滤除音频信息中有害的或无用的信息，保留有意义的或有用的信息的运算和操作，以提高音频信息的质量或复原音频信息。音频信息滤波主要研究时域、频域、变换域的滤波理论、方法、算法等。

音频信息增强，是增强音频信息中有意义的或有用的信息，降低或消除有害的或无用的信息的运算和操作。音频信息增强主要研究时域、频域、变换域、概率统计等的增强以及特殊效果的增强的理论、方法、算法等。

音频信息的信噪分离，是把信号和噪声分离，提取信号，或提取噪声，或提取信号和噪声的运算和操作。信噪分离主要研究时域、频域、变换域的信噪分离和噪声对消的理论、方法、算法等。

音频信息分割与合成，是把音频信息分割成一些目标信息和背景信息，用一些有用的目标信息和背景信息合成期望的音频信息的运算和操作。音频信息分割主要研究端点检测、包络检测、变换域的分割理论、方法、算法等。音频信息合成主要研究幅度合成、频率合成、变换合成的理论、方法、算法等。

音频信息编辑，是把音频信息源数据分解成有用的素材和片段，把有用的音频信息素材和片段组构成期望的完整音频信息的运算和操作。音频信息编辑主要研究线性编辑、非线性编辑、算术编辑的理论、方法、算法等。

本书主要研究上述的音频信息处理理论与技术。

1.5 本章小结

本章主要简述了声波的起源、形成和存在，声音感知、传输、处理、识别、存储研究的理论意义和社会价值。简单介绍了声音感知、传输、处理、识别、存储的发展历史以及现在的状态和存在的问题。提出了声音感知、传输、处理、识别、存储研究的主要发展方向。然后概括地介绍了声学基础知识，包括一些名词、术语、概念、定义和表达。粗略地介绍了人类听觉感知基础知识，包括人类听觉感知的系统结构原理、特性、效应、能力与评价。最后初步介绍了音频信息处理理论与技术的应用、内容、基本概念等。

第2章　音频信息处理与识别系统

2.1　音频信息处理与识别系统结构

音频信息处理与识别系统主要由六个部分组成：音频信息采集、音频信息播放、音频信息处理、音频信息识别、音频信息显示、音频信息数据库 。音频信息处理与识别系统结构如图2-1所示。

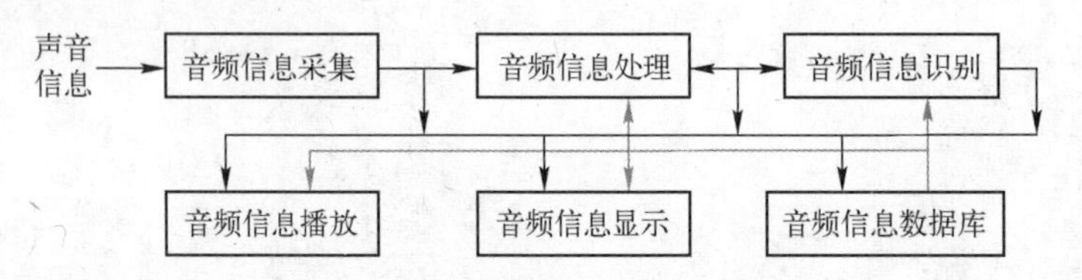

图2-1　音频信息处理与识别系统

音频信息采集，也可以叫做音频信息数字化，更通俗的说法称为录音。音频信息采集的主要任务是把来自声源的声音信息转换成数字化电信息的音频信息。采集到的音频信息可以送入到音频信息播放器去播放，音频信息显示器去显示，音频信息数据库去存储，音频信息处理去进行处理。

音频信息处理是音频信息处理与识别系统的两大核心之一。它的主要任务是对采集到的音频信息进行处理。音频信息处理接收采集到的音频信息，或者从音频信息数据库取出的音频信息，对音频信息进行处理，然后将结果送到音频信息播放去播放，音频信息显示去显示，音频信息数据库去存储，音频信息识别去识别。音频信息处理功能包括音频信息的变换、编解码、滤波、增强、分离、分割、编辑、特征提取、运算等。

音频信息识别是音频信息处理与识别系统的另一核心。它的主要任务是对处理后的音频信息进行分类识别。音频信息识别接收来自音频信息处理后的信息，或者从音频信息数据库取出处理后的信息，对处理后的信息进行分类识别后将结果送到音频信息播放去播放，音频信息显示去显示，音频信息数据库去存储。它的分类识别结果还可能送到音频信息处理去用于音频信息处理。音频信息识别的主要任务有声音分类识别、说话人识别、语音识别、语言识别等。音频信息识别的主要方法包括统计识别、聚类识别、神经网络识别、支持向量机识别等。

音频信息播放的主要功能是播放音频信息采集得到的音频信息、经过音频信息处理后的音频信息、经过分类识别后的音频信息和从音频信息数据库取出的音频信息。

音频信息显示的主要功能是显示音频信息采集得到的音频信息、经过音频信息处理后的音频信息、经过分类识别后的音频信息、从音频数据库取出的音频信息和其他相关信息。

音频信息数据库的主要功能是存储音频信息采集得到的音频信息、经过音频信息处理后的音频信息、经过分类识别后的音频信息和其他相关信息。

音频信息处理与识别系统主要由硬件系统和软件系统构成。硬件系统主要负责执行系统的各种功能，软件系统主要负责运算和控制各种功能。

2.2　音频信息处理与识别硬件系统

音频信息处理与识别硬件系统是音频信息处理与识别系统的两大结构之一。它主要由声音传感器、A–D 模数转换器、显示、声卡、计算机、声音播放器、显示器和数据盘构成，如图 2–2 所示。

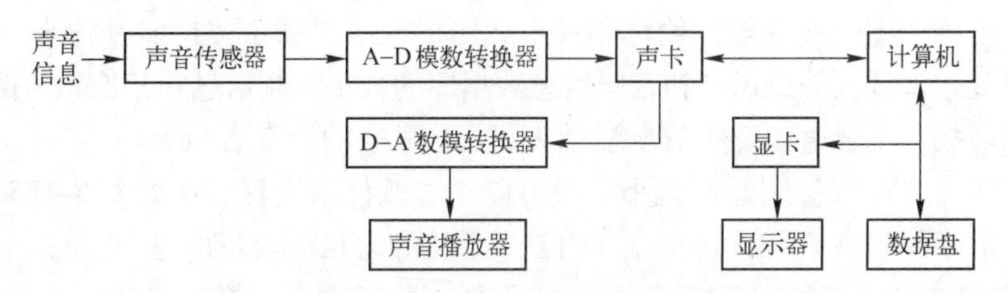

图 2–2　音频信息处理硬件系统

声音传感器，主要由传声器和前置音频信息放大器构成。传声器通常称为微音器，通俗称为话筒。传声器的主要功能是把声源的声波信息转换成音频模拟电信息。前置音频信息放大器把模拟音频电信息放大，然后送到 A–D 模数转换器去进行数字化。声音传感器可以分为电磁耦合式、电容耦合式、压电耦合式等。声音传感器可以是单传感器，也可以是多传感器，还可以是传感器阵列。单传感器采集单路声音信息，生成一维音频信息。双传感器采集两路声音信息，仿真生物的两只耳朵，生成立体音频信息。多传感器采集多路声音信息，仿真生物的听觉系统，生成空间多维音频信息。传感器阵列采集空间有序划分的声音信息，生成空间合成的音频信息。

A–D 模数转换器，也称为数字化器。它的主要功能是把来自声音传感器的模拟音频信息转换为数字音频信息，然后送到声卡去缓存。A–D 模数转换器有不同的模数转换分辨率。它的分辨率有 2 位、4 位、8 位、12 位、16 位、24 位、32 位、64 位等。2 位的数值范围是 $0 \sim 2^2-1$，4 位的数值范围是 $0 \sim 2^4-1$，8 位的数值范围是 $0 \sim 2^8-1$，依次类推，64 位的数值范围是 $0 \sim 2^{64}-1$。A–D 模数转换器有的和声音传感器前置在一起，有的和计算机接口制作在一起，有的和声卡组装在一起。

声卡，也称音频信息缓存器。它的一个主要功能是把来自 A–D 模数转换器的数值音频信息缓存成一帧一帧（即一段一段）的数据，让计算机抓取，同时送到音频信息播放器去播放，音频信息显示器去显示，音频信息数据库去存储，音频信息处理器去处理。声卡的另一主要功能是把自身的和来自音频信息处理、音频信息识别、音频信息数据库的数字音频信息缓存成一帧一帧的数据，然后送到 D–A 数模转换器去转换成模拟音频信息，再送到音频信息播放去播放。声卡的缓存容量大小不等，有 4 M、8 M、16 M 等。帧长一般默认为 1000 ms，可以通过软件来设置帧的长度。声卡的分辨率一般有 8 位、16 位，目前流行的是 16 位以上。声卡有板卡式、集成式和外置式三种。板卡式是独立声卡，直接插入计算机 PCI 插槽里与计算机连接。集成式是非独立声卡，它集成在计算机主板上与计算机连接。外置式也是独立声卡，它通过 USB 接口与计算机连接。声卡的类型有单声道声卡和多声道声卡。

D－A 数模转换器与 A－D 模数转换器类似，工作过程与 A－D 数模转换器相反。它的主要功能是把来自音频信息采集、音频信息处理、音频信息识别、音频信息数据库的数字音频信息转换成模拟音频信息，然后送到音频功率放大器去放大。D－A 数模转换器可以与声卡制作在一起，也可以和计算机接口制作在一起，还可以与声音播放器制作在一起。

声音播放器，通常由音频功率放大器和扬声器构成。它的主要功能是播放来自音频信息采集、音频信息处理、音频信息识别、音频信息数据库的音频信息。音频功率放大器把来自 D－A 数模转换器的模拟音频信息的功率放大，然后送到扬声器去播放。扬声器与传声器相反，主要功能是把音频电信息的能量转换成声波能量而发出声音。

显卡，也可称为图像缓存器，简称图像卡或图形卡。它的主要功能是把来自音频信息采集、音频信息处理、音频信息识别和音频信息数据库的数字音频信息和其他相关信息缓存成一帧一帧的视频数据，然后送到音频信息显示去显示。显卡的缓存容量大小不一，有 4 M、8 M、16 M、……、1 G、2 G 等。图像帧大小一般可以通过软件来设置，例如 256×256、512×512 等。显卡的分辨率一般有 8 位、16 位、24 位、32 位等。目前流行的是 24 位以上。显卡有板卡式、集成式和外置式三种。板卡式是独立显卡，直接插入计算机 PCI 插槽里与计算机连接。集成式是非独立显卡，它集成在计算机主板上与计算机连接。外置式也是独立显卡，它通过计算机接口与计算机连接。显卡的类型有单路显卡和多路显卡。

显示器，主要功能是显示来自音频信息采集、音频信息处理、音频信息识别、音频信息数据库的音频信息和其他相关信息。显示器有黑白和彩色两种类型。黑白显示器只显示灰度色，数值精度一般为 8 位，数值范围为 $0 \sim 2^8$。彩色显示器显示红绿蓝三基色的合成灰度色或彩色，数值精度一般为 24 位，数值范围为 $0 \sim 2^{24}$。显示器的分辨率高低不一，有很多种型号，每种型号的分辨率也可自行设置，例如 800×600,1024×768,1280×960,1920×1200 等。显示器主要有阴极射线管 CRT 式 、液晶 LCD 屏式和等离子 LED 屏式等。

数据盘的主要功能是存储信息、文字、数据、音频、图形、图像、视频等。数据盘的存储容量大小不同，一般从几十 M 到上万 T。数据盘有内置式和外置式。内置式一般是计算机硬盘，它通过数据总线与计算机主板和 CPU 相连，外置式是通过计算机接口与计算机相连。外置式有硬盘、光盘、zip 盘、jaz 盘、磁鼓、磁带等。

计算机是音频信息处理与识别硬件系统的核心硬件系统。它的主要功能是控制和管理各个硬件系统的运行和同步，执行和管理音频信息处理和音频信息识别，运行和管理系统软件。计算机的主要硬件结构有 CPU、内存、硬盘、总线、I/O 接口、电源等。它也可以包含内置声卡、显卡、网卡等。CPU 是计算机的核心部分，它的主要功能是运算和中央处理，控制和管理计算机内部及其外围设备的运行和同步。内存的主要功能是动态存储运行程序和数据。硬盘的主要功能是存放静态程序和数据。总线的主要功能是连接内外系统和数据通信。不同机型，CPU 的运算精度不同，一般 PC 机有 16 位、32 位、64 位，目前基本上都是 64 位。内存大小不一样，从几 M 到几 G，甚至几 T，也可自己配置。硬盘大小也不一样，可以从几 M 到几百 G。甚至几千 T，也可自己配置。计算机的操作系统主要有 DOS、Unix 和 MacOS，相应的计算机系列主要有 IBM PC、Sun 和 Apple 。

2.3　音频信息处理与识别软件系统

音频信息处理与识别软件系统是音频信息处理与识别系统的另一大结构。它主要由音频信息采集、音频信息处理、音频信息识别、音频信息播放、音频信息显示和音频信息数据库构成，如图 2-3 所示。

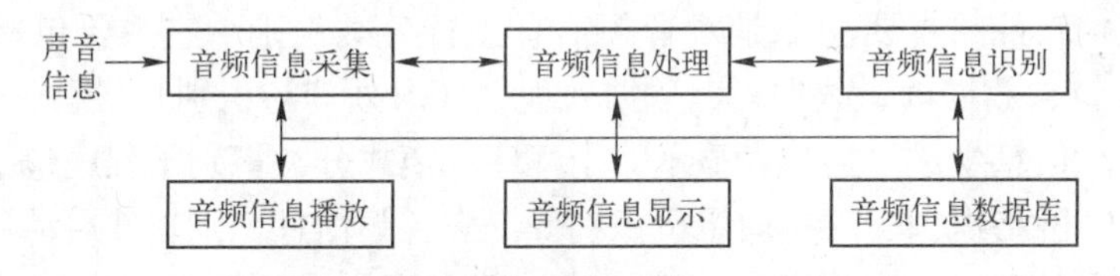

图 2-3　音频信息处理与识别软件系统

音频信息采集软件的主要功能是控制音频信息采集相关硬件同步工作，把声音信息采集到计算机。它主要由相关硬件系统初始化、A–D 模数转换、音频数据采集、音频信息播放、音频信息显示、音频信息存储、音频信息处理、音频信息识别等子程序或成员函数组成。当启动音频信息采集程序后，首先调用系统初始化子程序，设置系统参数，启动系统同步工作。系统参数包括传声器音量、A–D 采样频率及分辨率、播放音量、显示内容和数据库地址等。接着调用 A–D 模数转换子程序，让 A–D 转换器接收前置放大器的模拟电信息，输出数字音频信息。再调用音频数据采集子程序，让声卡接收数字音频信息，存入缓存器，一帧一帧输出。然后调用音频信息播放子程序播放声音信息，同时调用音频信息显示子程序 显示音频信息，调用音频信息存储子程序存储音频信息。在音频信息实时处理与识别的情况下，调用音频信息处理和音频信息识别子程序，进行音频信息的实时处理与识别。

音频信息播放软件的主要功能是播放音频信息。它主要包括相关硬件系统初始化、D–A 数模转换、声音播放等子程序。当启动音频信息播放软件后，首先调用系统初始化子程序，设置系统参数，启动系统同步工作。系统参数包括 D–A 分辨率、播放音量等。然后调用 D–A 数模转换子程序，让 D–A 数模转换器接收数字音频信息，输出模拟音频信息。再调用声音播放子程序，让音频功率放大器放大模拟音频信息，让扬声器播放音频信息。

音频信息显示软件的主要功能是显示音频信息。它主要包括相关硬件系统初始化、图形绘制、图像生成、数据生成、显示等子程序。当启动音频信息显示软件后，首先调用系统初始化子程序，设置系统参数，启动系统同步工作。系统参数包括图形参数、图像参数、数据参数、显卡和显示器参数等。接着调用图形绘制和图像生成子程序，绘制图形，生成图像。调用数据生成子程序，生成信息。然后调用显示子程序，把图形、图像、信息送入显卡，让显示器显示音频信息。

音频信息数据库软件的主要功能是存储音频信息。它主要包括相关硬件系统初始化、数据库管理、数据写、数据读等子程序。当启动音频信息数据库程序后，首先调用系统初始化子程序，设置系统参数，启动系统同步工作。系统参数包括数据库地址、数据存取方式、数据存取格式等。然后调用数据库管理子程序，数据写或数据读子程序，把音频信息存入或取出数据库。

音频信息处理软件的主要功能是处理音频信息。它主要包括音频信息采集、数据读、数据写、数据处理、图形绘制、图像生成、信息生成、播放、显示等子程序。数据处理子程序包括音频变换、编解码、滤波、增强、分离、分割、特征提取、信息隐藏、信息加解密等。当音频信息处理软件启动后，首先调用音频信息采集（实时处理）或数据读（静态处理或后期处理）子程序，得到音频信息数据。然后调用数据处理子程序进行音频信息数据处理。再根据数据处理的目的，调用所需的其他子程序，例如图形绘制、图像生成、信息生成、播放、显示、数据写等子程序。

音频信息识别软件的主要功能是对音频信息进行分类识别。它主要包括音频信息采集（实时处理与识别）、数据读、数据写、数据处理（实时处理与识别）、模式分类识别、图形绘制、图像生成、信息生成、播放、显示等子程序。模式分类识别子程序包括统计识别、聚类识别、人工神经网络识别、支持向量机识别等。当音频信息识别软件启动后，首先调用音频信息采集和数据处理（实时识别）或数据读（静态识别或后期处识别）子程序，得到音频信息的特征数据。然后调用模式分类识别子程序进行音频信息的分类识别。再根据分类识别的目的，调用所需的其他子程序，例如图形绘制、图像生成、信息生成、播放、显示、数据写等子程序。

2.3.1 音频信息处理软件系统

音频信息处理软件系统的主要功能是对音频信息进行处理。它主要包括音频信息采集（实时处理）、数据读、数据写、数据处理、图形绘制、图像生成、信息生成、播放、显示等子程序。数据处理子程序包括音频变换、编解码、滤波、增强、分离、分割与合成、编辑、特征提取、信息隐藏、信息加解密等。

音频变换子程序是把音频信息数据从时间域空间变换到频率域或其他变换域空间。变换的主要目的是在其他空间能更容易更方便地进行数据处理，能得到更有意义更好的信息和特征。音频变换子程序包括傅里叶变换、余弦变换、沃尔什变换、哈达玛变换、KL 变换、Gabor 变换、小波变换、希尔伯特变换等经典的、重要的、常用的变换。

音频编解码子程序是把音频信息数据用码字符号表示，再将码字符号返回到原始音频信息数据。编解码的主要目的是压缩数据量，以便存储，节约存储空间；以便传输，提高传输速度。音频编解码子程序包括霍夫曼编码、先农费雷编码、LZW 编码、KLT 编码、余弦变换编码、小波变换编码、矢量量化编码、预测编码、PCM 编码、子带编码等经典的、重要的、常用的编码。

音频滤波子程序是把音频信息中的低频噪声、高频噪声、随机噪声等滤除或降低。滤波的主要目的是消除干扰，获得更好的音频信息质量。音频滤波子程序包括低通滤波、高通滤波、带通滤波、带阻滤波、均值滤波、中值滤波、微分滤波、巴特沃尔斯滤波、逆滤波、维纳滤波、卡尔曼滤波等经典的、重要的、常用的滤波。

音频增强子程序是增强音频信息中的有用信息，去除或降低无用信息。增强的主要目的是突出目标信息，获得好的音频信息质量。音频增强子程序包括幅度域增强、频率域增强、自适应增强、模式增强、直方图增强、延时和回声、混响和调制等经典的、重要的、常用的增强。

音频分离子程序是把音频信息的信号和噪声分离。分离的主要目的是分别得到信号和噪声。音频分离子程序包括幅度域分离、频率域分离、噪声滤波、噪声对消、模式分类、音频

与话带分离等经典的、重要的、常用的分离。

音频分割与合成子程序是把音频信息中的声音和语音等与背景和其他目标分割开来，把割裂的声音和语音元素合成成声音和语音。分割的主要目的是得到声音和语音的元素，合成的目的是由声音和语音的元素得到声音和语音等。音频分割与合成子程序包括端点分割、包络分割、Gabor 分割、小波分割、场景分割、幅度合成、频率合成、模式合成等经典的、重要的、常用的分割与合成。

音频编辑子程序是对音频信息进行编排和剪辑。编辑的目的是得到某种目的或某种目标的高质量的音频信息。音频编辑子程序包括线性编辑、非线性编辑、代数编辑、化入化出(淡入淡出)、复制粘贴、剪辑、标记等经典的、重要的、常用的编辑。

音频特征提取子程序是提取音频信息中目标的特征。特征提取的目的是提取特征用于音频的分类和识别。音频特征提取子程序包括时域特征提取、频域特征提取、变换域特征提取、统计特征提取等类型。时域特征提取包括幅度谱特征、短时能量谱特征、短时过零谱特征、PCA 特征、ICA 特征、马尔科夫模型特征、Gabor 特征、分型特征、分数阶微分特征等特征提取。频域特征提取包括频谱分布特征、子带特征、频域的 PCA 特征、ICA 特征、马尔科夫模型特征、分型特征、分数阶微分特征等特征提取。变换域特征提取包括 Gabor 特征、小波特征、Hilbert 变换特征、码流特征等特征提取。统计特征提取包括直方图特征、高斯分布特征、t - students 分布特征、χ^2分布特征、F 分布特征、Poisson 特征等特征提取。

音频信息隐藏子程序是把音频信息隐藏在别的媒体中，或者把别的信息隐藏在音频信息中。信息隐藏的主要目的是进行信息保密存储、保密通信、真伪监别、版权保护等。音频信息隐藏子程序包括空间域水印、频率域水印、变换域水印、Logistic 水印、混沌水印、加密隐藏、伪装隐藏等经典的、重要的、常用的信息隐藏。

信息加解密是把音频信息用密码符号来表示，把用密码符号表示的音频信息还原成原始音频信息。加解密的主要目的是对音频信息进行保密安全存储、保密安全通信等。音频加解密子程序包括算术加密、几何加密、Logistic 加密、混沌加密、椭圆加密等经典的、重要的、常用的加密。

2.3.2 音频信息识别软件系统

音频信息识别软件系统的主要功能是对音频信息进行分类识别。它主要包括音频信息采集（实时处理与识别）、数据读、数据写、数据处理（实时处理与识别）、模式分类识别、图形绘制、图像生成、信息生成、播放、显示等子程序。模式分类识别子程序包括统计识别、聚类识别、人工神经网络识别、支持向量机识别等。

音频信息的统计识别软件是按照音频信息的统计特征进行分类和识别。统计识别以概率与统计理论为基础，以概率模型和统计特征为依据来分类识别音频信息。经典的常用的概率模型是马尔科夫模型，分类器有贝叶斯分类器、最小距离分类器、最小均方误差分类器、分层分类器等。其中贝叶斯分类器是按照贝叶斯定律，由未知样本的先验概率估算分类到已知各类的后验概率，把未知样本分类到后验概率最大的类中去。先验概率由优化估值理论确定。最小距离分类器是由未知样本的先验概率估算到已知各类的参考概率的距离，把未知样本分类到距离最小的类中去。同样，先验概率由优化估值理论确定。最小均方误差分类器是由未知样本的先验概率估算分类到已知各类中去的总概率误差的均方值，由最小均方误差准则确定未知样本的先验概率估算参数和分类决策，把未知样本分类到均方误差最小的类中去。分层分类器是按照概率统计建立一个决策树，决策树各层的决策函数由某种条件概率来确定。未知样本按照决策树各层的最大概率路径搜索分类到相应的类中去。

音频信息的聚类识别软件是按照音频信息的空间分布特征进行分类识别。聚类识别是以模式空间分布理论为基础，以类间与类内距离为依据进行音频信息的分类识别。典型的常用的分类器有最近邻聚类、c－均值聚类、k－均值聚类、模糊聚类、自适应聚类、分层聚类等。最近邻聚类是估算未知样本与已知各类在模式空间里的距离，把未知样本聚类到离它最近的那一类里去；c－均值聚类是估算模式空间中已知各类的训练样本的均值作为该类的中心，计算未知样本与已知各中心的距离，把未知样本聚类到距离最近的一类里去；k－均值聚类是估算模式空间中已知各类的 k 个参考训练样本的均值作为该类的中心，计算未知样本与已知各中心的距离，把未知样本聚类到距离最近的那一类里去；模糊聚类是采用一个模糊隶属度加权矩阵，把未知样本在模式空间中按照加权矩阵映射到最优的一个模糊类里去。模糊隶属度加权矩阵的参数采用模糊聚类总误差的最小平方误差为准则和优化方法来确定。自适应聚类是建立一个聚类的空间映射加权矩阵，把未知样本按照加权矩阵聚类到最优的一类里去。加权矩阵的参数采用聚类误差和样本特征来自适应地调整。分层聚类是建立一个聚类决策树，树的每一层建立一个聚类准则。每个聚类准则是把所有已知类从大到小、从粗到精的分层。未知样本在决策树里按照聚类准则从大到小、从粗到精的路径搜索，聚类到最优的那一类里去。

音频信息的人工神经网络识别软件是仿真生物的神经系统结构和目标识别机理与过程的一种识别系统。它以人工神经网络理论为基础，以误差最小化为依据进行音频信息的分类与识别。典型的常用的神经网络有 FP 神经网络、BP 神经网络、MLBP 神经网络、RBF 神经网络、Hopfield 神经网络、Boltzmann 神经网络、自适应神经网络、模糊神经网络等。FP（Forward Propagation）神经网络是一种前馈神经网络。未知样本参数进入到神经网络输入层，经过神经网络的隐含层向前传输和处理，在神经网络输出层输出分类结果；BP（Back Propagation）神经网络是一种反向传播前馈神经网络。未知样本参数进入到神经网络输入层，经过神经网络的隐含层向前传输和处理，在神经网络输出层输出分类结果。分类结果的误差反向传播到神经元去调节神经元的参数；MLBP（Multi Layer BP）神经网络是一种多层反向传播前馈神经网络。与 BP 神经网络不同的是，它的隐含层多于一层，而 BP 神经网络的隐含层只有一层；RBF（Radial Basis Function）神经网络也是一种前向神经网络。与 FP 和 BP 神经网络不同的是，它没有神经元权系数，它的激活函数也不是 Sigmoid 函数。它采用径向基函数作为激活函数，因而它不需要学习训练调节权重；Hopfield 神经网络是一种单层反馈神经网络。与 BP 神经网络不同的是，它反向传播的不是输出的误差，而是输出的结果。输出的结果反馈到神经元去调节神经元的参数。反馈系统收敛的稳定性采用系统的能量函数最小化准则去优化；Boltzmann 神经网络也是一种反馈神经网络。与 Hopfield 神经网络不同的是，它可以认为是多层或有隐含层的反馈神经网络，它的神经元状态是用概率来描述的；自组织或自适应神经网络，是一种自组织、自适应地改变神经网络参数的神经网络。仿真生物的生理和大脑，神经网络把输入分成不同区域不同模式，不同神经元自组织自适应地响应这些输入，并无监督地自适应调节加权系数；模糊神经网络是把模糊理论与模糊系统融于已原有神经网络的一种发展了的神经网络。模糊神经网络的加权系数采用模糊隶属度矩阵，误差反向传播或输出反馈采用模糊控制，学习训练采用模糊推理。

音频信息的支持向量机识别软件是按照模式的空间分布来划类别的分边界的一种分类识别系统。它以学习训练优化理论为基础，以类间最大边界距离和类内支持向量为依据进行音频信息的分类与识别。典型的常用的支持向量机识别有有人监督学习训练识别、无人监督学习训练识别、最近邻识别、最近邻类识别等。有人监督学习训练识别是使用有限的已知样本去学习训练支持向量机，采用误差最小优化准则、确定支持向量机的权系数矩阵，得到模式空间两类的类间最大边界距离超平面。超平面作为两类的最优空间分类界面。每类中距离超平面最近的样本点作为该类的支持向量，用于下一次的学习训练样本；无人监督学习训练识别，与有人监督学习训练识别不同的是，它没有已知学习训练样本，而是采用能量函数最小化、代价函数最小化或优化理论和算法，确定最优的支持向量机的权系数矩阵，得到模式空间两类的类间最大边界距离超平面；最近邻识别，与常规支持向量机的两类识别不同，它是多类的支持向量机分类识别。它在模式空间中，在一个预先设计的邻域内搜索支持向量，使用这些支持向量和所属类别去分类识别未知样本，并更新支持向量机的参数和这些类的支持向量；最近邻类识别，也是一种多类的分类识别。与最近邻识别不同，它在模式空间的一个邻域内搜索近邻的类，使用这些类和这些类的支持向量来分类识别未知样本，并更新支持向量机的参数和这些类的支持向量。

2.4　本章小结

本章主要介绍所了音频信息处理与识别系统的结构。系统主要由音频信息采集、处理、识别、播放、显示、数据库等组成。系统的硬件主要由声音传感器、A－D 模数转换器、声卡、计算机、声音播放器、显示器和数据盘构成。系统的软件主要由音频信息采集、音频信息处理、音频信息识别、音频信息播放、音频信息显示和音频信息数据库构成。音频信息处理软件主要有音频信息采集（实时处理）、数据读、数据写、数据处理、图形绘制、图像生成、信息生成、播放、显示等子程序。数据处理子程序包括音频变换、编解码、滤波、增强、分离、分割与合成、编辑、特征提取、信息隐藏、信息加解密等。音频信息识别软件主要有音频信息采集（实时处理与识别）、数据读、数据写、数据处理（实时处理与识别）、模式分类识别、图形绘制、图像生成、信息生成、播放、显示等子程序。模式分类识别子程序包括统计识别、聚类识别、人工神经网络识别、支持向量机识别等。

第3章　音频信息采集与数字化

3.1　概述

音频信息采集与数字化，是把外界声源的声音信息转换成模拟电信息，再把模拟电信息转换成数字信息，送到音频信息播放中去播放、音频信息显示去显示、音频信息数据库去存储、音频信息处理去处理。

音频信息采集与数字化是音频信息处理与识别的输入部分，是必不可少的基础。它是音频信息处理与识别的信息源头，它的性能和质量直接影响到音频信息质量的好坏，也直接影响到音频信息处理的难易程度和结果的好坏，影响到音频信息识别的难易程度和结果的正确性和准确性。

如第2章所述，音频信息采集与数字化系统主要由硬件系统和软件系统两大部分组成。硬件系统主要由音频信息采集系统、音频信息数字化系统、声卡组成。软件系统主要由音频信息采集软件、音频信息显示子程序、音频信息播放子程序、音频信息存储子程序等组成。

音频信息采集系统是把外界声源的声源信息转换成模拟电信息。它由硬件系统和软件系统两部分组成。硬件系统主要包括声音传感器和前置放大器两部分。软件系统主要包括声音传感控制、前置放大控制、数据传输和控制等部分。

音频信息数化系统是把音频信息采集系统采集到的模拟音频电信息转换成数字电信息。它由硬件系统和软件系统两部分组成。硬件系统主要是A－D模数转换器。软件系统主要包括A－D控制、数据传输和控制等部分。

本章主要介绍音频信息采集系统的声音传感器和前置放大器，音频信息数字化系统的A－D模数转换、采样和量化。最后介绍采集的音频信息的描述和文件格式。

3.2　声音传感器

声音传感器主要是传声器，也称微音器，俗称话筒。传声器的功能是把外界声源的声音信息转换成模拟电信息。单传声器的声电转换模型一般可以用一个转换函数来表示：

$$e(t)=h(t)*s(t)+n(t) \tag{3.1}$$

这里，$*$表示卷集运算，$e(t)$表示声音信息转换成的电信息，$h(t)$表示传声器的系统声电转换函数，$s(t)$表示外界声源的声音信息，$n(t)$表示传声器和环境的加性噪声。传声器的系统声电转换函数$h(t)$一般是一维时间函数，不包括空间坐标信息。因为一般传声器只能吸收声能量，生成电能量，而不能捕捉空间坐标信息。

理想的传声器的声电转换函数$h(t)$是一个声音频率不相关的时不变常数：

$$h(t)=\alpha \tag{3.2}$$

这里α是传声器的声电转换系数，如图3-1所示。理想传声器和环境噪声为零：

$$n(t)=0 \tag{3.3}$$

于是，式（3.1）是一个零位移的线性函数，如图3-2所示。它表明理想传声器采集的声音信息是不失真的，输出的电信息与声源的信息完全相似。但是，实际上理想传声器不存在，而实际的传声器的声电转换函数是一个声音频率相关的非线性时变函数：

$$h(t)=\alpha(f,t)=\beta(f)\gamma(t) \tag{3.4}$$

这里，f是声源信号的频率，$\beta(f)$是传声器的非线性频率响应函数，如图3-3所示；$\gamma(t)$是传声器的非线性老化函数，如图3-4所示，f_1和f_2分别表示下截止频率和上截止频率。实际传声器和环境的噪声不等于零。于是，式（3.1）是一个频率非线性时变函数，如图3-5所示。它表明实际传声器采集的声源信息是失真的，输出的电信息与声源的信息不完全相似。因此，为了采集的声音信息不失真，应当研究、生产和选用在音频范围内尽可能频率线性时不变的传声器。一个高质量的传声器在音频范围内可以近似为一个理想传声器。

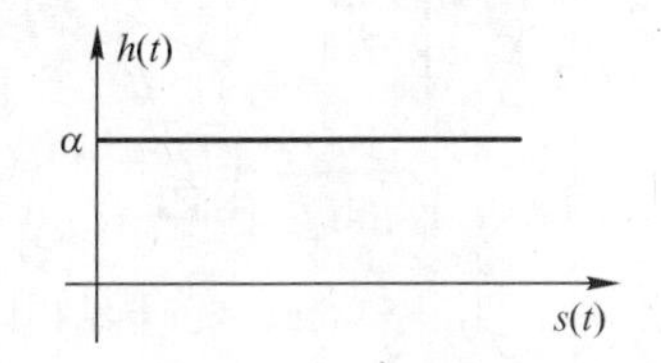

图3-1　理想传声器的声电转换函数

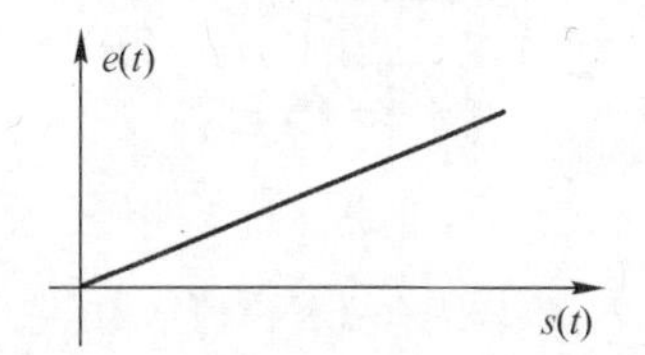

图3-2　理想传声器的声电输出函数

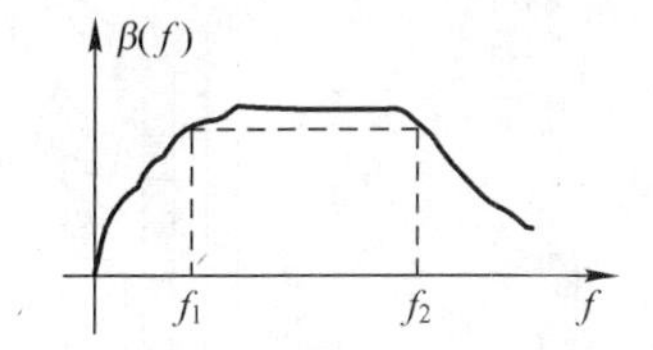

图3-3　实际传声器的频率响应函数

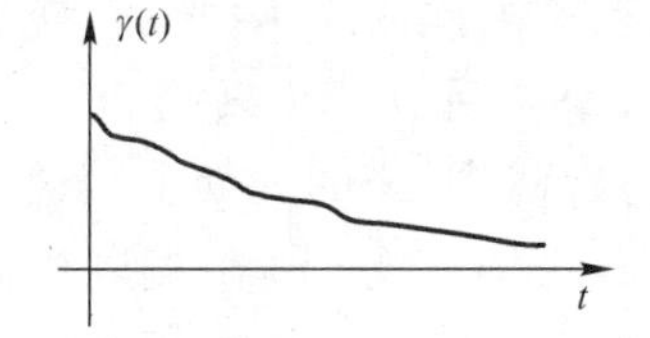

图3-4　实际传声器的老化函数

实际的传声器有多种类型和不同的性能。常用的传声器有电磁耦合式、电容耦合式、压电耦合式等。

1）电磁耦合式：主要由振动膜、音圈、永久磁铁和升压变压器等组成，如图3-6所示。音圈是一个电感线圈，固定在振动膜边缘上，伸入到永久磁铁的缝隙中。当振动膜接收到声波时产生振动，膜片随声音前后颤动，带动音圈在磁场中作切割磁力线的运动。根据电磁感应原理，在音圈内产生感生电流，两端产生感生电动势，从而把声音信息转换成了电信息。

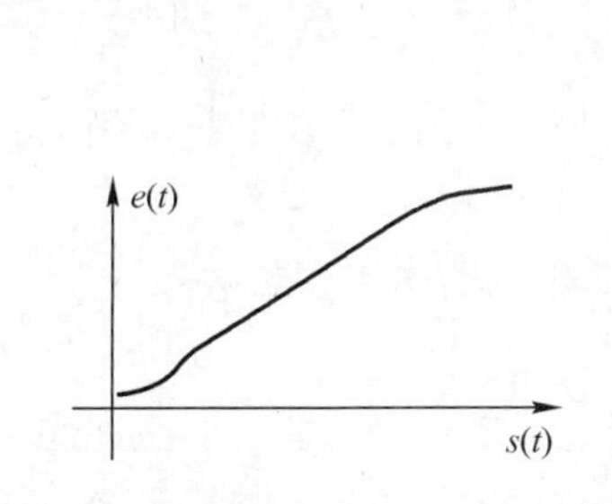

图3-5　实际传声器的声电输出函数

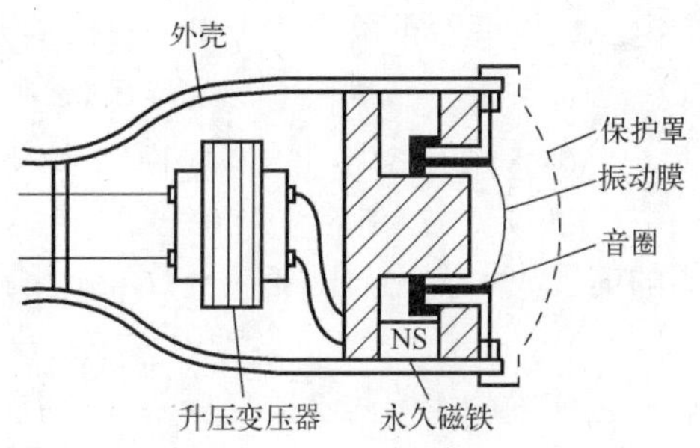

图3-6　电磁耦合式传声器结构原理

2）电容耦合式：主要由金属膜和平行板构成电容器，电容器两端加有偏置电压，如图3-7所示。当声波作用在金属膜上使金属膜振动时，金属膜电容容量发生变化，产生充放电电流，通过外接电阻或电路形成变化电信号，从而把声音信息转换成了电信息。

3）压电耦合式：主要由锥形振动膜和压电晶片组成，如图3-8所示。振膜中心通过连杆机构与双压电晶片的中心相连接。当振膜接收声波产生振动时，振膜在双压电晶片上产生压力变化，使晶片两面电极之间产生电压变化，从而把声音信息转换成电信息。

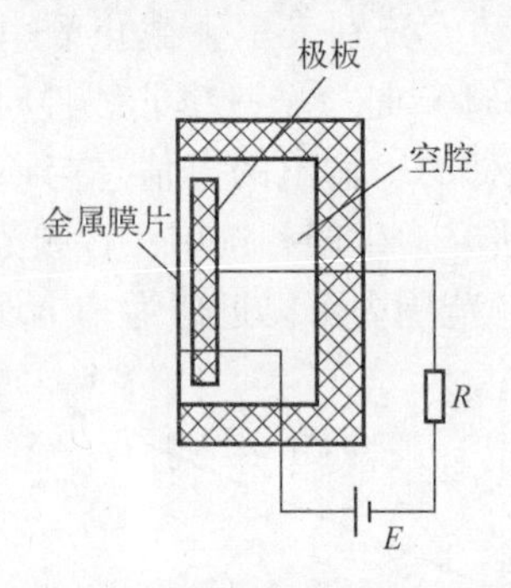

图3-7　电容耦合式传声器结构原理

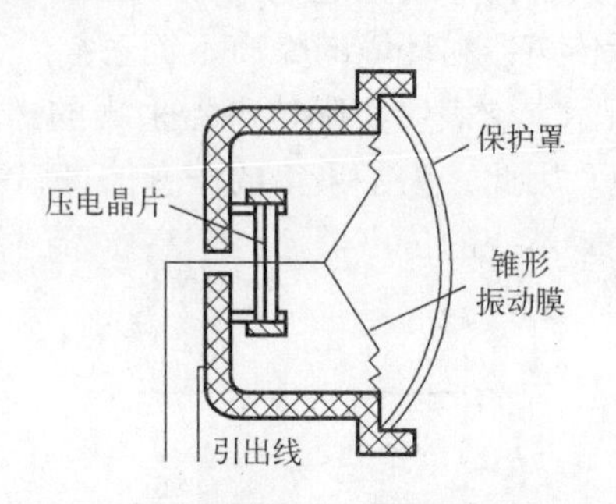

图3-8　压电耦合式传声器结构原理

4）驻极体话筒：目前比较流行的传声器是电容耦合式驻极体话筒。驻极体话筒由声电转换和阻抗转换两部分组成，如图3-9所示。声电转换是一个驻极体震动膜。振动膜是在一张塑料薄膜的一面上蒸镀一层金薄膜，另一面上贴一层驻极体。经高压电场驻极后振动膜两面形成正负电荷。振动膜与一个电极板经绝缘圈隔离构成电容。当振动膜接收声波产生震动时引起电容两面的电荷和电场变化，产生随声波变化而变化的电压，把声音信息转换成电信息。阻抗转换是在电极板后连接一只场效应晶体管，把电容的高阻抗转换成低阻抗，与前置音频放大器连接，以把微软的电信息送到前置放大器去放大。

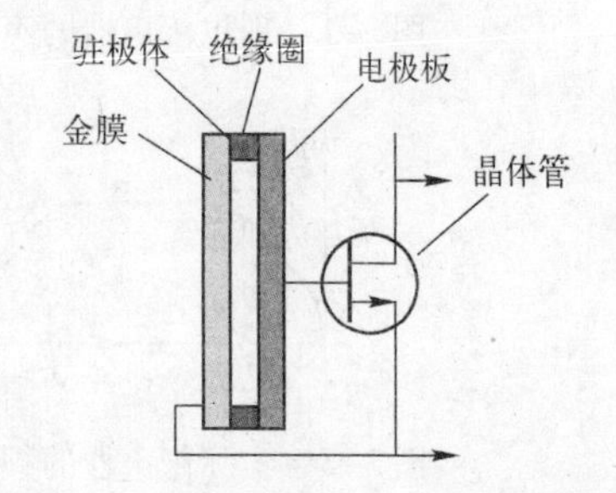

图3-9　驻极体传声器结构原理

3.3　前置放大器

前置放大器一般是运算放大器，它把微弱的模拟电压信号放大成较强的电压信号。前置放大器的电压放大模型可以用一个电压变换函数来表示：

$$v_o(t) = A_v(t) * v_i(t) + v_n(t) \tag{3.5}$$

这里，* 表示卷集运算，$v_o(t)$是前置放大器的输出电压，$A_v(t)$是电压变换函数，或电压放大函数，$v_i(t)$是输入电压，$v_n(t)$是噪声电压。

理想的前置放大器的电压变换函数$A_v(t)$是一个频率不相关的时不变常数：

$$A_v(t) = A \tag{3.6}$$

这里A是前置放大器的电压变换系数，或电压放大倍数，如图3-10所示。理想前置放大器的噪声为零：

$$n_v(t) = 0 \tag{3.7}$$

于是，式（3.5）是一个零位移的线性函数，如图 3-11 所示。它表明理想前置放大器的电压放大是不失真的，输出的电压信息与输入的电压信息完全相似。但是，实际上理想前置放大器不存在，而实际的前置放大器的电压变换函数是一个频率相关的非线性时变函数：

$$A_v(t)=A(f,\ t)=A_1(f)A_2(t) \tag{3.8}$$

这里，f 是输入电压信号的频率，$A_1(f)$ 是前置放大器的非线性频率响应函数，如图 3-12 所示；$A_2(t)$ 是前置放大器的非线性老化函数，如图 3-13 所示，f_1 和 f_2 分别表示下截止频率和上截止频率。实际前置放大器的噪声不等于零。于是，式（3.5）是一个频率非线性时变函数，如图 3-14 所示。它表明实际前置放大器输出的电压信息是失真的，与输入的电压信息不完全相似。因此，为了放大后输出的电压信息不失真，应当研究、生产和选用在音频范围内尽可能频率线性时不变的前置放大器。一个高质量的前置放大器在音频范围内可以近似为一个理想前置放大器。

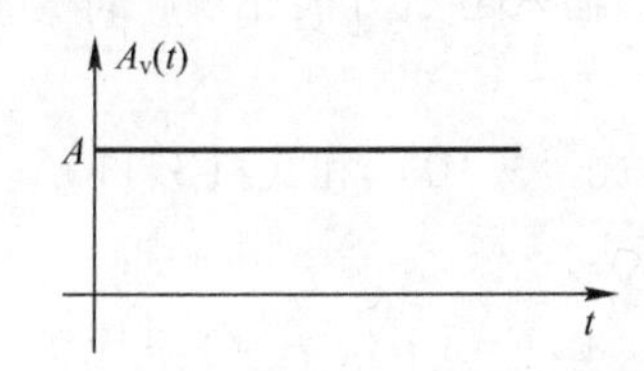

图 3-10　理想前置放大器的电压变换函数

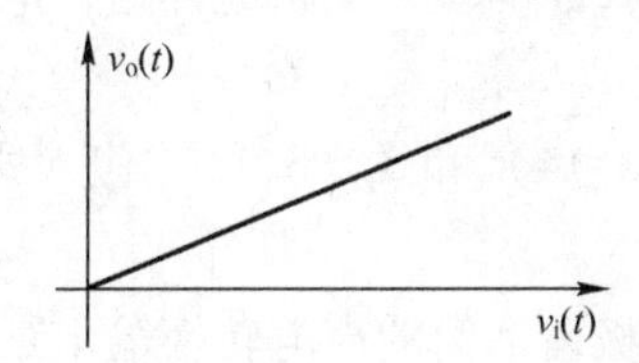

图 3-11　理想前置放大器的电压输出函数

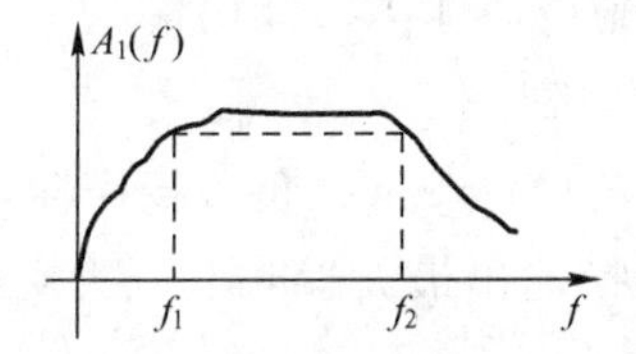

图 3-12　实际前置放大器的频率响应函数

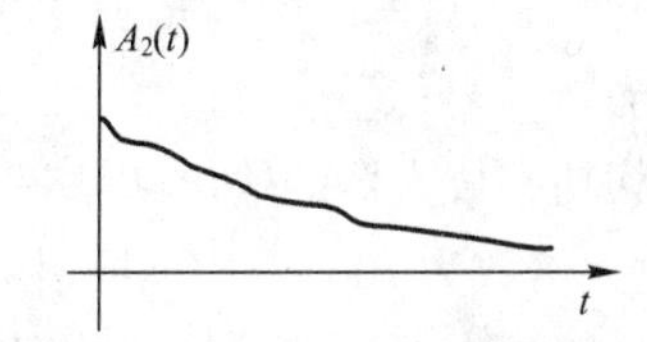

图 3-13　实际前置放大器的老化函数

实际的前置放大器有多种类型和不同的性能。常用的前置放大器一般由多级电压集成运算放大器电路构成。集成运算放大器，一般是高性能的电压放大器。它的输入阻抗很高，输出阻抗很低，电压放大倍数很高，偏置电压很小，不相关频率范围很宽，时间稳定性很高，噪声很低。因此，一个集成运算放大器都近似成为一个理想的频率不相关时不变无噪声线性放大器，模型电路如图 3-15 所示。它用于设计和计算电压放大器的特征参数输入电阻 r_i，输出电阻 r_o，电压放大倍数 A_0，输入电压 v_e，输入电流 i_e 分别为：

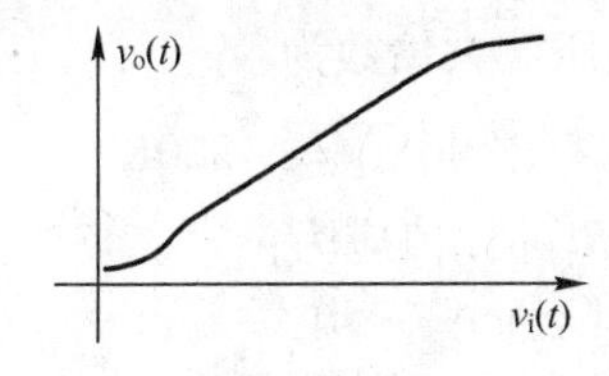

图 3-14　实际前置放大器的电压输出函数

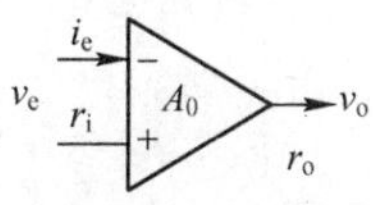

图 3-15　理想集成运算放大器模型

$$r_i=\infty,\ r_o=0,\ A_0=\infty,\ v_e=0,\ i_e=0 \tag{3.9}$$

一个典型的单级电压集成运算放大器电路，如图 3-16 所示。这个电路的电压输出函数和电压变换函数或电压放大倍数可以表示为：

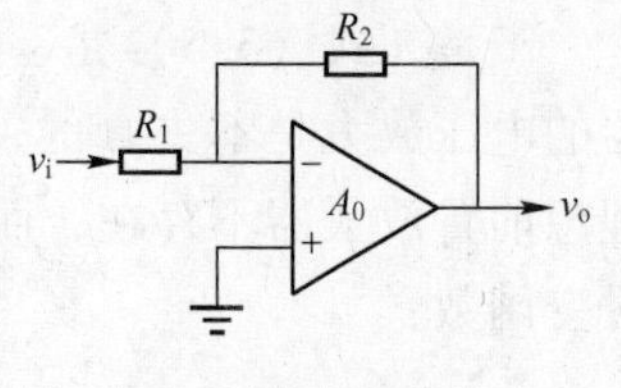

图 3-16　单级电压集成运算放大电路原理图

$$v_o(t)=A_v(t)*v_i(t)+n_v(t)=-\frac{R_2}{R_1}v_i(t) \qquad (3.10)$$

$$A_v(t)=\frac{v_o(t)}{v_i(t)}=-\frac{R_2}{R_1} \qquad (3.11)$$

其中“ - ”号表示输出电压相位与输入电压相位相反。

证明：

由式（3.9）的 $v_e=0$ 可知，集成运算放大器的输入点为虚地点，电路的输出电压和输入电压分别为：

$$v_o(t)=i_o(t)R_2 \qquad (3.12)$$

$$v_i(t)=i_i(t)R_1 \qquad (3.13)$$

其中，$i_o(t)$ 和 $i_i(t)$ 分别是输出电流和输入电流。又由式（3.9）的 $i_e=0$ 或 $r_i=\infty$ 可知，集成运算放大器的输入支路为开路，电路的输出电流和输入电流方向相反，即：

$$i_o(t)=-i_i(t) \qquad (3.14)$$

将式（3.14）和式（3.13）代入式（3.12）可得式（3.10）和式（3.11）。

例子：

一个驻极体话筒的声电转换输出最大瞬时电压为 $v_i(t)=1\ \mu v$，一个单极电压集成运算放大器电路的 $R_1=100\ \Omega$，$R_2=1\ M\Omega$，则放大电路对应的瞬时输出电压为：

$$v_o(t)=-(R_2/R_1)v_i(t)=-(1\ M\Omega/100\ \Omega)\times 1\ \mu v=-10\ mv$$

设计：

一个音频功率放大器的输出功率最大瞬时幅度为 $P_o(t)=2\ W$，负载扬声器阻抗为 $R_L=8\ \Omega$，电压放大倍数为 100。一个驻极体话筒的声电转换输出最大瞬时电压为 $v_o(t)=1\ \mu V$，请采用集成运算放大器设计话筒的前置放大器。

由音频功率放大器的输出功率和负载扬声器阻抗可知，功率放大器的输出电压最大瞬时幅度值和输入电压最大瞬时幅度值为：

$$v_{po}(t)=\sqrt{(P_o(t)R_L)}=\sqrt{(2\ W\times 8\ \Omega)}=4\ V$$

$$v_{pi}(t)=v_{po}(t)/A_{pv}(t)=(4\ V/100)=40\ mV$$

由驻极体话筒的声电转换输出电压 $v_o(t)$ 和功率放大器的输入电压 $v_{pi}(t)$ 可知，前置放大器的电压放大倍数应为：

$$A_v(t)=v_{pi}(t)/v_o(t)=40\ mV/1\ \mu v=40\ K$$

采用两级电压集成运算放大器电路，每级的电压放大倍数为：

$$A_{v1}(t)=A_{v2}(t)=-\sqrt{A_v(t)}=-\sqrt{(40K)}=-200K$$

由式（3.10）和式（3.11）可知，电阻 R_2 和 R_1 的比值应为：

$$R_2/R_1=-A_{v1}(t)=200$$

考虑到电阻的精度和稳定性，电阻值不宜过小和过大，选择：

$$R_1=1\ k\Omega,\ R_2=200\ k\Omega$$

两级电压集成运算放大器电路如图 3-17 所示。

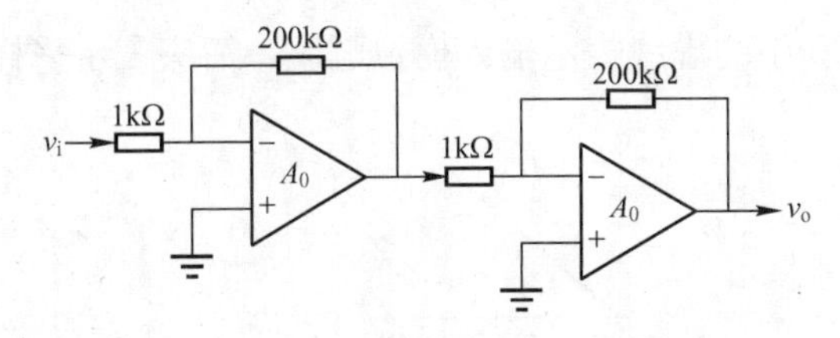

图 3-17　两级电压集成运算放大器电路原理

3.4　A-D 模数转换器

A-D 模数转换器是把模拟电信息转换成数字电信息的硬件系统。A-D 模数转换器一般输入是模拟电压信息，输出是数字信息。它对输入的模拟电压信息进行采样，把采样到的电压信息进行量化，把量化的大小用数字表示。A-D 模数转换器的数模转换模型一般可以用一个转换函数来表示：

$$d(t)=h_{sq}(t)*v(t)+n_{sq}(t) \tag{3.15}$$

这里，$*$表示卷集运算，$d(t)$表示模数转换输出的数字信息，$h_{sq}(t)$表示模数转换的系统转换函数，$v(t)$表示输入的模拟电压信息，$n_{sq}(t)$表示模数转换的加性采样噪声和量化噪声。A-D 模数转换器的系统转换函数 $h_{sq}(t)$一般可以看成由采样系统函数 $h_s(t)$和量化系统函数 $h_q(t)$两部分组成：

$$h_{sq}(t)=h_q(t)*h_s(t) \tag{3.16}$$

它的噪声一般也可以看成由采样噪声 $n_s(t)$和量化噪声 $n_q(t)$两部分组成：

$$n_{sq}(t)=n_s(t)+n_q(t) \tag{3.17}$$

于是，模数转换函数式（3.15）可以改写成：

$$d(t)=h_q(t)*h_s(t)*v(t)+n_s(t)+n_q(t)=h_q(t)*v_s(t)+n_s(t)+n_q(t) \tag{3.18}$$

$$v_s(t)=h_s(t)*v(t) \tag{3.19}$$

其中，$v_s(t)$是 A-D 模数转换器的采样函数。

理想的 A-D 模数转换器的采样系统函数 $h_s(t)$是一个 δ 函数：

$$h_s(t)=\delta(t) \tag{3.20}$$

这里 $\delta(t)$函数，如图 3-18 所示，定义为：

$$\delta(t)=\begin{cases}\infty & \text{if } t=0\\ 0 & \text{Otherwise}\end{cases} \tag{3.21}$$

$$\int_{-\infty}^{\infty}\delta(t)\,\mathrm{d}t=1 \tag{3.22}$$

理想的 A-D 模数转换器的采样噪声为零：

$$n_s(t)=0 \tag{3.23}$$

于是，A-D 模数转换器在时刻 τ 采样到的电压为：

$$v_s(\tau)=\int_{-\infty}^{\infty}v(t)\delta(\tau-t)\,\mathrm{d}t=v(\tau) \tag{3.24}$$

式（3.24）表明，A-D 模数转换器在某时刻采样到的电压等于该时刻的输入电压，说明它的采样函数是一个斜率为 1 的过零的线性函数，如图 3-19 所示，采样到的电压无失真，如图 3-20 所示。图 3-20 中的虚线表示输入模拟电压，箭头表示采样到的电压。

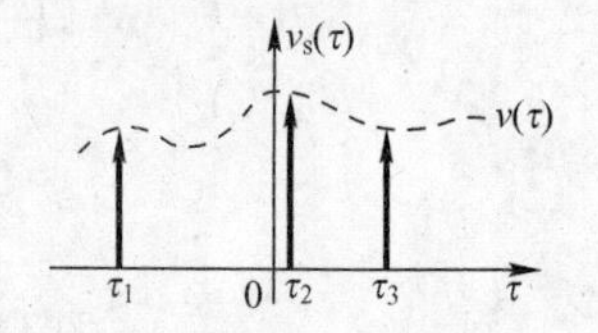

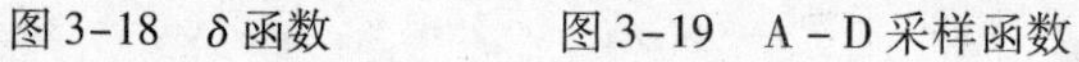

图 3-18 δ 函数　　图 3-19 A-D 采样函数　　图 3-20 A-D 转换器采样到的电压

实际的 A-D 模数转换器的采样系统函数 $h_s(t)$ 无法实现 δ 函数，而是一个窄脉冲函数。窄脉冲函数一般是一个近似的梯形函数 $Trap(t)$，可以看成是矩形函数 $Rect(t)$。梯形函数 $Trap(t)$ 和矩形函数 $Rect(t)$ 如图 3-21 和图 3-22 所示。由于梯形函数存在上升沿和下降沿，梯形函数和矩形函数有一定的时宽，所以实际的 A-D 模数转换的采样函数是频率相关时变的非线性函数，如图 3-23 和图 3-24 所示，f_1 和 f_2 分别表示下截止频率和上截止频率。它的采样噪声也不为零。采集到的电压如图 3-25 所示。图 3-25 中，τ 时刻采样电压是脉冲宽度内输入电压的累加值。

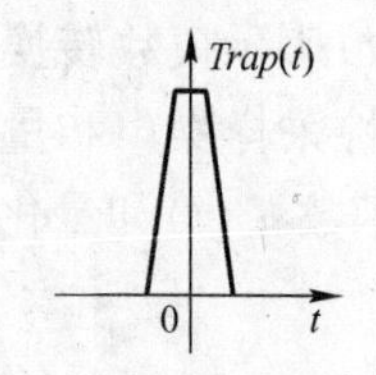

图 3-21 梯形函数

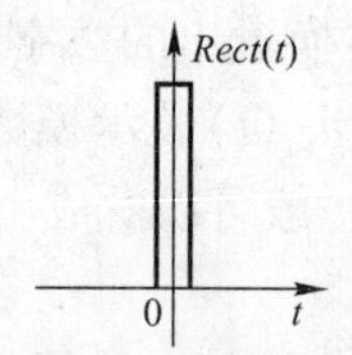

图 3-22 矩形函数

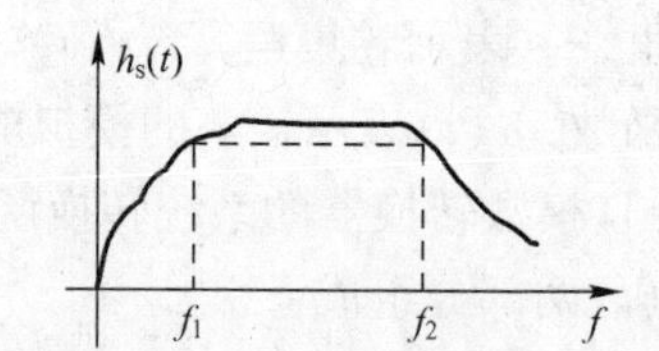

图 3-23 采样函数的频率响应

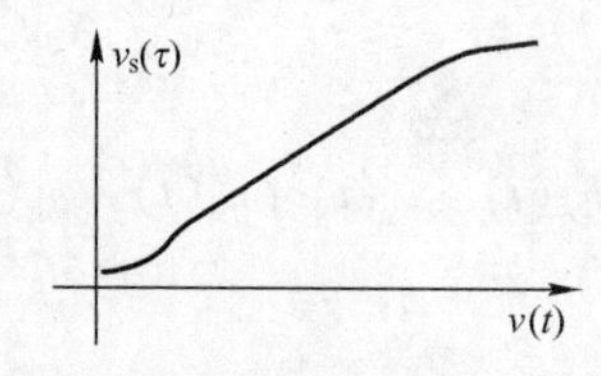

图 3-24 A-D 模数转换器的采样函数

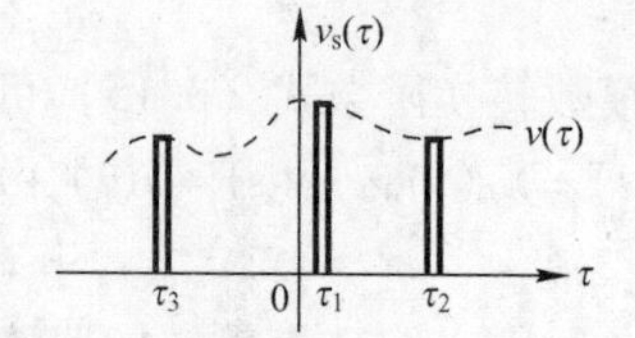

图 3-25 A-D 模数转换器采样到的电压

理想的 A-D 模数转换器的量化系统函数 $h_q(t)$ 是一个常数：

$$h_q(t) = 1\%\Delta q \tag{3.25}$$

这里，% 表示模除，Δq 是量化间隔或量化步长，它等于输出的数字电压范围与输入的模拟电压范围的比值：

$$\Delta q = d_m / v_m \tag{3.26}$$

其中，d_m 和 v_m 分别是数字电压的最大值和模拟电压的最大值。理想的 A-D 模数转换器的量化噪声为零：

$$n_q(t) = 0 \tag{3.27}$$

于是，A-D 模数转换器的量化函数为：

$$d(t) = v_q(t) = h_q(t) * v_s(t) = v_s(t)\%\Delta q \tag{3.28}$$

A-D 模数转换器的量化函数是一个过零的离散线性函数，如图 3-26 所示。图中的虚线表示量化的模数转换斜率，阶梯线表示量化函数。式（3.28）和图 3-26 表明，理想情况下，阶梯线趋于虚线，A-D模数转换器输出的数字电压与输入的模拟电压完全相似，量化电压无失真。

综合采用量化，理想的A-D模数转换器在采样时刻τ的输出数字电压为：

$$d(\tau)=v(\tau)\%\Delta q \tag{3.29}$$

输出数字电压如图3-27所示。图3-27中的实线表示输入模拟电压，箭头表示采样到的电压。虚线网格表示采样间隔和量化间隔。

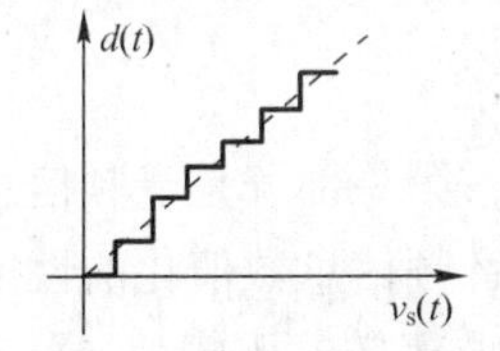

图3-26　A-D的量化函数

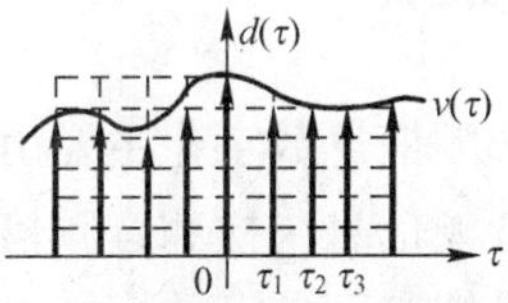

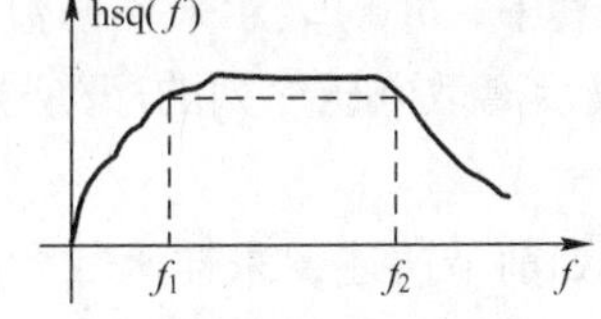

图3-27　A-D转换器采样到的电压

实际的A-D模数转换器的量化系统函数$h_q(t)$一般很难做到实常数，而是输入模拟电压的一个频率相关的时变的非线性函数，量化误差也不为零。

综合A-D模数转换器的采样系统函数和量化系统函数，一个实际的A-D模数转换器的转换系统函数是一个频率相关时变含噪声的非线性函数，如图3-28和图3-29所示，f_1和f_2分别表示下截止频率和上截止频率。它输出的数字电压与输入的模拟电压在离散的意义上说不是完全相似，存在信息失真，如图3-30所示。图中，实线表示输入的模拟电压，箭头表示转换的数字电压，虚线网格表示采样间隔和量化间隔。有些转换的数值与对应的模拟值相差较大。

图3-28　实际A-D转换器的频率响应函数

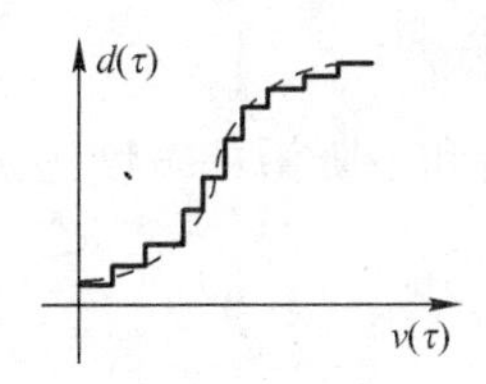

图3-29　实际A-D转换器的转换函数

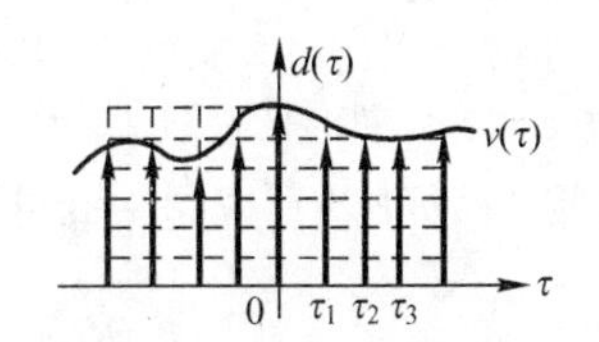

图3-30　实际A-D转换器的数字电压输出函数

因此，为了模数转换不失真，应当研究、生产和选用在音频范围内尽可能频率线性时不变去噪声的A-D模数转换器。一个高质量的A-D模数转换器在音频范围内可以近似为一个理想的模数转换器。

实际的A-D模数转换器有多个厂家生产的多种类型和多种性能。常用的A-D转换器有积分型或间接型和比较型或直接型两大类。

1）积分型或间接型：用输入电压的高低以积分方式去控制脉冲开关开通时间的长短，由计数器计数开关中通过的脉冲个数作为输入电压的数字。

2）比较型或直接型：把输入电压与一个或多个比较器的输出电压进行并行或分级串行比较，比较结果的数值作为输入电压的数字。

实际的 A－D 转换器的性能主要由采样频率或转换速率、分辨率或转换精度、转换误差或噪声决定。采样频率是每秒转换成数字的个数。分辨率是量化转换成数字的二进制位数。误差是量化转换数值与模拟值的差，是采样误差和量化误差的和。因此，要获得高性能的 A－D 模数转换器，应当研究采样和量化的理论与技术。采样和量化的理论与技术将分别在第 3.5 节和第 3.6 节中介绍。

3.5 音频信息采样

如前节所述，音频信息数字化主要由两部分组成，第一部分是音频信息采样，第二部分是音频信息量化。音频信息采样和音频信息量化决定音频信息数值化的性能。

音频信息采样是把音频信息的模拟电压 $v(t)$ 变换成离散电压序列 $v_s(n)$，可以用一个采样模型来表示：

$$v_s(n) = v(t(n)) * \delta(t(n)) = \int_{-\infty}^{\infty} v(t)\delta(n\Delta t - t)\,dt = v(n\Delta t) \tag{3.30}$$

其中，$\delta(*)$ 表示采样函数，Δt 表示采样时间间隔，$n=-\infty, \cdots, -2, -1\ 0, 1, 2, \cdots, \infty$ 表示离散电压序列的序列号。采样时刻 t 和采样点 n 为：

$$t = t(n) = n\Delta t \tag{3.31}$$

如前节所述，采样函数 $\delta(*)$ 只是一个理想的函数，实际上不可能实现。实际的采样函数是一个近似的梯形函数 $Trap(t)$：

$$Trap(t) = \begin{cases} \dfrac{t-t_1}{t_2-t_1} & \text{if } t_1 \leqslant t \leqslant t_2 \\ 1 & \text{if } t_2 \leqslant t \leqslant t_3 \\ \dfrac{t-t_4}{t_3-t_4} & \text{if } t_3 \leqslant t \leqslant t_4 \\ 0 & \text{Otherwise} \end{cases} \tag{3.32}$$

其中 t_1，t_2，t_3，t_4 如图 3-31 所示。当梯形函数的上升沿和下降沿的宽度远远小于梯形的顶宽时，梯形函数可以看成是一个矩形函数 $Rect(t)$：

$$Rect(t) = \begin{cases} 1 & \text{if } t_1 \leqslant t \leqslant t_2 \\ 0 & \text{Otherwise} \end{cases} \tag{3.33}$$

其中，t_1，t_2 如图 3-32 所示。于是，采样模型式（3.30）可以写成：

$$\begin{aligned} v_s(n) &= v(t(n)) * Rect(t(n)) = \int_{-\infty}^{\infty} v(t)Rect(n\Delta t - t)\,dt \\ &= \int_{t_1}^{t_2} v(t)\,dt \quad t(n) = n\Delta t = \frac{t_1 + t_2}{2} \end{aligned} \tag{3.34}$$

由式（3.34）可以看出，采样数字电压序列 $v_s(n)$ 的值不等于模拟电压采样点的瞬时值 $v(n\Delta t)$。它们之间的采样误差 $e_s(n)$ 为：

$$e_s(n) = v_s(n) - v(n\Delta t) = \int_{t1}^{t2} v(t)\,dt - v\left(\frac{t_1 + t_2}{2}\right) \tag{3.35}$$

可见采样脉冲越窄，采样误差越小。

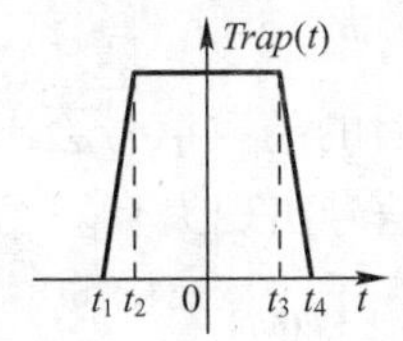

图3-31　梯形函数

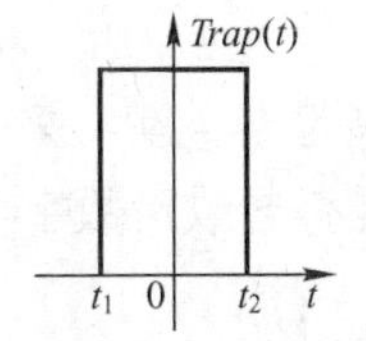

图3-32　矩形函数

在音频信息采样中，采样的时间间隔可以不同。根据采样时间间隔的不同或数字离散序列的形式不同，采样一般可以分成等间隔周期的线性采样，非等间隔非周期的非线性采样和非等间隔非周期的自适应采样三种主要类型。由于线性采样非常简单、易于实现，所以常常采用线性采样，只有在一些特殊的情况下才采用非线性或自适应采样。

3.5.1　等间隔周期的线性采样

等间隔周期的线性采样，采样间隔相等，采样点周期重复，输出的采样信号是周期性的数字序列，采样时刻 t 和采样点 n 为：

$$t = t(n) = n\Delta t \tag{3.36}$$

在等间隔线性采样中，由傅立叶变换可知，采样模型式（3.30）和式（3.34）的频率函数分别为：

$$V_s(\omega) = V(\omega)\delta(\omega) = V(\omega)H(\omega)e^{j\omega\Delta t} = V(\omega)e^{j\frac{\omega}{\omega_s}}$$
$$\omega_s = \frac{2\pi}{\Delta t} \tag{3.37}$$

$$V_s(\omega) = V(\omega) * Rect(\omega) = V(\omega)\operatorname{sinc}(\omega)e^{j\omega\Delta t}$$
$$= V(\omega)\operatorname{sinc}(\omega)e^{j\frac{\omega}{\omega_s}} \quad \omega_s = \frac{2\pi}{\Delta t} \tag{3.38}$$

其中，$V_s(\omega)$和 $V(\omega)$分别表示采样数字电压和模拟电压的频率函数，$\delta(\omega)$和 $Rect(\omega)$分别表示 δ 函数和矩形函数的频率函数，$H(\omega)=1$，ω_s是采样频率。由式（3.37）和式（3.38）可以看出，采样后的数字电压的频谱与模拟电压的频谱不同。采样间隔越大，即采样频率越低，它们的差别越大，反之越小。由于采样后的数字电压的频谱不同于模拟电压的频谱，由数字电压重建的模拟电压就会与原来的模拟电压不同，即采样后重建会有电压信息失真。采样频率越低，重建失真就越大，采样频率越高，重建失真就越小。实际上采样频率不可能做得很高。因此，需要选择恰当的采样频率。

1928 年美国电信工程师 H. Nyquist 提出了一种采样定理，又称为奈奎斯特采样定理，后来有些文献又称为香农采样定理，给出了采样频率选择的依据。

奈奎斯特采样定理：一个最高频率为 $\omega_m = 2\pi f_m$ 的频率带宽有限的模拟信号 $f(t)$，可以在时间域用时间间隔为 Δt 的周期采样得到一个离散信号序列 $g(n)$。如果时间间隔 Δt 满足：

$$\Delta t \leqslant 1/(2f_m) \tag{3.39}$$

则用这个离散信号序列 $g(n)$可以完全复原原先的模拟信号 $f(t)$。

奈奎斯特采样定理也叫奈奎斯特时域采样定理。式（3.39）也可以写成：

$$f_s \geqslant 2f_m \tag{3.40}$$

这里，f_s表示采样频率。$f_s = 2f_m$ 的频率称为奈奎斯特临界采样频率，简称奈奎斯特频率。

如果采样频率不满足奈奎斯特采样定理，则采样后的离散信号会出现频率混叠现象，如图 3-33f 所示。频率混叠导致由数字信号重建的模拟信号出现失真。

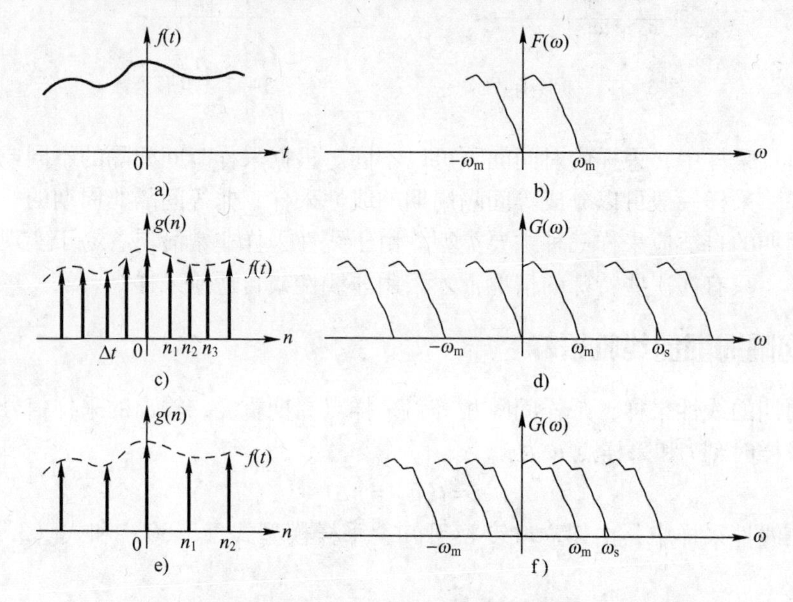

图 3-33 采样定理的采样与频谱

a）模拟信号 b）模拟信号的频谱 c）模拟信号的 $\omega_s>2\omega_m$ 采样 d）$\omega_s>2\omega_m$ 采样的数字信号的频谱 e）模拟信号的 $\omega_s<2\omega_m$ 采样 f）$\omega_s<2\omega_m$ 采样的数字信号的频谱

在实际采样中，一般选择采样频率为：

$$f_s=(5\sim10)f_m \tag{3.41}$$

采样的矩形脉冲的宽度(t_2-t_1)为：

$$(t_2-t_1)\ll\Delta t=(1/100\ \sim\ 1/1000)\Delta t \tag{3.42}$$

由奈奎斯特时域采样定理可以反推到奈奎斯特频域采样定理：一个最高时刻为 T_m 的时间宽度有限的模拟信号 $f(t)$，可以在频率域用频率间隔为 Δf 的周期采样得到一个离散信号序列 $G(u)$。如果频率间隔 Δf 满足：

$$\Delta f\leqslant1/(T_m) \tag{3.43}$$

则用这个离散信号序列 $G(u)$ 可以完全复原原先的模拟信号 $f(t)$。

如果采样频率间隔不满足奈奎斯特采样定理，则由采样后的离散信号重建的模拟信号会出现时间延拓现象，导致由数字信号重建的模拟信号出现失真。

线性采样非常简单，易于实现，广泛用于各个领域。

例子：

一段语音信息模拟电压的最高频率为 1 kHz。把它等间隔线性离散化成无频率混叠的数字电压，则采样的奈奎斯特频率为：

$$f_s\geqslant2f_m=2\times1\text{ kHz}=2\text{ kHz}$$

选择：

$$f_s=10f_m=10\text{ kHz}$$

则采样时间间隔为：

$$\Delta t = 1/f_s = 1/10000\ \text{s} = 100\ \mu\text{s}$$

采样的矩形脉冲宽度为：

$$(t_2 - t_1) \ll \Delta t = (1/100)\Delta t = 1\ \mu\text{s}$$

设计：

一个驻极体传声器的声音频率响应范围为20~20 kHz。请设计A-D模数转换器的采样频率和矩形脉冲宽度。

由驻极体传声器的声音频率响应范围可知，它的输出模拟电压的最高频率f_m为20 kHz。由奈奎斯特采样定理可知，A-D模数转换器的采样频率f_s应为：

$$f_s \geqslant 2f_m = 2 \times 20\ \text{kHz} = 40\ \text{kHz}$$

取：

$$f_s = 10f_m = 10 \times 20\ \text{kHz} = 200\ \text{kHz}$$

于是，采样时间间隔应为：

$$\Delta t = 1/f_s = 1/200000\ \text{s} = 5(\text{us})$$

取矩形脉冲的宽度：

$$(t_2 - t_1) \ll \Delta t = (1/100)\Delta t$$

则矩形脉冲的宽度应为：

$$(t_2 - t_1) = (1/100)\Delta t = 5/100\ \text{ns} = 50\ \text{ns}$$

3.5.2　非等间隔非周期的非线性采样

非等间隔非周期的非线性采样函数，采样间隔不相等，输出的数字信号不是周期性序列。采样时刻t和采样点n为：

$$t = t(n) = n(\Delta t + \alpha\Delta t(n)) \tag{3.44}$$

其中，Δt是等间隔采样的采样时间间隔，$\Delta t(n)$是采样时间间隔调节量。α是采样间隔调节系数，使：

$$\alpha|\Delta t(n)| < \Delta t \tag{3.45}$$

非等间隔非周期的非线性采样可以有几种方式。

1. 信号强度调节的非线性采样

它是最简单的一种非等间隔非周期非线性的采样。它的采样时间间隔调节量$\Delta t(n)$是模拟信号$v(t(n))$的强度函数：

$$\Delta t(n) = 2v_m/(v(t(n)) + v_m) - 1.5 \tag{3.46}$$

其中，v_m是最大的输入模拟信号。这种采样类型的采样时间间隔调节量在-0.5~0.5之间变化。输入模拟信号越大，它的采样时间间隔就越小，反之，输入模拟信号越小，它的采样时间间隔就越大。这种采样类型的优点是突出了比较强的模拟信息，削弱了比较弱的信息，强信息采样点密，弱信息采样点稀，可以提高声音的对比度，降低背景信息。由于采样时间间隔调节的计算很简单，所以采样速度较快，可以达到实时采样的速度。缺点是由于采样时间间隔是变化的，导致由采样信息重建模拟信息比较困难。因此，一般需要建立一张采样时间间隔表，采用采样时间间隔表进行采样和重建。

2. 信号变化调节的非线性采样

它是比较简单的一种非等间隔非周期非线性的采样。它的采样时间间隔调节量$\Delta t(n)$是模拟信号$v(t(n))$的梯度$grad(v(t(n)))$的函数：

$$\Delta t(n)=grad(v(t(n)))/4v_{\mathrm{m}}=(d^2v(t(n))/\mathrm{d}t^2)/4v_{\mathrm{m}} \tag{3.47}$$

其中，v_{m}是最大的输入模拟信号。这种采样类型的采样时间间隔调节量在$-0.5\sim0.5$之间变化。输入模拟信号的变化越大，它的采样时间间隔就越小，反之，输入模拟信号的变化越小，它的采样时间间隔就越大。这种采样类型的优点是突出了变化的信息，削弱了比较平滑的信息，可以提高声音的清晰度。由于梯度计算很快，所以采样速度较快，可以达到实时采样的速度。缺点是采用梯度调节采样时间间隔，会增大高频噪声。由于采样时间间隔是变化的，导致由采样序列重建模拟信息比较困难。因此，一般需要建立一张采样时间间隔表，采用采样时间价格表进行采样和重建。

3. 信号概率调节的非线性采样

它也是比较简单的一种非等间隔非周期非线性的采样。它的采样时间间隔调节量$\Delta t(n)$是模拟信号$v(t(n))$的概率$p(v(t(n)))$的函数：

$$\Delta t(n)=2p_{\mathrm{m}}/(p(v(t(n)))+p_{\mathrm{m}})-1.5 \tag{3.48}$$

p_{m}是最大概率。这种采样类型的采样时间间隔调节量$\Delta t(n)$在$-0.5\sim0.5$之间变化。概率越高的信号采样时间间隔越小，采样点越密，反之，概率越低的信号采样时间间隔越大，采样点越稀。这种采样类型的优点是突出了主要信息，削弱了次要信息，可以降低噪声。缺点是需要在一度时间内进行信号的概率统计，因而大大降低了采样速度，不利于实时采样。由于采样时间间隔是变化的，因而由采样序列重建模拟信息比较困难。因此，一般需要建立一张采样时间间隔表，采用采样时间间隔表进行采样和重建。

4. 非等间隔非周期的自适应采样

非等间隔非周期的自适应采样，按照不同的采样需求，可以由输入模拟信息的不同元素，自动调节采样的时间间隔。如果同时有多种不同的采样需求，可以把多种不同的采样方式结合起来，由输入模拟信息的多种元素，自动调节采样的时间间隔。

在自适应采样中，采样间隔调节系数α可以不用设置，而根据式（3.44）和式（3.45）可以定义为：

$$\alpha=\Delta t/(|\Delta t(n)|+\Delta t)$$

于是，单种自适应采样，式（3.44）可以写成：

$$t=t(n)=n(\Delta t+\Delta t(n)\Delta t/(|\Delta t(n)|+\Delta t)) \tag{3.49}$$

多种自适应采样，式（3.44）可以写成：

$$t=t(n)=n(\Delta t+\cap_i(\alpha_i\Delta t(n)_i) \tag{3.50}$$

其中，$\cap_i$表示累积，i表示第i种采样。

由于线性采样非常简单，易于实现，所以常常用于很多领域。非线性采样具有某些优点，但是重建比较困难，所以只有在一些特殊的情况下才采用非线性或自适应采样。

3.6 音频信息量化

如前节所述，音频信息数字化的第二部分是音频信息量化。音频信息量化也决定音频信息数值化的性能。

音频信息量化是把音频信息采样的模拟电压 $v_s(n)$ 转换成数字电压 $d(n)$。音频信息量化可以用一个量化模型来表示：

$$\begin{aligned}d(n) &= v_s(n) * h_q(n) = \delta_{sn}(v_s(n)) * h_q(v_s(n)) \\ &= \int_{v=0}^{v_m} \delta_{sn}(v_s(n) - v) h_q(v) \mathrm{d}v \\ &= h_q(v_s(n))\end{aligned} \tag{3.51}$$

其中，$\delta_{sn}(*)$是采样值脉冲函数，$h_q(*)$是音频信息量化的系统函数，v_m是采样值的最大值。

由式（3.51）可以看出，量化值是由量化系统函数来确定，量化系统函数是采样值的函数。量化系统函数主要有等间隔线性量化函数、非等间隔非线性量化函数、非等间隔自适应量化函数。

3.6.1 等间隔线性量化函数

等间隔线性量化函数的量化间隔相等，输出的数字信号与输入的模拟信号之间是线性关系。最简单最常用的等间隔线性量化系统函数是：

$$h_q(v_s(n)) = v_s(n) \% \Delta q \tag{3.52}$$

这里，符号%表示模除，Δq 是量化间隔或量化步长：

$$\Delta q = v_m / d_m \tag{3.53}$$

v_m和 d_m分别是模拟电压的最大值和数字电压的最大值。

由式（3.52）看出，量化系统函数 $h_q(v_s(n))$不等于 $v_s(n)$，则量化后的数字电压 $d(n)$就不等于采样电压 $v_s(n)$。数字电压 $d(n)$与采样电压 $v_s(n)$之间的量化误差 $e(n)$为：

$$e(n) = d(n) - v_s(n) = (v_s(n) \% \Delta q) \Delta q - v_s(n) = -\Delta q \tag{3.54}$$

由式（3.52）和式（3.54）可知，等间隔线性量化的系统函数和量化间隔导致了量化的误差。量化间隔越大，量化误差就越大，反之，量化误差就越小。因此，应当研究和设计适当的量化系统函数和量化间隔。

采用 A－D 模数转换器实现式（3.52）量化主要有两种类型：积分型或间接型和比较型或直接型。

1. 积分型或间接型量化

用输入电压的高低以积分方式去控制脉冲开关开通时间的长短，由计数器计数开关中通过的脉冲个数作为输入电压的数字：

$$d(n) = h_q(v_s(n)) = \sum_{i=0}^{t} \quad t = a v_s(n) \tag{3.55}$$

其中，a 是电压/时间转换系数。这种量化类型原理简单，电路实现容易，反量化容易，但增加了电压时间转换误差，导致量化误差增加。量化时间由积分电路确定，一般时间比较长，导致量化速度较慢。

2. 比较型或直接型量化

把输入电压与一个或多个比较器的输出电压进行并行或分级串行比较，比较结果的数值作为输入电压的数字：

$$d(n)=h_q(v_s(n))=k \quad \text{if} \quad -\Delta q<(v_s(n)-h_q(k\Delta q))<\Delta q$$
$$\forall k \quad k=0,1,2,\cdots,k_m \tag{3.56}$$

其中 k_m 是最大量化数。这种量化类型的原理也比较简单，量化时间较短，量化速度较快，反量化容易，但是电路结构比较复杂。

例子：

一个传声器输出的最大峰值电压为 1 V，A－D 模数转换器的输出为 16 个比特。则等间隔线性量化的量化间隔为：

$$\Delta q=v_m/d_m=1/16\ \text{V/d}=1/65535\ \text{V/d}$$

当传声器输出电压为 500 mV 时，A－D 模数转换器的输出为：

$$d(n)=h_q(v_s(n))=v_s(n)\%\Delta q=500m\%(1/65535)=32767\ \text{bit}$$

设计：

一个传声器输出的最大峰值电压为 1 V，A－D 模数转换器的输出为 16 bit，时钟频率为 100 MHz，采用电压/时间转换的积分型量化，请设计电压/时间转换系数。

由传声器输出的最大峰值电压和 A－D 模数转换器的输出比特数可知，量化间隔应为：

$$\Delta q=v_m/d_m=1/16\text{b}=1/65535\ \text{V/d}$$

由 A－D 模数转换器的输出比特数和时钟频率可知，采样脉冲最大宽度应为：

$$t_m=65535/100\ \text{M}=655.35\ \mu\text{s}$$

由传声器输出的最大峰值电压和采样脉冲最大宽度可知，电压/时间转换系数应为：

$$a=t_m/v_m=655.35\ \mu\text{V}/1\ \text{s}=655.35\ \mu\text{s/V}$$

3.6.2 非等间隔非线性量化函数

非等间隔非线性量化函数，量化间隔不相等，输出的数字信号与输入的模拟信号之间不是线性关系。非等间隔非线性量化系统函数是：

$$h_q(v_s(n))=v_s(n)\%(\Delta q+\beta\Delta q(n)) \tag{3.57}$$

其中，$\Delta q(n)$ 是量化间隔调节量，β 是量化间隔调节系数，使：

$$\beta|\Delta q(n)|<\Delta q \tag{3.58}$$

非等间隔非线性量化可以有几种方式。

1. 信号强度调节的非线性量化

它是最简单的一种非等间隔非线性量化。它的量化间隔调节量 $\Delta q(n)$ 是模拟信号 $v_s(n)$ 的强度的函数：

$$\Delta q(n)=2v_m/(v_s(n)+v_m)-1.5 \tag{3.59}$$

其中，v_m 是最大的输入模拟信号。这种量化类型的量化间隔调节量在 $-0.5\sim0.5$ 之间变化。输入模拟信号越大，它的量化间隔就越小，反之，输入模拟信号越小，它的量化间隔就越大。这种量化类型的优点是突出了比较强的模拟信息，削弱了比较弱的信息，可以提高声音的对比度，降低背景信息。由于量化间隔调节的计算很简单很快，所以量化速度较快，可以达到实时量化的速度。缺点是由于量化间隔是变化的，导致反量化比较困难。因此，一般需要建立一张量化表，采用量化表进行量化和反量化。

2. 信号变化调节的非线性量化

它是比较简单的一种非等间隔非线性量化。它的量化间隔调节量 $\Delta q(n)$ 是模拟信号 $v_s(n)$ 的梯度 $grad(v_s(n))$ 的函数：

$$\Delta q(n)=grad(v_s(n))/4v_m=(v_s(n+1)-2v_s(n)+v_s(n-1))/4v_m \tag{3.60}$$

其中，v_m是最大的输入模拟信号。这种量化类型的量化间隔调节量在 $-0.5\sim0.5$ 之间变化。输入模拟信号的变化越大，它的量化间隔就越小，反之，输入模拟信号的变化越小，它的量化间隔就越大。这种量化类型的优点是突出了变化的信息，削弱了比较平滑的信息，可以提高声音的清晰度。由于梯度计算很快，所以量化速度较快，可以达到实时量化的速度。缺点是采用梯度调节量化间隔，会增大高频噪声。由于量化间隔是变化的，导致反量化比较困难。因此，一般需要建立一张量化表，采用量化表进行量化和反量化。

3. 信号概率调节的非线性量化

它也是比较简单的一种非等间隔非线性量化。它的量化间隔调节量 $\Delta q(n)$ 是模拟信号 $v_s(n)$ 的概率 $p(v_s(n))$ 的函数：

$$\Delta q(n)=2p_m/(p(v_s(n))+p_m)-1.5 \tag{3.61}$$

p_m是最大概率。这种量化类型的量化间隔调节量 $\Delta q(n)$ 在 $-0.5\sim0.5$ 之间变化。概率越高的信号的量化间隔越小，反之，概率越低的信号的量化间隔越大。这种量化类型的优点是突出了主要信息，削弱了次要信息，可以降低噪声。缺点是需要在一度时间内进行信号的概率统计，因而大大降低了量化速度，不利于实时量化。由于量化间隔是变化的，因而反量化比较困难。因此，一般需要建立一张量化表，采用量化表进行量化和反量化。

3.6.3　非等间隔自适应量化函数

非等间隔自适应量化，按照不同的量化需求，可以由模拟信息的不同元素，自动调节量化的间隔。如果同时有多种不同的量化需求，可以把多种不同的量化方式结合起来，由输入模拟信息的多种元素，自动调节量化的间隔。

在自适应量化中，量化间隔调节系数 β 可以不用设置，而根据式（3.57）和式（3.58）可以定义为：

$$\beta=\Delta q/(|\Delta q(n)|+\Delta q) \tag{3.62}$$

于是，单种自适应量化，式（3.57）可以写成：

$$h_q(v_s(n))=v_s(n)\%(\Delta q+\Delta q(n)\Delta q/(|\Delta q(n)|+\Delta q)) \tag{3.63}$$

多种自适应量化，式（3.57）可以写成：

$$h_q(v_s(n))=v_s(n)\%(\Delta q+\cap_i\beta_i\Delta q(n)_i) \tag{3.64}$$

其中，$\cap_i$ 表示累积，i 表示第 i 种量化。

由于线性量化非常简单，易于实现，所以常常用于很多领域。非线性量化具有某些优点，但是反量化重建比较困难，所以只有在一些特殊的情况下才采用非线性或自适应量化。

3.7 音频信息的描述

采集到和数字化后的音频信息，在处理和识别中需要进行描述。音频信息在不同的情况下有不同的描述。一般主要有时间域描述、频率域描述、软件域描述等。

3.7.1 时间域描述

连续音频信息的时间域描述，一般采用一维时间变量 t 的解析隐函数形式：

$$s=f(t) \quad -\infty<t<\infty \tag{3.65}$$

音频信息一般可以是单个声波信息，也可以是不同频率的多个声波合成的信息。单个声波信息可以描述为：

$$s=f(t)=A(\omega)\cos(\omega t+\varphi_0(\omega)) \tag{3.66}$$

其中，$A(\omega)$是声波的幅度，ω 是声波的角频率，简称为频率，$\varphi_0(\omega)$是声波的初相位。不同频率的多个声波合成信息可以描述为：

$$s=f(t)=\sum_{i=-\infty}^{\infty}A(\omega_i)\cos(\omega_i t+\varphi_0(\omega_i)) \tag{3.67}$$

这里，下标 i 表示声波的标号。音频信息有时也可以用复数形式描述：

$$\begin{aligned}s=f(t)=r(t)+\mathrm{j}i(t)&=A(\omega)\cos(\omega t+\varphi_{0r}(\omega))\\&+\mathrm{j}A(\omega)\sin(\omega t+\varphi_{0i}(\omega))=A(\omega)\mathrm{e}^{\mathrm{j}(\omega t+\varphi_0(\omega))}\end{aligned} \tag{3.68}$$

$$\begin{aligned}s=f(t)=r(t)+\mathrm{j}i(t)&=\sum_{i=-\infty}^{\infty}A(\omega_i)\cos(\omega_i t+\varphi_{0r}(\omega_i))\\&+\mathrm{j}\sum_{i=-\infty}^{\infty}A(\omega_i)\sin(\omega_i t+\varphi_{0i}(\omega_i))=\sum_{i=-\infty}^{\infty}A(\omega_i)\mathrm{e}^{\mathrm{j}(\omega_i t+\varphi_0(\omega_i))}\end{aligned} \tag{3.69}$$

其中，$r(t)$表示实部，$i(t)$表示虚部，j 表示虚单位。

数字音频信息的时间域描述，一般采用离散的数字序列描述：

$$s=f(n) \quad n=-\infty,\cdots,-2,-1,0,1,2,\cdots,\infty \tag{3.70}$$

3.7.2 频率域描述

连续音频信息的频率域描述，一般采用一维频率变量 ω 的解析隐函数形式：

$$S=F(\omega) \quad -\infty<\omega<\infty \tag{3.71}$$

音频信息的频率域描述一般是复数形式：

$$S=F(\omega)=R(\omega)+\mathrm{j}I(\omega)=B(\omega)\mathrm{e}^{\mathrm{j}\varphi} \tag{3.72}$$

$$B(\omega)=\sqrt{R^2(\omega)+I^2(\omega)} \tag{3.73}$$

$$\tan(\varphi(\omega))=\frac{I(\omega)}{R(\omega)} \tag{3.74}$$

其中，$B(\omega)$是谱的幅度，称幅度谱，$\varphi(\omega)$是谱的相位，称相位谱。

数字音频信息的频率域描述，一般采用离散的数字序列描述：

$$S=F(m) \quad m=-\infty,\cdots,-2,-1,0,1,2,\cdots,\infty \tag{3.75}$$

3.7.3 软件域描述

音频信息处理与识别中，音频信息都是数字化的。数字化音频信息的软件域描述一般采用一维序列描述，用一维数组表示：

$$s = f(n) = a[n] = a[0]\ a[1]\ a[2]\cdots a[N-1] \tag{3.76}$$

其中，$a[n]$ 是一维数组，n 是数字音频序列中元素的序号，数组中元素的标号，N 是数字音频信息序列的长度。

数字音频信息有时也可以用矩阵中的列矩阵描述：

$$s = f(n) = (f(n)) = (f(0)f(1)f(2)\cdots f(N-1))^t \tag{3.77}$$

这里，上标 t 表示矩阵的转置。

数字音频信息的频率也用一维复数序列描述，用一维数组表示：

$$S_r = F_r(m) = a_r[m] = a_r[0]\ a_r[1]\ a_r[2]\cdots a_r[M-1] \tag{3.78}$$

$$S_i = F_i(m) = a_i[m] = a_i[0]\ a_i[1]\ a_i[2]\cdots a_i[M-1] \tag{3.79}$$

也可以用列矩阵表示：

$$S_r = F_r(m) = (f_r(n)) = (f_r(0)f_r(1)f_r(2)\cdots f_r(N-1))^t \tag{3.80}$$

$$S_i = F_i(m) = (f_i(n)) = (f_i(0)f_i(1)f_i(2)\cdots f_i(N-1))^t \tag{3.81}$$

其中，下标 r 和 i 分别表示实部和虚部。

数字音频信息值的范围一般是 16 bit = 2 B = (0 ~ 65535)。

3.8　音频信息文件格式

在音频信息处理和识别中，数字音频信息写出和读入的音频文件格式有多种。比较常用的音频文件格式有：CD、WAVE、AIFF、AU、MP3、MIDI、WMA、RA、RM、VQF、OggVorbis、AAC、APE、AMR、ASF、MOD 等。

1）CD（Compact Disc）格式是读写光盘音轨的音频格式，文件扩展名是 *. cda。标准 CD 格式的采样频率为 44. 1 kHz，读写速率为 88 KB/s，量化位数为 16 bit。任何一个 *. cda 音频文件的大小都是固定的 44B。这个文件只是一个引导文件，不是音频数据。音频数据需要采用 EAC 或其它软件把 CD 里的 CD 格式数据读出并转换成 WAV 格式。

2）WAVE（Windows AudioVolume Extension）格式是很普及的 PC 机 Windows 平台音频文件格式，文件扩展名是 *. wav。它是微软公司开发的音频格式，用于 Windows 平台上的音频信息存取。它支持多种压缩算法、多种采样频率、多种量化位数。多种音频编辑软件都采用这种格式。标准的 *. wav 格式和标准 CD 格式一样，采样频率为 44. 1 kHz，读写速率为 88 KB/s，量化位数为 16 bit。

3）AIFF（Audio Interchange File Format）是 Apple 公司开发的用于 Macintosh 平台的音频文件格式，文件扩展名是 *. aiff。它支持多种压缩算法，被多种音频编辑软件采用，但在 PC 机上不常采用。

4）AU（Audio）格式是 Sun 公司开发的用于 Unix 操作系统下的音频文件格式，文件扩展名是 *. au。AU 格式是目前 Internet 中常用的一种音频格式。

5）MP3（Mpeg – layer3）是目前最主流最风靡的音频格式，特别用于网络音频播放的格式，文件扩展名是 *. mp3。它是 Mpeg（Moving Picture Experts Group）运动图像格式中的 3 个音频层 MP1、MP2、MP3 中的第 3 层。它是一种高压缩率文件格式，压缩率高达 10:1 ~ 12:1，但音质优良，仅次于 CD 和 WAV。

6）MIDI（Musical Instrument Digital Interface）格式是一种主要用于音乐和乐器演奏的格式，文件扩展名是*.mid。MIDI 格式文件不是声音数据，只是纪录声音的信息和声卡如何重现声音的指令。它允许数字合成器和其他设备交换数据，主要用于电脑软件作曲、流行歌曲业余表演、游戏音轨、电子贺卡等。

7）WMA（Windows Media Audio）格式也是目前流行的一种网络音频文件格式，文件扩展名是*.wma。它由微软公司开发，比 MP3 压缩率更高，高达 18:1，但音质基本一样。它可加入防复制和限机限时播放等保护措施，支持音频流技术，在 Windows 平台上不用安装额外的播放器。

8）RA（RealAudio，RealAudio G2，RealAudio Secured）、RM（RealMedia）格式是 Real 公司开发的音频文件格式，文件扩展名是*.ra 和*.rm。这种格式是比较普遍的音频信息格式之一，主要用于网络在线音乐。

9）VQF（Voice Quality File）格式是雅马哈公司推出的一种音频信息格式，文件扩展名是*.vqf。它的采样频率为 44 kHz，速率为 80 kHz、96 kHz 等，压缩率达 18:1 而音质仍然较好。这种格式主要用于雅马哈音频软件。

10）OggVorbis 格式是 Ogg 计划的 Vorbis 新压缩格式的一种新音频信息格式，文件扩展名是*.ogg。它采用更先进的声学模式和数学模式进行数据压缩而保持很小的信息损失。这种格式是免费无专利权限制的开放格式。

11）AAC（Advanced Audio Code）格式是 Apple 公司开发的一种有损压缩格式，文件扩展名是*.aac。这种格式主要用于多声道环绕声播放。

12）APE（Adaptive Prencdictive Encoding）格式是唯一公认的无损压缩音频信息格式，文件扩展名是*.ape。采样频率达 800 ~ 1400 kHz。这种格式的音频质量特别高。

13）AMR（Adaptive Multi Rate）格式是一种主要用于移动设备的话音音频信息格式，文件扩展名是*.amr。它采用比较低的 8 kHz 采样频率、带宽 0.3 ~ 3.4 kHz 和 16 kHz 采样频率或带宽 0.05 ~ 7 kHz 的采样频带。这种格式的话音质量很高。

14）ASF（Advanced Streaming Format）格式是微软公司开发的一种网络音频格式，文件扩展名是*.asf，它的压缩兼顾到高质量和高压缩率。

15）MOD（Module）格式是用于音乐播放和演奏的音频格式，文件扩展名是*.mod。它由一组乐器采样、曲谱、时序信息以及指导播放器和演奏器的指令等组成。

3.9 本章小结

本章主要介绍了音频信息采集和数字化的基本理论与技术。首先，在音频信息采集中，介绍了声音传感器和前置放大器的基本原理以及电磁耦合式、电容耦合式、压电耦合式、驻极体四种传声器的原理结构。其次，在音频信息数字化中，介绍了 A－D 模数转换器的基本原理和积分式、比较式两种类型的 A－D 模数转换器。然后，介绍了音频信息采集中的奈奎斯特采样定理和奈奎斯特采样频率以及线性采样、非线性采样和自适应采样的基本原理和方法。再介绍了音频信息数字化中的量化原理和线性量化、非线性量化、自适应量化的原理和方法。最后介绍音频信息的描述方式和音频信息文件的格式。

第4章　音频信息变换

4.1　正交变换

音频信息一般是一维时间信息，采用一个一维时间函数来描述：

$$s = f(t) \tag{4.1}$$

一个音频信息，在不同时刻，其强度和变化是不同的。不同的音频信息，其时间函数描述也是不相同的。在音频信息处理与识别中，可以利用音频信息在时间域的强度信息、变化信息和其他与时间相关的信息进行音频信息的分析、处理、分类、识别等。但是，在时间域的分析、处理、分类、识别等，往往不太方便或不太容易，甚至很困难。而且，时间域的信息往往不能描述音频信息的本质特征，例如声音频率的高低、音乐泛音的多少等。因此，需要把音频信息从时间域变换到其他变换域，在其他变换域对音频信息进行处理与识别。音频信息变换一般采用正交变换，因为正交变换存在逆变换，可以利用逆变换由正交正变换的结果完全复原原始信息。

正交变换，就是把一个空间映射到另一个多维正交空间。多维正交空间各维之间是独立互不相关的。正交变换存在一对正变换和反变换，通过反变换，可以由正变换空间完全复原原空间。正交变换定义为：

设$f(t)$为有界连续可积的函数，即满足：

$$\int_{-\infty}^{\infty} f^2(t)\,\mathrm{d}t < \infty \tag{4.2}$$

又设$\mathrm{Sn}(t,\omega)$为一个正交函数集，即满足：

$$\int_{-\infty}^{\infty} s_i(t,\omega)s_j(t,\omega)\,\mathrm{d}t = \begin{cases} C & \text{if } i = j \\ 0 & \text{Otherwise} \end{cases} \tag{4.3}$$

其中，C是一个常数，在归一化的情况下，$C=1$。则函数$f(t)$对于正交函数集$S_{\mathrm{n}}(t,\omega)$的正交正变换为：

$$F(\omega) = \int_{-\infty}^{\infty} f(t)s_n(t,\omega)\,\mathrm{d}t \tag{4.4}$$

正交反变换或逆变换为：

$$f(t) = \int_{-\infty}^{\infty} F(\omega)s_m(t,\omega)\,\mathrm{d}\omega \tag{4.5}$$

这里，正交函数$S_{\mathrm{n}}(t,\omega)$和$S_{\mathrm{m}}(t,\omega)$分别称为正交正变换和正交反变换的基函数或核函数。

正交变换有许多种。本章主要介绍音频信息正交变换中的傅里叶变换、余弦变换、沃尔什变换、哈尔变换、Gabor变换、小波变换、KL变换、希尔伯特变换。

4.2 傅里叶变换

从数学物理的理论与方法可知，一个音频信息可以看成是由许多正弦波线性组合而成，可以采用正弦波的多项式来描述：

$$s = f(t) = \sum_{i=-\infty}^{\infty} A(w_i)\sin(w_i t + \varphi(w_i)) \tag{4.6}$$

其中，$A(\omega i)$和$\varphi(\omega i)$分别是频率为ω_i的正弦波i的幅度和相位。式（4.2）一般称为傅里叶展开式，或称为傅里叶级数，$A(\omega i)$和$\varphi(\omega i)$由傅里叶积分确定。由式（4.2）可以看出，音频信息可以在频率域对与频率相关的信息进行分析、处理、分类、识别等。频率信息可以反映音频信息的本质特征。

因此，音频信息变换的一种变换是频域变换，即从时间域变换到频率域。频域变换最基本的变换是傅里叶变换（FT，Fourier Transform）。傅立叶变换是一种正交变换。傅里叶变换，从数据类型来分，有两种类型：连续傅里叶变换（CFT，Continuous FT）和离散傅里叶变换（DFT，Discrete FT）。从空间类型来分，有多种类型：一维傅里叶变换（1D FT，1 Dimensional FT）、二维傅里叶变换（2D FT）、三维傅里叶变换（3D FT）、高维傅立叶变换（MD FT，Multi Dimensional FT）等。

4.2.1 一维连续傅里叶变换

音频信息$f(t)$的一维连续傅里叶变换有一对正变换和反变换。正变换定义为：

$$F(\omega) = \frac{1}{2\pi}\int_{-\infty}^{\infty} f(t)\mathrm{e}^{-\mathrm{j}\omega t}\mathrm{d}t \tag{4.7}$$

其中，ω是音频信息的角频率，j是复数的虚单位。反变换定义为：

$$f(t) = \int_{-\infty}^{\infty} F(\omega)\mathrm{e}^{\mathrm{j}\omega t}\mathrm{d}\omega \tag{4.8}$$

这里，$\mathrm{e}^{-\mathrm{j}\omega t}$和$\mathrm{e}^{\mathrm{j}\omega t}$分别是傅里叶正变换和反变换的变换基函数。由式（4.7）可知，$F(\omega)$是音频信息$f(t)$的频谱。频谱是复数，它包含频率、幅度、相位。频谱的频率反映$f(t)$变化的快慢，幅度反映$f(t)$变化的大小，相位反映$f(t)$的初始状态。由式（4.8）可知，由音频信息的频谱$F(\omega)$经傅里叶反变换，就能完全复原原来的音频信息$f(t)$。

利用欧拉（Euler）公式，式（4.7）和式（4.8）可以写成：

$$F(\omega) = \frac{1}{2\pi}\int_{-\infty}^{\infty} f(t)(\cos(\omega t) - \mathrm{j}\sin(\omega t))\mathrm{d}t \tag{4.9}$$

$$f(t) = \int_{-\infty}^{\infty} F(\omega)(\cos(\omega t) + \mathrm{j}\sin(\omega t))\mathrm{d}\omega \tag{4.10}$$

由式（4.9）看出，一个音频信息，可以分解成许多正弦波。由式（4.10）可以看出，一个音频信息，可以由许多正弦波线性组合而成。这种分解组合如图4-1所示。这也是傅里叶变换的物理意义或物理实质。

4.2.2 二维连续傅里叶变换

二维音频信息$f(t,r)$的二维连续傅里叶变换的正变换定义为：

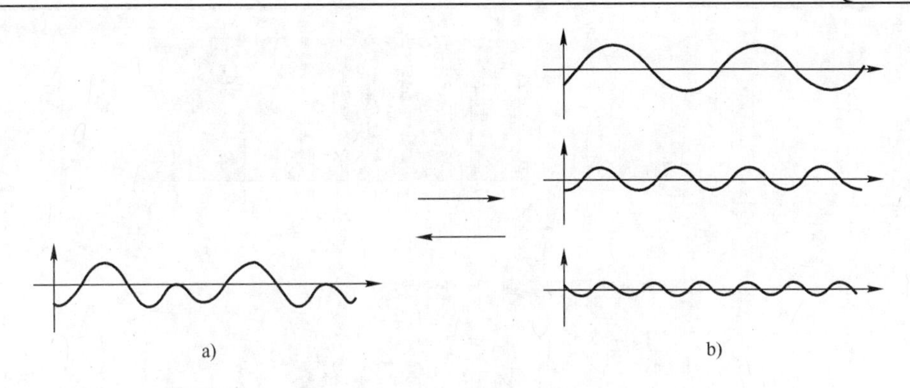

图 4-1　音频信息及其分解与组合
a）音频信息　b）正弦波系列

$$F(\omega,u)=\frac{1}{2\pi}\int_{-\infty}^{\infty}\int_{-\infty}^{\infty}f(t,r)\mathrm{e}^{-\mathrm{j}(\omega t+ur)}\mathrm{d}t\mathrm{d}r \tag{4.11}$$

其中，r 是空间距离，u 是空间距离频率。反变换定义为：

$$f(t,r)=\frac{1}{2\pi}\int_{-\infty}^{\infty}\int_{-\infty}^{\infty}F(\omega,u)\mathrm{e}^{\mathrm{j}(\omega t+ur)}\mathrm{d}\omega\mathrm{d}u \tag{4.12}$$

式（4.11）表示，二维音频信息的二维傅里叶变换，除了包含时间上的频率、幅度、相位外，还包含空间距离上的频率、幅度、相位。空间距离频率反映音频信息空间距离上变化的快慢，即单位空间距离中变化的次数，幅度反映空间距离上变化的大小、相位反映空间距离上的初始位置。

三维及高维音频信息的高维傅里叶变换可以由一维和二维傅里叶变换推广扩展而成。

4.2.3　一维离散傅里叶变换

在音频信息处理与识别中，音频信息一般都是数字式的。因此数字音频的傅里叶变换是离散傅里叶变换。一维数字音频信息 $f(n)$ 的一维离散傅里叶正变换定义为：

$$F(u)=\frac{1}{N}\sum_{n=0}^{N-1}f(n)\mathrm{e}^{-\mathrm{j}2\pi\frac{1}{N}un}\quad u=0,1,\cdots,N-1 \tag{4.13}$$

其中，N 是数字音频信息序列的长度。反变换定义为：

$$f(n)=\sum_{u=0}^{N-1}F(u)\mathrm{e}^{\mathrm{j}2\pi\frac{1}{N}un}\quad n=0,1,\cdots,N-1 \tag{4.14}$$

一维数字音频信息的一维离散傅里叶变换也是复数，包含频率、幅度、相位。一段一维数字音频信息及其一维离散傅里叶变换频率幅度谱如图 4-2 所示。

4.2.4　二维离散傅里叶变换

二维数字音频信息 $f(n,m)$ 的二维离散傅里叶正变换定义为：

$$F(u,v)=\frac{1}{NM}\sum_{n=0}^{N-1}\sum_{m=0}^{M-1}f(n,m)\mathrm{e}^{-\mathrm{j}2\pi\left(\frac{1}{N}un+\frac{1}{M}vm\right)}$$

$$u=0,1,\cdots,N-1;v=0,1,\cdots,M-1 \tag{4.15}$$

其中，M 是空间距离的长度。反变换定义为：

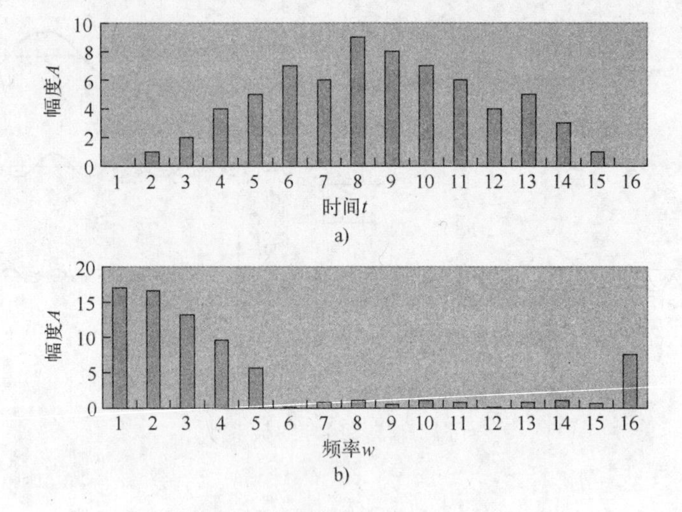

图 4-2　数字音频信息及其离散傅里叶变换

a）数字音频信息　b）离散傅里叶变换频率幅度谱

$$f(n,m)=\sum_{u=0}^{N-1}\sum_{v=0}^{M-1}F(u,v)\mathrm{e}^{\mathrm{j}2\pi\left(\frac{1}{N}un+\frac{1}{M}vm\right)}$$

$$n=0,1,\cdots,N-1;m=0,1,\cdots,M-1 \tag{4.16}$$

三维及其以上高维数字音频信息的高维离散傅里叶变换可以由一维和二维离散傅里叶变换推广扩展而成。

4.2.5　矩阵与快速傅里叶变换

一维傅里叶变换的计算有三种基本方式：定义运算、矩阵运算、快速运算。定义运算是按照定义的求和式直接运算。矩阵运算是把定义的求和式写成矩阵的形式进行矩阵运算。快速运算是把定义的求和式逐级二分到不能再分为止，然后进行反向逐级迭代运算。

矩阵运算

一维离散傅里叶正变换式（4.13）可以写成矩阵运算的形式：

$$\begin{pmatrix} F(0) \\ F(1) \\ \cdots \\ F(N-1) \end{pmatrix}=\frac{1}{N}\begin{pmatrix} w^{00} & w^{01} & \cdots & w^{0(N-1)} \\ w^{10} & w^{11} & \cdots & w^{1(N-1)} \\ \cdots & \cdots & \cdots & \cdots \\ w^{(N-1)0} & w^{(N-1)1} & \cdots & w^{(N-1)(N-1)} \end{pmatrix}\begin{pmatrix} f(0) \\ f(1) \\ \cdots \\ f(N-1) \end{pmatrix} \tag{4.17}$$

其中 $w=\mathrm{e}^{-\mathrm{j}2\pi/N}$。式（4.17）可以写成简化形式：

$$F=Wf/N \tag{4.18}$$

这里，F 是 $F(\omega)$ 的列矩阵，W 是傅里叶变换矩阵，f 是 $f(n)$ 的列矩阵。类似地，式（4.14）傅里叶反变换可以写成简化形式：

$$f=W'F \tag{4.19}$$

其中。W' 和 W 的形式完全一样，只是其中的 $w'=w^{-1}=\mathrm{e}^{\mathrm{j}\frac{2\pi}{N}}$。

二维离散傅里叶变换可以分解成两次一维离散傅里叶变换。于是，二维离散傅里叶变换的矩阵运算为：

$$F=(Wm(Wnf)^t)^t=WnfWmt \tag{4.20}$$

$$f=(W'm(W'nF)^t)^t=W'nFW'mt \tag{4.21}$$

其中，Wn，Wm，$W'n$，$W'm$ 分别是 n 维和 m 维的变换矩阵，上标 t 表示矩阵的转置。

三维及高维离散傅里叶变换也可以分解成多次一维离散傅里叶变换，它们的矩阵运算可以由一维和二维推广扩展而得到。

例如，一个一维数字音频信息为 $f(n)=[1\ 2\ 3]^t$，则其一维傅里叶变换为：

$$F(u)=\begin{pmatrix}F(0)\\F(1)\\F(2)\end{pmatrix}=\frac{1}{3}\begin{pmatrix}1&1&1\\1&-0.5-j0.86603&-0.5+j0.86603\\1&-0.5+j0.86603&-0.5-j0.86603\end{pmatrix}\begin{pmatrix}1\\2\\3\end{pmatrix}$$

$$=\frac{1}{3}\begin{pmatrix}6\\-1.5+j0.86603\\-1.5-j0.86603\end{pmatrix}=\begin{pmatrix}2\\-0.5+j0.28868\\-0.5-j0.28868\end{pmatrix}$$

其还原的数字音频信息为：

$$f(n)=\begin{pmatrix}f(0)\\f(1)\\f(2)\end{pmatrix}=\begin{pmatrix}1&1&1\\1&-0.5+j0.86603&-0.5-j0.86603\\1&-0.5-j0.86603&-0.5+j0.86603\end{pmatrix}\begin{pmatrix}2\\-0.5+j0.28868\\-0.5-j0.28868\end{pmatrix}=\begin{pmatrix}1\\2\\3\end{pmatrix}$$

又例如，一个二维数字音频信息为：

$$f(n,m)=\begin{bmatrix}1&3\\4&2\end{bmatrix}$$

则其二维傅里叶变换为：

$$F(u,v)=\begin{bmatrix}F(0,0)&F(0,1)\\F(1,0)&F(1,1)\end{bmatrix}=\frac{1}{4}\begin{bmatrix}1&1\\1&-1\end{bmatrix}\begin{bmatrix}1&3\\4&2\end{bmatrix}\begin{bmatrix}1&1\\1&-1\end{bmatrix}$$

$$=\frac{1}{4}\begin{bmatrix}5&5\\-3&1\end{bmatrix}\begin{bmatrix}1&1\\1&-1\end{bmatrix}=\frac{1}{4}\begin{bmatrix}10&0\\-2&-4\end{bmatrix}=\begin{bmatrix}2.5&0\\-0.5&-1\end{bmatrix}$$

则还原的数字音频信息为：

$$f(n,m)=\begin{bmatrix}f(0,0)&f(0,1)\\f(1,0)&f(1,1)\end{bmatrix}=\begin{bmatrix}1&1\\1&-1\end{bmatrix}\begin{bmatrix}2.5&0\\-0.5&-1\end{bmatrix}\begin{bmatrix}1&1\\1&-1\end{bmatrix}=\begin{bmatrix}2&-1\\3&1\end{bmatrix}\begin{bmatrix}1&1\\1&-1\end{bmatrix}=\begin{bmatrix}1&3\\4&2\end{bmatrix}$$

4.2.6 快速傅里叶变换

傅里叶变换的定义运算和矩阵运算的运算量较大，运算速度较慢，因为它们的乘法运算较多。为此，1965 年 J. W. Cooley 和 T. W. Tukey 提出了快速傅里叶变换（FFT，Fast FT）。快速傅里叶变换常常是 $2p$ 长度的运算，$p=1,2,3,\cdots$。快速傅里叶变换有两种形式，基 2 时间分解蝶式算法和基 2 频率分解蝶式算法。两种算法类似，只是前者是在时间域进行，后者在频率域进行。基 2 时间分解蝶式算法是先把定义式或矩阵式二分成两段求和：偶数项求和奇数项求和。再把每一段又二分成两段求和：偶数项求和奇数项求和。这样一直二分下去，直到每一段只有两项求和为止。然后与二分方向相反，进行两项一组奇偶项交叉相加，再四项一组奇偶项交叉相加。这样一直二倍组合下去，直到全部组合为止。基 2 时间分解蝶式算法如图 4-3 所示。图中的双实线表示组合划分，双虚线表示奇偶划分。基 2 时间分解蝶式算法的步骤主要有两步：排序和蝶代。排序是原先各项按照二分完成后的先后次序确定新的位置。蝶代是按照排序的位置进行二倍组合和奇偶项交叉相加。

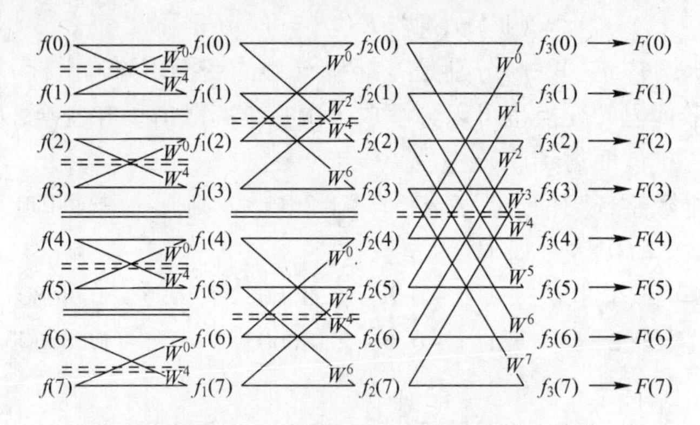

图 4-3 快速傅里叶变换的基 2 时间分解蝶式算法

4.2.7 傅里叶变换的性质

傅里叶变换有很多性质，利用这些性质，可以简化、加速、方便傅里叶变换的运算和音频信息变换的应用。

1. 线性

$$a_1f_1(t,r)+a_2f_2(t,r)\Leftrightarrow a_1F_1(\omega,u)+a_2F_2(\omega,u) \tag{4.22}$$

其中，a_1 和 a_2 是常系数。

2. 比例性

$$f(at,br)\Leftrightarrow\frac{1}{|ab|}F\left(\frac{\omega}{a},\frac{u}{b}\right) \tag{4.23}$$

其中，a 和 b 是常系数。

3. 可分离性

$$F(\omega,u)=F_\omega\{F_u[f(t,r)]\}=F_u\{F_\omega[f(t,r)]\}$$
$$f(t,r)=F_t^{-1}\{F_r^{-1}[F(\omega,u)]\}=F_r^{-1}\{F_t^{-1}[F(\omega,u)]\} \tag{4.24}$$

其中，-1 表示逆变换，下标表示对维操作。

4. 时空位移性

$$f(t-t_0,r-r_0)\Leftrightarrow F(\omega,u)\mathrm{e}^{-\mathrm{j}(\omega t_0+ur_0)} \tag{4.25}$$

其中 t_0，r_0 分别表示位移量。

5. 频率位移性

$$f(t,r)\mathrm{e}^{\mathrm{j}(\omega_0t+u_0r)}\Leftrightarrow F(\omega-\omega_0,u-u_0) \tag{4.26}$$

其中 ω_0，u_0 分别表示位移量。

6. 周期性

$$F(\omega,u)=F(\omega+aT,u+bR),\quad f(t,r)=f(t+aT,r+bR) \tag{4.27}$$

其中，aT 表示 a 个周期 T，bR 表示 b 个周期 R。

7. 共轭对称性

$$f^*(t,r) \Leftrightarrow F^*(-\omega, -u) \tag{4.28}$$

其中，$*$ 表示复数共轭。

8. 旋转不变性

$$f(r,\theta+\theta_0) \Leftrightarrow F(\rho,\varphi+\theta_0) \tag{4.29}$$

其中，r、θ、ρ 和 φ 是极坐标，θ_0 是角度位移量。

9. 平均值

$$F(0,0) = \frac{1}{NM}\sum_{t=0}^{N-1}\sum_{r=0}^{M-1} f(t,r) = \bar{f}(t,r) \tag{4.30}$$

10. 卷积定理

$$\begin{aligned} f(t,r) * h(t,r) &\Leftrightarrow F(\omega,u)H(\omega,u) \\ f(t,r)h(t,r) &\Leftrightarrow F(\omega,u) * H(\omega,u) \end{aligned} \tag{4.31}$$

其中，$*$ 表示卷积运算。

11. 相关定理

$$\begin{aligned} f(t,r) \circ g(t,r) &\Leftrightarrow F(\omega,u)G*(\omega,u) \\ f(t,r)g*(t,r) &\Leftrightarrow F(\omega,u) \circ G(\omega,u) \end{aligned} \tag{4.32}$$

$$\begin{aligned} f(t,r) \circ f(t,r) &\Leftrightarrow |F(\omega,u)|^2 \\ |f(t,r)|^2 &\Leftrightarrow F(\omega,u) \circ F(\omega,u) \end{aligned} \tag{4.33}$$

其中，$\circ$ 表示相关运算。

12. 帕塞瓦尔能量定理

$$\sum_{t=0}^{N-1}\sum_{r=0}^{M-1} f_1(t,r)f_2^*(t,r) = \sum_{\omega=0}^{N-1}\sum_{u=0}^{M-1} F_1(\omega,u)F_2^*(\omega,u) \tag{4.34}$$

$$\sum_{t=0}^{N-1}\sum_{r=0}^{M-1} |f(t,r)|^2 = \sum_{\omega=0}^{N-1}\sum_{u=0}^{M-1} |F(\omega,u)|^2 \tag{4.35}$$

其中，$*$ 表示复数共轭。

音频信息的傅里叶变换主要用于音频信息的复原、频域分析、频域去噪、频域增强、频域特征提取、频域压缩等。

4.3 余弦变换

音频信息变换的另一种频域变换，是余弦变换（CT，Cosine Transform）。余弦变换也是一种正交变换。余弦变换，从数据类型来分有两种类型：连续余弦变换（CCT）和离散余弦变换（DCT）。从空间类型来分有多种类型：一维余弦变换（1D CT）、二维余弦变换（2D CT）、三维余弦变换（3D CT）、高维余弦变换（MD CT）等。

4.3.1 一维连续余弦变换

音频信息$f(t)$的一维连续余弦变换有一对正变换和反变换。正变换定义为：

$$F(\omega)=\frac{1}{2\pi}\int_{-\infty}^{\infty}f(t)\cos(\omega t)\,\mathrm{d}t \tag{4.36}$$

反变换定义为：

$$f(t)=\int_{-\infty}^{\infty}F(\omega)\cos(\omega t)\,\mathrm{d}\omega \tag{4.37}$$

这里，$\cos(\omega t)$是余弦正变换和反变换的变换基函数。由式（4.36）可知，$F(\omega)$是音频信息$f(t)$的频谱。与傅里叶变换类似，余弦变换的频谱也包含频率和幅度。频谱的频率反映$f(t)$变化的快慢，幅度反映$f(t)$变化的大小。与傅里叶变换不同的是，余弦变换的频谱是实数，没有相位。由式（4.8）可知，由音频信息的频谱$F(\omega)$经余弦反变换，就能完全复原原来的音频信息$f(t)$。对比式（4.9）和式（4.10）可知余弦变换与傅里叶变换的关系，余弦变换实质上是偶函数的傅里叶变换的实数部分。由式（4.36）可以看出，一个音频信息，可以分解成许多余弦波。由式（4.37）可以看出，一个音频信息，可以由许多余弦波线性组合而成。这种分解组合类似图4-1所示。这也是余弦变换的物理意义或物理实质。

4.3.2 二维连续余弦变换

二维音频信息$f(t,r)$的二维连续余弦变换的正变换定义为：

$$F(\omega,u)=\frac{1}{2\pi}\int_{-\infty}^{\infty}\int_{-\infty}^{\infty}f(t,r)\cos(\omega t)\cos(ur)\,\mathrm{d}t\mathrm{d}r \tag{4.38}$$

反变换定义为：

$$f(t,r)=\frac{1}{2\pi}\int_{-\infty}^{\infty}\int_{-\infty}^{\infty}F(\omega,u)\cos(\omega t)\cos(ur)\,\mathrm{d}\omega\mathrm{d}u \tag{4.39}$$

式（4.38）表示，与傅里叶变换类似，二维音频信息的二维余弦变换，除了包含时间上的频率和幅度外，还包含空间距离上的频率和幅度。与傅里叶变换不同的是，余弦变换在空间变换上也是实数，没有空间变换上的相位。

三维及其以上高维音频信息的高维余弦变换可以由一维和二维余弦变换推广扩展而成。

4.3.3 一维离散余弦变换

在数字音频信息处理与识别中，数字音频的余弦变换是离散余弦变换。离散余弦变换是1974年N. Ahmed、T. Natarajan以及K. R. Rao提出的。一维数字音频信息$f(n)$的一维离散余弦正变换定义为：

$$F(u)=C(u)\sqrt{\frac{2}{N}}\sum_{n=0}^{N-1}f(n)\cos\left(\frac{(2n+1)u\pi}{2N}\right)\quad u=0,1,\cdots,N-1$$

$$C(u=0)=\sqrt{\frac{1}{2}};\quad C(u\neq 0)=1 \tag{4.40}$$

反变换定义为：

$$f(n)=\sqrt{\frac{2}{N}}\sum_{u=0}^{N-1}C(u)F(u)\cos\left(\frac{(2n+1)u\pi}{2N}\right)\quad n=0,1,\cdots,N-1 \tag{4.41}$$

与一维离散傅里叶变换类似，一维数字音频信息的一维离散余弦变换也包含频率和幅度。不同的是，一维离散余弦变换的频谱是实数，没有相位。一段一维数字音频信息及其一维离散余弦变换频率幅度谱如图4-4所示。

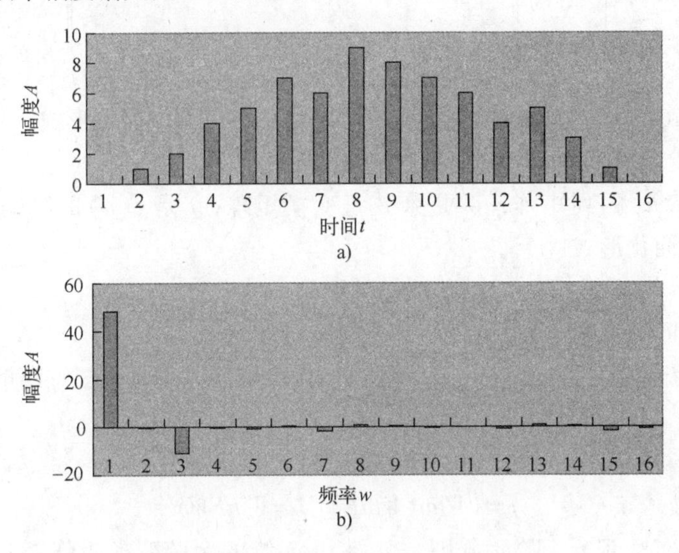

图4-4 数字音频信息及其离散余弦变换

a）数字音频信息 b）离散余弦变换频率幅度谱

4.3.4 二维离散余弦变换

二维数字音频信息$f(n,m)$的二维离散余弦正变换定义为：

$$F(u,v)=C(u)C(v)\sqrt{\frac{4}{NM}}\sum_{n=0}^{N-1}\sum_{m=0}^{M-1}f(n,m)\cos\left(\frac{(2n+1)u\pi}{2N}\right)\cos\left(\frac{(2m+1)v\pi}{2M}\right)$$

$$u=0,1,\cdots,N-1;v=0,1,\cdots,M-1$$

$$C(u=0)=\sqrt{\frac{1}{2}},C(v=0)=\sqrt{\frac{1}{2}},\quad C(u\neq 0)=1,C(v\neq 0)=1 \tag{4.42}$$

其中，M是空间距离的长度。反变换定义为：

$$f(n,m)=\sqrt{\frac{4}{NM}}\sum_{u=0}^{N-1}\sum_{v=0}^{M-1}C(u)C(v)F(u,v)\cos\left(\frac{(2n+1)u\pi}{2N}\right)\cos\left(\frac{(2m+1)v\pi}{2M}\right)$$

$$n=0,1,\cdots,N-1;m=0,1,\cdots,M-1 \tag{4.43}$$

三维及高维数字音频信息的高维离散余弦变换可以由一维和二维离散余弦变换推广扩展而成。

4.3.5 矩阵与快速余弦变换

一维余弦变换的计算有三种基本方式：定义运算、矩阵运算、快速运算。定义运算是按照定义的求和式直接运算。矩阵运算是把定义的求和式写成矩阵的形式进行矩阵运算。快速运算采用快速傅里叶变换，然后取其实部。

1. 矩阵运算

一维离散余弦变换式（4.40）可以写成矩阵运算的形式：

$$\begin{pmatrix} F(0) \\ F(1) \\ \cdots \\ F(N-1) \end{pmatrix} = \sqrt{\frac{2}{N}} \begin{pmatrix} \sqrt{\frac{1}{2}}(w^{00} & w^{01} & \cdots & w^{0(N-1)}) \\ w^{10} & w^{11} & \cdots & w^{1(N-1)} \\ \cdots & \cdots & \cdots & \cdots \\ w^{(N-1)0} & w^{(N-1)1} & \cdots & w^{(N-1)(N-1)} \end{pmatrix} \begin{pmatrix} f(0) \\ f(1) \\ \cdots \\ f(N-1) \end{pmatrix} \tag{4.44}$$

其中 $w^{un} = \cos((2n+1)u\pi/(2N))$。式（4.44）可以写成简化形式：

$$F = Wf \tag{4.45}$$

这里，F 是 $F(u)$ 的列矩阵，W 是余弦正变换矩阵，f 是 $f(n)$ 的列矩阵。类似地，式（4.41）可以写成简化形式：

$$f = W^t F \tag{4.46}$$

其中。W^t 是 W 的转置矩阵，上标 t 表示矩阵的转置。

二维离散余弦变换可以分解成两次一维离散余弦变换。于是，二维离散余弦变换的矩阵运算为：

$$F = (Wm(Wnf)^t)^t = WnfW^t m \tag{4.47}$$

$$f = (Wtm(WtnF)^t)^t = W^t nFWm \tag{4.48}$$

其中，Wn，Wm，$W^t n$，$W^t m$ 分别是 n 维和 m 维的余弦变换矩阵，上标 t 表示矩阵的转置。

三维及高维离散余弦变换也可以分解成多次一维离散余弦变换，它们的矩阵运算可以由一维和二维推广扩展而得到。

例如，一个一维数字音频信息为 $f(n) = [\ 1\ 2\ 3\ ]^t$，则其一维余弦变换为：

$$F(u) = \begin{pmatrix} F(0) \\ F(1) \\ F(2) \end{pmatrix} = \sqrt{\frac{2}{3}} \begin{pmatrix} 0.7071 & 0.7071 & 0.7071 \\ 0.8660 & 1.8e^{-9} & -0.866 \\ 0.5000 & -1.000 & 0.5000 \end{pmatrix} \begin{pmatrix} 1 \\ 2 \\ 3 \end{pmatrix} = \sqrt{\frac{2}{3}} \begin{pmatrix} 4.2426 \\ -1.7321 \\ -1.5e^{-8} \end{pmatrix} = \begin{pmatrix} 3.4641 \\ -1.414 \\ -1.2e^{-8} \end{pmatrix}$$

其还原的数字音频信息为：

$$f(n) = \begin{pmatrix} f(0) \\ f(1) \\ f(2) \end{pmatrix} = \sqrt{\frac{2}{3}} \begin{pmatrix} 0.7071 & 0.8660 & 0.5000 \\ 0.7071 & 1.8e^{-9} & -1.000 \\ 0.7071 & -0.866 & 0.5000 \end{pmatrix} \begin{pmatrix} 3.4641 \\ -1.414 \\ -1.2e^{-8} \end{pmatrix} = \sqrt{\frac{2}{3}} \begin{pmatrix} 1.225 \\ 2.449 \\ 3.674 \end{pmatrix} = \begin{pmatrix} 1 \\ 2 \\ 3 \end{pmatrix}$$

又例如，一个二维数字音频信息为：

$$f(n,m) = \begin{bmatrix} 1 & 3 \\ 4 & 2 \end{bmatrix}$$

则其二维余弦变换为：

$$F(u,v) = \begin{bmatrix} F(0,0) & F(0,1) \\ F(1,0) & F(1,1) \end{bmatrix}$$

$$= \sqrt{\frac{4}{4}} \begin{bmatrix} 0.7071 & 0.7071 \\ 0.7071 & -0.707 \end{bmatrix} \begin{bmatrix} 1 & 3 \\ 4 & 2 \end{bmatrix} \begin{bmatrix} 0.7071 & 0.7071 \\ 0.7071 & -0.7071 \end{bmatrix} = \begin{bmatrix} 5 & 0 \\ -1 & -2 \end{bmatrix}$$

则还原的数字音频信息为：

$$f(n,m) = \begin{bmatrix} f(0,0) & f(0,1) \\ f(1,0) & f(1,1) \end{bmatrix}$$

$$=\sqrt{\frac{4}{4}}\begin{bmatrix}0.7071 & 0.7071\\0.7071 & -0.707\end{bmatrix}\begin{bmatrix}5 & 0\\-1 & -2\end{bmatrix}\begin{bmatrix}0.7071 & 0.7071\\0.7071 & -0.7071\end{bmatrix}=\begin{bmatrix}1 & 3\\4 & 2\end{bmatrix}$$

2. 快速余弦变换

与傅里叶变换类似，余弦变换的定义运算和矩阵运算的运算量较大，运算速度较慢，因为它们的乘法运算较多。为此，采用快速傅里叶变换实现快速余弦变换（FCT，Fast CT），因为余弦变换是傅里叶变换的实部。快速余弦变换常常是 $2p$ 长度的运算，$p=1,2,3,\cdots$。快速余弦变换的步骤是：

正变换：

1）在末尾加 0，构成 2 倍长序列。

2）做 1D FFT。

3）取 FFT 结果的实部。

反变换：

1）在末尾加 0，构成 2 倍长序列。

2）做 1D IFFT。

3）取 IFFT 结果的实部。

余弦变换也有类似傅里叶变换的性质。

音频信息的余弦变换主要用于音频信息的复原、频域分析、频域去噪、频域增强、频域特征提取、频域压缩等。

4.4 沃尔什变换

音频信息的傅里叶变换和余弦变换，尽管有快速变换，但运算速度还是不够快，因为还有一些乘法运算需要处理。因此，音频信息变换可以采用沃尔什变换（WT，Walsh Transform）提高运算速度，因为沃尔什变换是一种快速变换，它的变换核函数的值只有 1 和 -1 两种，它没有乘/除运算，只有加/减运算，而且还有快速算法。沃尔什变换是一种正交变换，它有连续变换（CWT），也有离散变换（DWT）。在数字音频信息处理与识别中，都采用离散沃尔什变换。沃尔什变换有一维沃尔什变换（1D WT）、二维沃尔什变换（2D WT）、三维沃尔什变换（3D WT）以及高维沃尔什变换（MD WT）。

4.4.1 一维沃尔什变换

数字音频信息 $f(n)$ 的一维沃尔正变换 $F(u)$ 定义为：

$$F(u)=\frac{1}{N}\sum_{n=0}^{N-1}f(n)w(n,u)\quad u=0,1,\cdots,N-1 \tag{4.49}$$

反变换定义为：

$$f(n)=\sum_{u=0}^{N-1}F(u)w'(n,u)\quad n=0,1,\cdots,N-1 \tag{4.50}$$

它的矩阵运算形式为：

$$F(u)=W(n,u)f(n) \tag{4.51}$$

$$f(n)=W'(n,u)F(u) \tag{4.52}$$

这里，N 是数字音频信息序列的长度。$W(n,u)=W'(n,u)$ 分别是沃尔什正变换和反变换的变换核函数或变换基函数。$f(n)$ 和 $F(u)$ 分别是数字音频信息的列矩阵和沃尔什变换输出的列矩阵。$W(n,u)$ 是沃尔什变换矩阵。一维沃尔什变换的矩阵运算常常是 $2p$ 长度的方阵运算，$p=1,2,3,\cdots$。

沃尔什变换核函数是美国数学家 J. L Walsh1923 年提出的 Walsh 函数。沃尔什函数有几种形式：沃尔什排列的沃尔什（Walsh - Walsh）函数、佩利排列的沃尔什（Paley - Walsh）函数、哈达玛排列的沃尔什（Hadamard - Walsh）函数。

沃尔什排列的沃尔什函数定义为：

$$w_W(n,u)=\prod_{k=0}^{p-1}\left[R(k+1,n)\right]^{g_k}\quad R(k,n)=sign(\sin 2^k\pi n)$$
$$sign(x>0)=1\quad sign(x<0)=-1\quad p=\log_2 N \tag{4.53}$$
$$g_k=b_{k+1}\oplus b_k$$

也可以写成另一中简化形式：

$$w_W(n,u)=\prod_{k=0}^{p-1}(-1)^{a_{p-1-k}g_k} \tag{4.54}$$

其中，下标 W 表示沃尔什排列，p 是 2 的幂指数，$R(*)$ 是拉德梅克（Rademacher）函数，$sign(*)$ 是符号函数，gk 是 n 的第 k 位格林码，bk 是 n 的第 k 位二进码，ak 是 u 的第 k 位二进码。

沃尔什排列的沃尔什函数可以写成矩阵形式。一个 8×8 的沃尔什排列沃尔什变换矩阵如图 4-5a 所示，它的变换波形如图 4-5b 所示。

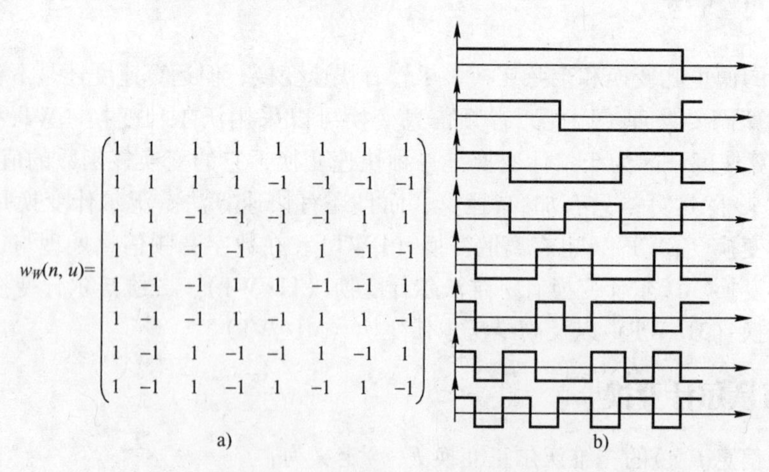

图 4-5　沃尔什排列沃尔什函数
a）变换矩阵　b）变换波形

沃尔什排列沃尔什变换矩阵可以写成一个迭代矩阵：

$$w_{W2^p}(n,u)=\begin{pmatrix} w_{W2^p_{00}} & w_{W2^p_{01}} \\ w_{W2^p_{10}} & w_{W2^p_{11}} \end{pmatrix}\quad p=2,3,\cdots,\log_2 N$$

$$w_{W2^{p+1}00}=\begin{pmatrix}w_{W2^p_{00}} & w_{W2^p_{00}}\\ w_{W2^p_{00}} & -w_{W2^p_{00}}\end{pmatrix}\quad w_{W2^{p+1}01}=\begin{pmatrix}w_{W2^p_{01}} & w_{W2^p_{01}}\\ -w_{W2^p_{01}} & w_{W2^p_{01}}\end{pmatrix}$$

$$w_{W2^{p+1}10}=\begin{pmatrix}w_{W2^p_{10}} & -w_{W2^p_{10}}\\ w_{W2^p_{10}} & w_{W2^p_{10}}\end{pmatrix}\quad w_{W2^{p+1}01}=\begin{pmatrix}-1w_{W2^p_{11}} & w_{W2^p_{11}}\\ w_{W2^p_{11}} & w_{W2^p_{11}}\end{pmatrix}\tag{4.55}$$

$$w_{W2^2_{00}}=\begin{pmatrix}1 & 1\\ 1 & 1\end{pmatrix}\quad w_{W2^2_{01}}=\begin{pmatrix}1 & 1\\ -1 & -1\end{pmatrix}$$

$$w_{W2^2_{10}}=\begin{pmatrix}1 & -1\\ 1 & -1\end{pmatrix}\quad w_{W2^2_{11}}=\begin{pmatrix}-1 & 1\\ 1 & -1\end{pmatrix}\quad w_{W2^1}=\begin{pmatrix}1 & 1\\ 1 & -1\end{pmatrix}\tag{4.56}$$

其中，下标 $2p$ 表示 $2p\times 2p$ 矩阵，下标 00，01，10，11 表示四角的子矩阵。

例如：一个数字音频信息的序列为 $f(n)=(1\ 2\ 3\ 4)^t$，则其沃尔什排列沃尔什变换为：

$$F(u)=\begin{pmatrix}F(0)\\ F(1)\\ F(2)\\ F(3)\end{pmatrix}=\frac{1}{4}\begin{pmatrix}1 & 1 & 1 & 1\\ 1 & 1 & -1 & -1\\ 1 & -1 & -1 & 1\\ 1 & -1 & 1 & -1\end{pmatrix}\begin{pmatrix}1\\ 2\\ 3\\ 4\end{pmatrix}=\begin{pmatrix}10/4\\ -4/4\\ 0/4\\ -2/4\end{pmatrix}=\begin{pmatrix}2.5\\ -1\\ 0\\ -0.5\end{pmatrix}$$

其还原的数字音频信息为：

$$f(n)=\begin{pmatrix}f(0)\\ f(1)\\ f(2)\\ f(3)\end{pmatrix}=\begin{pmatrix}1 & 1 & 1 & 1\\ 1 & 1 & -1 & -1\\ 1 & -1 & -1 & 1\\ 1 & -1 & 1 & -1\end{pmatrix}\begin{pmatrix}2.5\\ -1\\ 0\\ -0.5\end{pmatrix}=\begin{pmatrix}1\\ 2\\ 3\\ 4\end{pmatrix}$$

1. 佩利排列的沃尔什函数

沃尔什排列沃尔什函数的计算和编程比较复杂。佩利排列的沃尔什函数比沃尔什排列沃尔什函数要简单一些。佩利排列沃尔什函数定义为：

$$w_P(n,u)=\prod_{k=0}^{p-1}(-1)^{a_{p-1-k}b_{k+1}}\tag{4.57}$$

其中，下标 P 表示佩利排列，b_k 是 n 的第 k 位二进制码，a_k 是 u 的第 k 位二进制码。

佩利排列的沃尔什函数可以写成矩阵形式。一个 8×8 的佩利排列沃尔什变换矩阵为：

$$w_P(n,u)=\begin{pmatrix}1 & 1 & 1 & 1 & 1 & 1 & 1 & 1\\ 1 & 1 & 1 & 1 & -1 & -1 & -1 & -1\\ 1 & 1 & -1 & -1 & 1 & 1 & -1 & -1\\ 1 & 1 & -1 & -1 & -1 & -1 & 1 & 1\\ 1 & -1 & 1 & -1 & 1 & -1 & 1 & -1\\ 1 & -1 & 1 & -1 & -1 & 1 & -1 & 1\\ 1 & -1 & -1 & 1 & 1 & -1 & -1 & 1\\ 1 & -1 & -1 & 1 & -1 & 1 & 1 & -1\end{pmatrix}$$

佩利排列的沃尔什变换矩阵可以写成一个迭代矩阵，这个迭代矩阵形式上与沃尔什排列沃尔什变换矩阵相同，只是四角的子矩阵略有不同。

$$w_{P2^p}(n,u)=\begin{pmatrix}w_{P2^p_{00}} & w_{P2^p_{01}}\\ w_{P2^p_{10}} & w_{P2^p_{11}}\end{pmatrix}\quad p=2,3,\cdots,\log_2 N$$

$$w_{P2^{p+1}00}=\begin{pmatrix} w_{P2^{p}00} & w_{P2^{p}00} \\ w_{P2^{p}00} & -w_{P2^{p}00} \end{pmatrix} \quad w_{P2^{p+1}01}=\begin{pmatrix} w_{P2^{p}01} & w_{P2^{p}01} \\ w_{P2^{p}01} & -w_{P2^{p}01} \end{pmatrix}$$

$$w_{P2^{p+1}10}=\begin{pmatrix} w_{P2^{p}10} & w_{P2^{p}10} \\ w_{P2^{p}10} & -w_{P2^{p}10} \end{pmatrix} \quad w_{P2^{p+1}01}=\begin{pmatrix} w_{P2^{p}11} & w_{P2^{p}11} \\ w_{P2^{p}11} & -w_{P2^{p}11} \end{pmatrix}$$

$$w_{P2^{2}00}=\begin{pmatrix} 1 & 1 \\ 1 & 1 \end{pmatrix} \quad w_{P2^{2}01}=\begin{pmatrix} 1 & 1 \\ -1 & -1 \end{pmatrix}$$

$$w_{P2^{2}10}=\begin{pmatrix} 1 & -1 \\ 1 & -1 \end{pmatrix} \quad w_{P2^{2}11}=\begin{pmatrix} 1 & -1 \\ -1 & 1 \end{pmatrix} \quad w_{W2^{1}}=\begin{pmatrix} 1 & 1 \\ 1 & -1 \end{pmatrix} \tag{4.58}$$

这里，上标 p 表示 p 阶，$p=1, 2, 3, \cdots$，符号 + 表示子矩阵乘以 1，而符号 - 表示子矩阵乘以 -1。由此可以看出，高阶矩阵可以由低阶矩阵复制粘贴构成，因此，编写程序比较简单方便。与沃尔什排列沃尔什函数相比，这是佩利排列沃尔什函数的一大优点。

例如：一个数字音频信息的序列为 $f(n)=(1\ 2\ 3\ 4)^{t}$，则其佩利排列沃尔什变换为：

$$F(u)=\begin{pmatrix} F(0) \\ F(1) \\ F(2) \\ F(3) \end{pmatrix}=\frac{1}{4}\begin{pmatrix} 1 & 1 & 1 & 1 \\ 1 & 1 & -1 & -1 \\ 1 & -1 & 1 & -1 \\ 1 & -1 & -1 & 1 \end{pmatrix}\begin{pmatrix} 1 \\ 2 \\ 3 \\ 4 \end{pmatrix}=\begin{pmatrix} 10/4 \\ -4/4 \\ -2/4 \\ 0/4 \end{pmatrix}=\begin{pmatrix} 2.5 \\ -1 \\ -0.5 \\ 0 \end{pmatrix}$$

其还原的数字音频信息为：

$$f(n)=\begin{pmatrix} f(0) \\ f(1) \\ f(2) \\ f(3) \end{pmatrix}=\begin{pmatrix} 1 & 1 & 1 & 1 \\ 1 & 1 & -1 & -1 \\ 1 & -1 & 1 & -1 \\ 1 & -1 & -1 & 1 \end{pmatrix}\begin{pmatrix} 2.5 \\ -1 \\ -0.5 \\ 0 \end{pmatrix}=\begin{pmatrix} 1 \\ 2 \\ 3 \\ 4 \end{pmatrix}$$

2. 哈达玛排列的沃尔什函数

虽然佩利排列沃尔什函数在计算和编程上比沃尔什排列沃尔什函数简单一些，但仍然比较复杂。相对比较简单比较方便的沃尔什函数是哈达玛排列的沃尔什函数。哈达玛排列沃尔什函数定义为：

$$w_{H}(n,u)=\prod_{k=0}^{p-1}(-1)^{a_k g_k} \tag{4.59}$$

其中，下标 H 表示哈达玛排列。哈达玛排列的沃尔什函数可以写成矩阵形式。一个 8×8 的哈达玛排列沃尔什变换矩阵为：

$$w_{H}(n,u)=\begin{pmatrix} 1 & 1 & 1 & 1 & 1 & 1 & 1 & 1 \\ 1 & -1 & 1 & -1 & 1 & -1 & 1 & -1 \\ 1 & 1 & -1 & -1 & 1 & 1 & -1 & -1 \\ 1 & -1 & -1 & 1 & 1 & -1 & -1 & 1 \\ 1 & 1 & 1 & 1 & -1 & -1 & -1 & -1 \\ 1 & -1 & 1 & -1 & -1 & 1 & -1 & 1 \\ 1 & 1 & -1 & -1 & -1 & -1 & 1 & 1 \\ 1 & -1 & -1 & 1 & -1 & 1 & 1 & -1 \end{pmatrix}$$

哈达玛排列沃尔什变换矩阵可以写成一个迭代矩阵：

$$w_{H\ 2^{p+1}}(n,u)=\begin{pmatrix} w_{H2^p}(n,u) & w_{H2^p}(n,u) \\ w_{H2^p}(n,u) & -w_{H2^p}(n,u) \end{pmatrix} \tag{4.60}$$

这里，上标 p 表示 p 阶，$p=1$，2，3，…。0 阶只有一个元素 1，1 阶是一个 21×21 的方阵，2 阶是一个 22×22 的方阵，依次类推。由此可以看出，高阶矩阵可以由低阶矩阵复制粘贴构成，因此，编写程序比较简单方便。与沃尔什排列和佩利排列的沃尔什函数相比，这是哈达玛排列沃尔什函数的一大突出优点。

例如：一个数字音频信息的序列为 $f(n)=(1\ 2\ 3\ 4)^t$，则其哈达玛排列沃尔什变换为：

$$F(u)=\begin{pmatrix} F(0) \\ F(1) \\ F(2) \\ F(3) \end{pmatrix}=\frac{1}{4}\begin{pmatrix} 1 & 1 & 1 & 1 \\ 1 & -1 & 1 & -1 \\ 1 & 1 & -1 & -1 \\ 1 & -1 & -1 & 1 \end{pmatrix}\begin{pmatrix} 1 \\ 2 \\ 3 \\ 4 \end{pmatrix}=\begin{pmatrix} 10/4 \\ -2/4 \\ -4/4 \\ 0 \end{pmatrix}=\begin{pmatrix} 2.5 \\ -0.5 \\ -1 \\ 0 \end{pmatrix}$$

其还原的数字音频信息为：

$$f(n)=\begin{pmatrix} f(0) \\ f(1) \\ f(2) \\ f(3) \end{pmatrix}=\begin{pmatrix} 1 & 1 & 1 & 1 \\ 1 & -1 & 1 & -1 \\ 1 & 1 & -1 & -1 \\ 1 & -1 & -1 & 1 \end{pmatrix}\begin{pmatrix} 2.5 \\ -0.5 \\ -1 \\ 0 \end{pmatrix}=\begin{pmatrix} 1 \\ 2 \\ 3 \\ 4 \end{pmatrix}$$

4.4.2　二维沃尔什变换

二维数字音频信息 $f(n,m)$ 的二维沃尔正变换 $F(u,v)$ 定义为：

$$F(u,v)=\frac{1}{NM}\sum_{n=0}^{N-1}\sum_{m=0}^{M-1}f(n,m)w(n,m,u,v)$$
$$u=0,1,\cdots,N-1\quad v=0,1,\cdots,M-1 \tag{4.61}$$

反变换定义为：

$$f(n,m)=\sum_{u=0}^{N-1}\sum_{v=0}^{M-1}F(u,v)w'(n,m,u,v)$$
$$n=0,1,\cdots,N-1\quad m=0,1,\cdots,M-1 \tag{4.62}$$

这里，$w(n,m,u,v)=w'(n,m,u,v)$ 是二维沃尔什正变换和反变换核函数。二维沃尔什变换核函数可以分解成两个一维的核函数：

$$w(n,m,u,v)=wn(n,u)\ wm(m,v) \tag{4.63}$$

二维沃尔什变换可以分解成两次一维沃尔什变换。二维沃尔什变换的矩阵运算形式为：

$$F(u,v)=Wn(n,u)\ f(n,m)\ W^tm(m,v) \tag{4.64}$$

$$f(n,m)=Wn(n,u)\ F(u,v)\ W^tm(m,v) \tag{4.65}$$

二维沃尔什变换的矩阵运算常常是 $2p$ 长度的方阵运算，$p=1$，2，3，…。

三维及高维沃尔什变换可以由一维和二维音频信息的一维和二维沃尔什变换推广而得到。

例如：一个二维数字音频信息为：

$$f(n,m)=\begin{pmatrix} 1 & 3 \\ 4 & 2 \end{pmatrix}$$

则其二维沃尔什（佩利）（哈达玛）排列沃尔什变换为：

$$F(u,v)=\begin{pmatrix}F(0,0) & F(0,1)\\ F(1,0) & F(1,1)\end{pmatrix}=\frac{1}{2\times2}\begin{pmatrix}1 & 1\\ 1 & -1\end{pmatrix}\begin{pmatrix}1 & 3\\ 4 & 2\end{pmatrix}\begin{pmatrix}1 & 1\\ 1 & -1\end{pmatrix}$$

$$=\frac{1}{4}\begin{pmatrix}5 & 5\\ -3 & 1\end{pmatrix}\begin{pmatrix}1 & 1\\ 1 & -1\end{pmatrix}=\begin{pmatrix}2.5 & 0\\ -0.5 & -1\end{pmatrix}$$

其还原的数字音频信息为：

$$f(n,m)=\begin{pmatrix}f(0,0) & f(0,1)\\ f(1,0) & f(1,1)\end{pmatrix}=\begin{pmatrix}1 & 1\\ 1 & -1\end{pmatrix}\begin{pmatrix}2.5 & 0\\ -0.5 & -1\end{pmatrix}\begin{pmatrix}1 & 1\\ 1 & -1\end{pmatrix}$$

$$=\begin{pmatrix}2 & -1\\ 3 & 1\end{pmatrix}\begin{pmatrix}1 & 1\\ 1 & -1\end{pmatrix}=\begin{pmatrix}1 & 3\\ 4 & 2\end{pmatrix}$$

4.4.3 快速沃尔什变换

如前所述，沃尔什变换是一种快速变换，因为它只有加减运算，没有乘除运算。为了进一步提高运算速度，可以采用快速沃尔什变换（FWT，Fast WT）。与快速傅里叶变换类似，快速沃尔什变换也是采用2进分解的蝶式方式进行沃尔什变换。快速沃尔什变换也有两种，基2时间分解和基2频率分解蝶式算法，两种算法类似。基2时间分解蝶式算法是先把定义式或矩阵式二分成两段求和：偶数项求和奇数项求和。再把每一段又二分成两段求和：偶数项求和奇数项求和。这样一直二分下去，直到每一段只有两项求和为止。然后与二分方向相反，进行两项一组奇偶项交叉相加，再四项一组奇偶项交叉相加。这样一直二倍组合下去，直到全部组合为止。基2时间分解蝶式算法如图4-6所示。图中的双实线表示组合划分，双虚线表示奇偶划分。基2时间分解蝶式算法的步骤主要有两步：排序和蝶代。排序是原先各项按照二分完成后的先后次序确定新的位置。蝶代是按照排序的位置进行二倍组合和奇偶项交叉相加。快速沃尔什变换常常是 $2p$ 长度的运算，$p=1$，2，3，…。

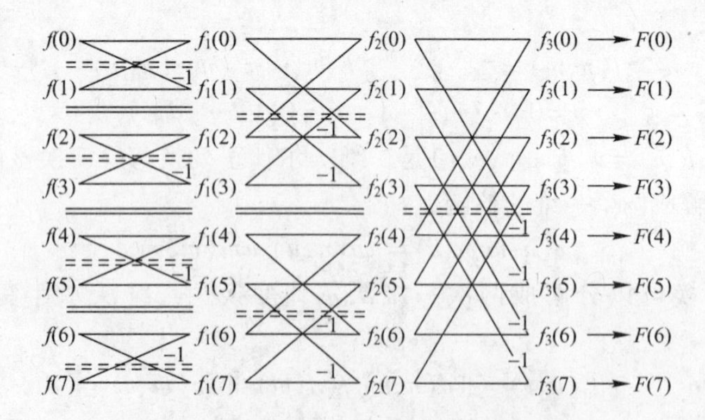

图4-6 快速沃尔什变换的基2时间分解蝶式算法

4.4.4 沃尔什变换的性质

与傅里叶变换和余弦变换类似，沃尔什变换也具有类似的性质。

1. 线性或线性叠加性

$$a_1f_1(n,m)+a_2f_2(n,m)\Leftrightarrow a_1F_1(u,v)+a_2F_2(u,v) \tag{4.66}$$

其中，a_1 和 a_2 是常系数。

2. 线性尺度性

$$f(an,bm)\Leftrightarrow\frac{1}{|ab|}F\left(\frac{u}{a},\frac{v}{b}\right) \tag{4.67}$$

其中，a 和 b 是常系数。

3. 维可分离性

$$F(u,v)=F_u\{F_v[f(n,m)]\}=F_v\{F_u[f(n,m)]\}$$
$$f(n,m)=F_n^{-1}\{F_m^{-1}[F(u,v)]\}=F_m^{-1}\{F_n^{-1}[F(u,v)]\} \tag{4.68}$$

其中，-1 表示逆变换，下标表示对维操作。

4. 模 2 时空位移性

$$f(n\oplus l_2)\Leftrightarrow w_{ul}F(u) \tag{4.69}$$

其中 $n\oplus l_2$ 表示 n 的模 2 位移 l，即 $n-l_2$ 等于 n 的二进码与 l 的二进码做不进位的相加。$w_u l$ 表示沃尔什变换矩阵中的第 u 行第 l 列元素。

5. 频域位移性

$$F(u\oplus l_2)\Leftrightarrow w_{lu}f(n) \tag{4.70}$$

6. 平均值特性

$$F(0,0)=\frac{1}{NM}\sum_{n=0}^{N-1}\sum_{m=0}^{M-1}f(n,m)=\bar{f}(n,m) \tag{4.71}$$

7. 模 2 位移卷积和模 2 位移相关性

模 2 位移卷积和模 2 位移相关性相同：

$$f(n)*h(n)=\frac{1}{N}\sum_{n=0}^{N-1}f(n)h(n\oplus l)$$
$$f(n)*h(n\oplus l)\Leftrightarrow F(u)H(u)$$
$$F(u)*H(u)=\sum_{n=0}^{N-1}F(u)H(u\oplus r)$$
$$f(n,m)h(n,m)\Leftrightarrow F(u,v)*H(u,v) \tag{4.72}$$

其中，$*$ 表示卷积运算。

8. 模 2 位移自相关性

$$f(n)\odot f(n)=\frac{1}{N}\sum_{n=0}^{N-1}f(n)f(n\oplus l)$$
$$f(n)\odot f(n)\Leftrightarrow F^2(u) \tag{4.73}$$

其中，$\odot$ 表示相关运算。

9. 帕塞瓦尔能量定理

$$\frac{1}{N}\sum_{n=0}^{N-1}f^2(n)=\sum_{u=0}^{N-1}F^2(u,v) \tag{4.74}$$

10. 循环位移定理

若 $g(n)$ 是 $f(n)$ 的 1 位循环序列，即

$$g((N+n-l)\%N)=f(n) \tag{4.75}$$

其中，符号% 表示整除的余数，$l=1,2,\cdots,N-1$。则 $g(n)$ 和 $f(n)$ 的哈达玛排列沃尔什变换 $G(u)$ 和 $F(u)$ 满足等式：

$$G^2(0)=F^2(0)$$

$$\sum_{u=2^{r-1}}^{2^r-1}G^2(u)=\sum_{u=2^{r-1}}^{2^r-1}F^2(u) \quad r=1,2,\cdots,p; \quad p=\log_2 N \tag{4.76}$$

由沃尔什变换和沃尔什函数可以看出，沃尔什变换的物理意义就是一个音频信息可以分解成幅度相同频率不同的一系列方波，或者可以由幅度相同频率不同的一系列方波线性组合而成。因此，沃尔什变换可以应用于音频信息的编码压缩、分解、合成、特征提取、分析等。一段一维数字音频信息序列的沃尔什－哈达玛变换如图 4-7 所示。

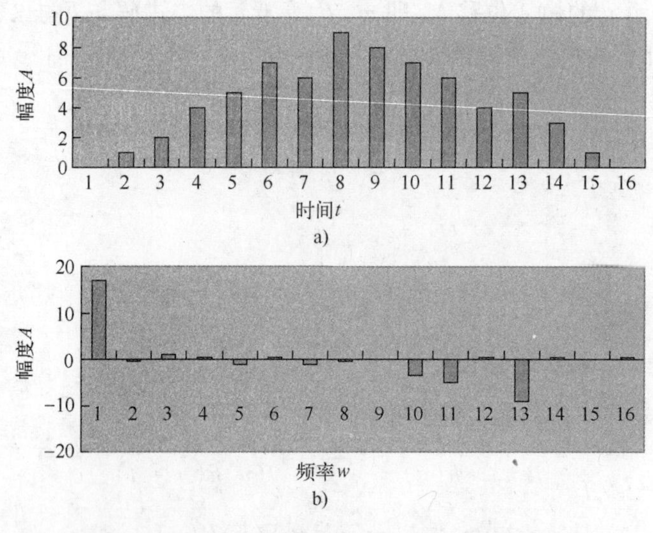

图 4-7　数字音频信息及其沃尔什－哈达玛变换

a）数字音频信息　b）沃尔什－哈达玛变换

4.5　哈尔变换

如前所述，音频信息的傅里叶变换和余弦变换，尽管有快速变换，但运算速度还是不够快，因为还有一些乘法运算需要处理。音频信息的沃尔什变换能够提高运算速度，因为沃尔什变换是一种快速变换，它的变换核函数的值只有 1 和 －1 两种，它没有乘/除运算，只有加/减运算，还有快速算法。而且，沃尔什变换有迭代变换矩阵，高阶变换均值可以由低阶迭代变换矩阵生成，因而编程和运算都比较方便快捷。但是，由沃尔什、佩利、哈达玛迭代变换矩阵可以看出，其迭代还是不够简洁。于是，音频信息的变换可以采用另一种比较简洁

比较快的哈尔变换（HT，Haar Transform）。与沃尔什变换类似，哈尔变换也把音频信息分解成一系列相同幅度不同频率的方波，或者音频信息可以由一系列相同幅度不同频率的方波线性合成。

哈尔变换也是一种正交变换，它有连续变换（CHT），也有离散变换（DHT）。在数字音频信息处理与识别中，都采用离散哈尔变换。哈尔变换有一维哈尔变换（1D HT）、二维哈尔变换（2D HT）、三维哈尔变换（3D HT）以及高维哈尔变换（MD HT）。

4.5.1 一维哈尔变换

数字音频信息$f(n)$的一维哈尔正变换$F(u)$定义为：

$$F(u)=\frac{1}{N}\sum_{n=0}^{N-1}f(n)h(n,u)\quad u=0,1,\cdots,N-1 \tag{4.77}$$

反变换定义为：

$$f(n)=\sum_{u=0}^{N-1}F(u)h'(n,u)\quad n=0,1,\cdots,N-1 \tag{4.78}$$

它的矩阵运算形式为：

$$F(u)=H(n,u)\ f(n)/N \tag{4.79}$$

$$f(n)=H'(n,u)\ F(u) \tag{4.80}$$

这里，N是数字音频信息序列的长度。$h(n,u)$和$h'(n,u)$分别是哈尔正变换和反变换的变换核函数或变换基函数，$h'(n,u)=h(n,u)$。$f(n)$和$F(u)$分别是数字音频信息的列矩阵和哈尔变换输出的列矩阵。$H(n,u)$是哈尔正变换矩阵，$H'(u,n)=H^{-1}(u,n)=H^{t}(u,n)$是反变换矩阵，是$H(u,n)$的逆矩阵，也是$H(u,n)$的转置矩阵。一维哈尔变换的矩阵运算常常是$2p$长度的方阵运算，$p=1，2，3，\cdots$。

哈尔变换核函数是哈尔函数，哈尔函数定义为：

$$h(u+2^p,n)=\begin{cases}2^{\frac{p}{2}} & \text{if } \frac{u}{2^p}\leqslant n<\frac{u+\frac{1}{2}}{2^p}\\ -2^{\frac{p}{2}} & \text{if } \frac{u+\frac{1}{2}}{2^p}\leqslant n<\frac{u+1}{2^p}\quad u=0,1,\cdots,N-1\\ 0 & \text{Otherwise}\end{cases} \tag{4.81}$$

哈尔变换核函数可以写成矩阵的形式。一个8×8哈尔变换核函数矩阵为：

$$H_{2^3}(n,u)=\begin{pmatrix}2^{\frac{0}{2}}(1 & 1 & 1 & 1 & 1 & 1 & 1 & 1)\\ 2^{\frac{0}{2}}(1 & 1 & 1 & 1 & -1 & -1 & -1 & -1)\\ 2^{\frac{1}{2}}(1 & 1 & -1 & -1 & 0 & 0 & 0 & 0)\\ 2^{\frac{1}{2}}(0 & 0 & 0 & 0 & 1 & 1 & -1 & -1)\\ 2^{\frac{2}{2}}(1 & -1 & 0 & 0 & 0 & 0 & 0 & 0)\\ 2^{\frac{2}{2}}(0 & 0 & 1 & -1 & 0 & 0 & 0 & 0)\\ 2^{\frac{2}{2}}(0 & 0 & 0 & 0 & 1 & -1 & 0 & 0)\\ 2^{\frac{2}{2}}(0 & 0 & 0 & 0 & 0 & 0 & 1 & -1)\end{pmatrix}$$

它的变换函数波形如图 4-8 所示。哈尔变换矩阵可以写成迭代矩阵的形式：

$$H_{2^p}(n,u)=\begin{pmatrix}H_{2^p_0}(n,u)\\ H_{2^p_1}(n,u)\end{pmatrix}\quad p=1,2,\cdots,\log_2 N$$

$$H_{2^{p+1}0}(n,u)=H_{2^p}(({}_n,u)\quad n=0,1,2,\cdots,2^{p+1}-1\quad u=0,1,\cdots,2^p-1$$

$$H_{2^{p+1}1}(n,u)=\begin{cases}2^{\frac{p}{2}} & n=2\ (u/2^p)_r\\ -2^{\frac{p}{2}} & n=2\ (u/2^p)_r+1\qquad u=2^p,2^p+1,\cdots,2^{p+1}-1\\ 0 & \text{Otherwise}\end{cases}$$

$$H_{2^1}(n,u)=\begin{pmatrix}1&1\\1&0\end{pmatrix}\quad H_{2^1 0}(n,u)=(1\quad 1)\quad H_{2^1 1}(n,u)=(1\quad -1)\tag{4.82}$$

其中，下标 q 表示整除取商，r 表示整除取余数。

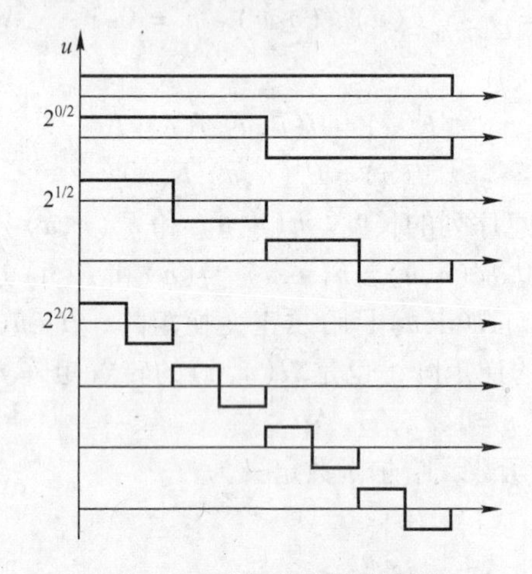

图 4-8　哈尔变换函数波形

例如：一个一维数字音频信息的序列为 $f(n)=(1\ 2\ 3\ 4)^t$，则其哈尔变换为：

$$F(u)=\begin{pmatrix}F(0)\\F(1)\\F(2)\\F(3)\end{pmatrix}=\frac{1}{4}\begin{pmatrix}1&1&1&1\\1&1&-1&-1\\\sqrt{2}&-\sqrt{2}&0&0\\0&0&\sqrt{2}&-\sqrt{2}\end{pmatrix}\begin{pmatrix}1\\2\\3\\4\end{pmatrix}=\begin{pmatrix}10/4\\-4/4\\-\sqrt{2}/4\\-\sqrt{2}/4\end{pmatrix}=\begin{pmatrix}2.5\\-1\\-0.25\sqrt{2}\\-0.25\sqrt{2}\end{pmatrix}$$

其还原的数字音频信息为：

$$f(n)=\begin{pmatrix}f(0)\\f(1)\\f(2)\\f(3)\end{pmatrix}=\begin{pmatrix}1&1&\sqrt{2}&0\\1&1&-\sqrt{2}&0\\1&-1&0&\sqrt{2}\\1&-1&0&-\sqrt{2}\end{pmatrix}\begin{pmatrix}2.5\\-1\\-0.25\sqrt{2}\\-0.25\sqrt{2}\end{pmatrix}=\begin{pmatrix}1\\2\\3\\4\end{pmatrix}$$

4.5.2　二维哈尔变换

数字音频信息 $f(n,m)$ 的二维哈尔正变换 $F(u,v)$ 定义为：

$$F(u,v)=\frac{1}{NM}\sum_{n=0}^{N-1}\sum_{m=0}^{M-1}f(n,m)h(n,u)h(m,v)$$

$$u=0,1,\cdots,N-1 \quad v=0,1,\cdots,M-1 \tag{4.83}$$

反变换定义为：

$$f(n,m)=\sum_{u=0}^{N-1}\sum_{v=0}^{M-1}F(u,v)h'(n,u)h'(m,v)$$

$$n=0,1,\cdots,N-1 \quad m=0,1,\cdots,M-1 \tag{4.84}$$

其中，$h(n,u),h(m,v),h'(n,u),h'(m,n)$ 分别是哈尔正变换和反变换核函数。它的矩阵运算形式为：

$$F(u,v)=H(n,u)\ f(n)\ H^t(m,v)/(NM) \tag{4.85}$$

$$f(n,m)=H'(n,u)F(u)(H')^t(n,u) \tag{4.86}$$

这里，上标 t 表示矩阵的转置。二维哈尔变换的矩阵运算常常是 $2p$ 长度的方阵运算，$p=1，2，3，\cdots$。

三维及其以上音频信息的高维哈尔变换可以由一维和二维音频信息的一维和二维哈尔变换推广而得到。

例如：一个二维数字音频信息为：

$$f(n,m)=\begin{pmatrix}1 & 3\\ 4 & 2\end{pmatrix}$$

则其哈尔变换为：

$$F(u,v)=\begin{pmatrix}F(0,0) & F(0,1)\\ F(1,0) & F(1,1)\end{pmatrix}=\frac{1}{4}\begin{pmatrix}1 & 1\\ 1 & -1\end{pmatrix}\begin{pmatrix}1 & 3\\ 4 & 2\end{pmatrix}\begin{pmatrix}1 & 1\\ 1 & -1\end{pmatrix}=\begin{pmatrix}2.5 & 0\\ -0.5 & -1\end{pmatrix}$$

其还原的数字音频信息为：

$$f(n,m)=\begin{pmatrix}f(0,0) & f(0,1)\\ f(1,0) & f(1,1)\end{pmatrix}=\begin{pmatrix}1 & 1\\ 1 & -1\end{pmatrix}\begin{pmatrix}2.5 & 0\\ -0.5 & -1\end{pmatrix}\begin{pmatrix}1 & 1\\ 1 & -1\end{pmatrix}=\begin{pmatrix}1 & 3\\ 4 & 2\end{pmatrix}$$

4.5.3 哈尔函数的性质

与傅里叶变换、余弦变换、沃尔什变换类似，哈尔函数或哈尔变换也有一些性质：

1. 归一化正交性

$$\sum_{n=0}^{N-1}h(n,u)\sum_{n=0}^{N-1}h(n,v)=\begin{cases}1 & \text{if } h(0.1)\\ 0 & \text{Otherwise}\end{cases} \tag{4.87}$$

2. 级数展开

一个周期为 1 的连续函数可以展开写成哈尔级数的形式：

$$f(t)=\sum_{u=0}^{\infty}F(u)h(t,u) \qquad F(u)=\int_0^1 f(t)h(t,u)\,\mathrm{d}t \tag{4.88}$$

3. 帕塞瓦尔定理

$$\int_0^1 f^2(t)\,\mathrm{d}tf=\sum_{u=0}^{\infty}F^2(u) \tag{4.89}$$

4. 全域和局域性

哈尔变换函数集的第一个和第二个成员函数值的范围为其正交向量的整个区域，而其他成员函数值的范围只为其正交向量的一个有限的局部区域。

4.5.4　快速哈尔变换

快速哈尔变换常常是2p长度的运算，$p=1$，2，3，…。与傅里叶变换、余弦变换、沃尔什变换类似，快速哈尔变换（FHT，Fast HT）采用二分迭代算法来实现。$p=1$，2，3，…。首先对数字音频信息序列进行二进分解排序，然后与分解方向相反进行二进组合迭代计算。二进分解排序的步骤是：

将$f(n)$的元素序号n转换成二进制码。

将二进制码倒置。

再将倒置的二进制码转换成十进制数字。

二进组合迭代计算的步骤是把排序后的序列先分成两组，两组对应的项进行加和减运算。再把结果分成四组，前面两组对应项进行加和减运算，后面两组再排序。这样一直进行到每组一项为止。当每组只有一项时，前两组进行加减，后面的组不排序。一个8点$f(n)$的排序和快速哈尔变换如图4-9a所示。另一种哈尔变换快速算法是先每两项进行加减运算。再将结果分成两组，每组单独排序，前一组每两项进行加减运算。然后再将结果分成四组，每组单独排序，前一组每两项进行加减运算。这样一直进行到每组只有一项为止。当每组只有两项时，前一组两项进行加减运算，后面的组不排序。这种算法的排序点数少于前一种算法的排序点数。这种算法的8点快速哈尔变换如图4-9b所示。

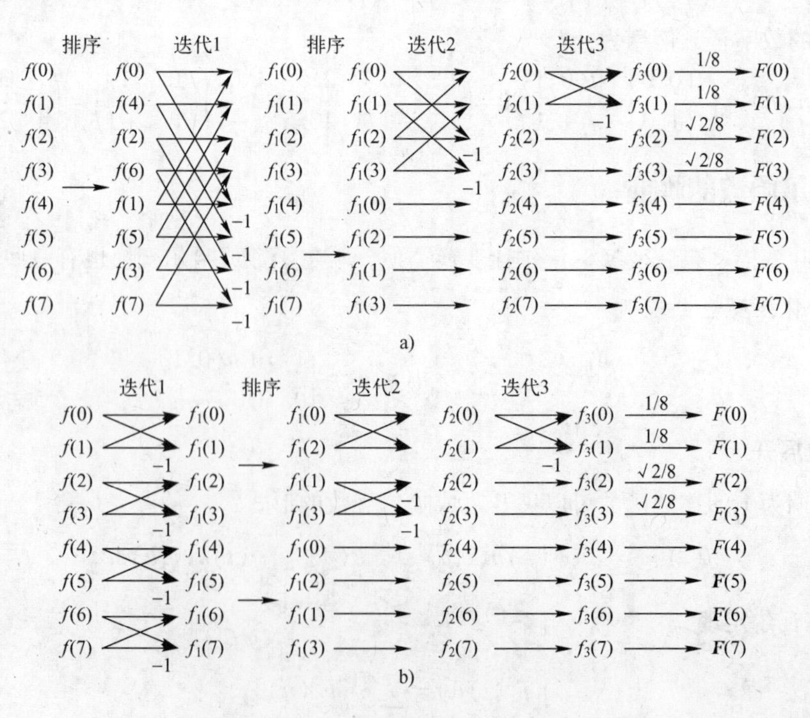

图4-9　哈尔快速变换的迭代算法

a）先排序的快速哈尔迭代运算　b）先不排序的快速哈尔迭代运算

哈尔变换可以应用于音频信息的编码压缩、分解、合成、特征提取、分析等。一段一维数字音频信息序列的哈尔变换如图 4-10 所示。

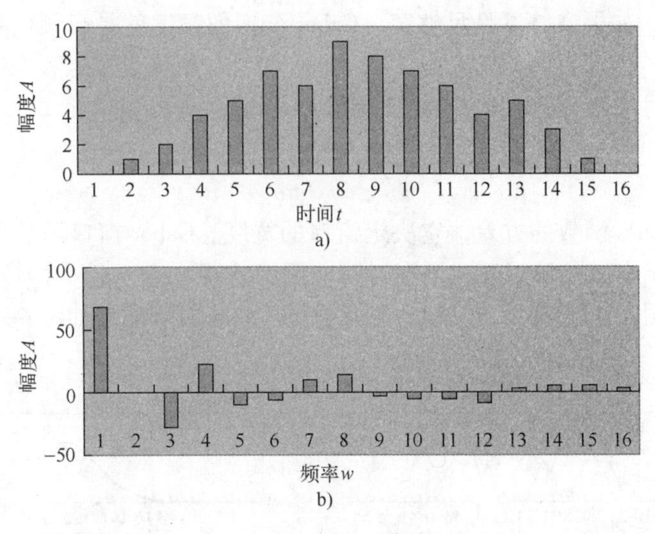

图 4-10　数字音频信息及其哈尔变换

a）数字音频信息　b）哈尔变换

4.6　Gabor 变换

前述的音频信息的傅里叶变换、余弦变换、沃尔什变换、哈尔变换等，都是时空域与频率域之间的相互变换。在频率域，频率特性反映的是时空域整体音频信息的变化特性，没有或不能反映时空域瞬时或局部音频信息的变化特性。在实际应用中，常常需要分析、处理、识别时空域瞬时或局部音频信息。例如，在语音处理与识别中，需要分析、处理、识别单个字的声音。在音乐处理与识别中，需要分析、处理、识别单个音符的音。在信息处理与识别中，为了获得瞬时或局部信息的频域特性，D. Gabor 于 1946 年提出一种加窗的傅里叶变换。加窗傅里叶变换有的也称为短时傅里叶变换，或称为 Gabor 变换（GT，Gabor Transform）。Gabor 变换是先采用时空加窗，提取瞬时或局部信息，再对提取的信息进行傅里叶变换，获得瞬时或局部信息的频率特性。因此 Gabor 变换能够用于时空瞬时或局部音频信息的频域特性处理、分析和识别。与其他变换一样，Gabor 变换也分连续、离散、一维、二维、高维等变换。

4.6.1　一维连续 Gabor 变换

音频信息 $f(t)$ 的一维连续 Gabor 变换的正变换定义为：

$$F(\omega,\tau)=\int_{-\infty}^{\infty} f(t)\,w_{\mathrm{g}}(t-\tau)\,\mathrm{e}^{-\mathrm{j}\omega t}\,\mathrm{d}t \tag{4.90}$$

一维连续 Gabor 变换的反变换定义为：

$$f(t)=\frac{1}{2\pi}\int_{-\infty}^{\infty}\int_{-\infty}^{\infty} F(\omega,\tau)\,w_{\mathrm{g}}(t-\tau)\,\mathrm{e}^{\mathrm{j}\omega t}\,\mathrm{d}\tau\,\mathrm{d}\omega \tag{4.91}$$

其中，$w_g(t-\tau)$是Gabor时域窗口函数$w_g(t)$，窗口中心在时刻τ。$F(\omega,\tau)$是在时刻τ位于时域窗口内的音频信号的频率谱。如果窗口足够窄，Gabor变换的频谱就是音频信息在τ时刻的瞬时频谱，如果窗口不是足够窄，Gabor变换的频谱就是音频信息在τ时刻附近的局域频谱。

Gabor变换的时域窗口函数$w_g(t)$定义为Gauss函数：

$$w_g(t)=\frac{1}{2\sqrt{\pi\sigma}}e^{-\frac{t^2}{4\sigma}} \tag{4.92}$$

这里，σ是Gauss函数的方差，它决定窗口的宽度。Gabor窗口函数也可以看成是一个时域滤波器，$f(t)w_g(t-\tau)$可以看成是在时刻τ用滤波器$w_g(t-\tau)$对$f(t)$进行滤波。一个Gabor窗口函数如图4-11b所示，一段音频信息的Gabor时域滤波如图4-11c所示。音频信息的Gabor重建如图4-11d所示。

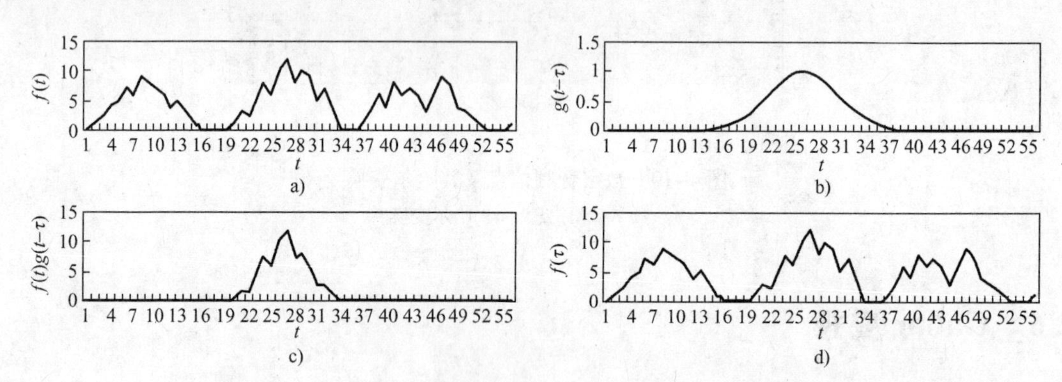

图4-11 Gabor窗口函数和音频信息的Gabor时域滤波和重建

a）音频信息 b）Gabor窗口函数 c）音频信息的Gabor时域滤波 d）音频信息的Gabor时域重建

Gabor变换实际上是函数$f(t)$经过Gabor函数$w_g(t-\tau)$的时域滤波后再做傅里叶变换，或者是两个函数$f(t)$和$w_g(t-\tau)$的乘积的傅里叶变换。由傅里叶变换的卷积定理和时空位移定理可知，Gabor变换是这两个函数$f(t)$和$w_g(t-\tau)$的傅里叶变换的卷积：

$$F(\omega,\tau)=F(\omega)*W_g(\omega,\tau) \tag{4.93}$$

$$W_g(\omega,\tau)=e^{-\sigma\omega^2-j\omega\tau} \tag{4.94}$$

Gabor变换是一个音频信息在时刻τ的傅里叶频谱。由此可以认为，一个音频信息的全部时刻的频谱可以分解成各个时刻的频谱，或者一个音频信息的全部时刻的频谱可以由各个时刻的频谱组合而成。因此，对Gabor变换$F(\omega,\tau)$进行时间的积分，结果就是$f(t)$的傅里叶变换$F(\omega)$：

$$F(\omega)=\int_{-\infty}^{\infty}F(\omega,\tau)d\tau \tag{4.95}$$

这是Gabor变换和傅里叶之间的关系，也是Gabor变换的物理意义。事实上，式（4.95）是成立的，只要将式（4.90）代入式（4.95）的右边，就可以很容易地证明：

$$\int_{-\infty}^{\infty}F(\omega,\tau)d\tau=\int_{-\infty}^{\infty}\int_{-\infty}^{\infty}f(t)w_g(t-\tau)e^{-j\omega t}dtd\tau=\int_{-\infty}^{\infty}f(t)e^{-j\omega t}\int_{-\infty}^{\infty}w_g(t-\tau)d\tau dt$$

$$=\int_{-\infty}^{\infty}f(t)e^{-j\omega t}\int_{-\infty}^{\infty}\frac{1}{2\sqrt{\pi\sigma}}e^{-\frac{(t-\tau)^2}{4\sigma}}d\tau dt=\int_{-\infty}^{\infty}f(t)e^{-j\omega t}\frac{1}{2\sqrt{\pi\sigma}}\int_{-\infty}^{\infty}e^{-\frac{z^2}{4\sigma}}dzdt$$

$$\int_{-\infty}^{\infty} f(t)\mathrm{e}^{-\mathrm{j}\omega t}\frac{1}{2\sqrt{\pi\sigma}}2\sqrt{\pi\sigma}\,\mathrm{d}t = \int_{-\infty}^{\infty} f(t)\mathrm{e}^{-\mathrm{j}\omega t}\mathrm{d}t = F(\omega)$$

因此，Gabor 变换的反变换也可以写成：

$$f(t) = \frac{1}{2\pi}\int_{-\infty}^{\infty} F(\omega)\mathrm{e}^{\mathrm{j}\omega t}\mathrm{d}\omega = \frac{1}{2\pi}\int_{-\infty}^{\infty}\int_{-\infty}^{\infty} F(\omega,\tau)\mathrm{e}^{\mathrm{j}\omega t}\mathrm{d}\tau\mathrm{d}\omega \tag{4.96}$$

由式（4.91）可以看出，$f(t)$的傅里叶变换 $F(\omega)$也可以由 Gabor 变换 $F(\omega,\tau)$得到：

$$F(\omega,t) = \int_{-\infty}^{\infty} F(\omega,\tau)w_{\mathrm{g}}(t-\tau)\mathrm{d}\tau \quad t = -\infty,\cdots,\infty \tag{4.97}$$

对比式（4.95）和式（4.97），可以得到：

$$\int_{-\infty}^{\infty} F(\omega,\tau)\mathrm{d}\tau = \int_{-\infty}^{\infty} F(\omega,\tau)w_{\mathrm{g}}(t-\tau)\mathrm{d}\tau \quad t = -\infty,\cdots,\infty \tag{4.98}$$

由式（4.91）和式（4.98）可以看出，Gabor 时窗函数 $w_{\mathrm{g}}(t)$，也是 Gabor 频窗函数，对 Gabor 变换 $F(\omega,\tau)$进行频窗 $w_{\mathrm{g}}(t-\tau)$滤波，就得到$f(t)$的傅里叶变换。

4.6.2　一维连续 Gabor 变换的另一种形式

音频信息$f(t)$的一维连续 Gabor 变换的正变换可以表示成另一种形式：

$$F(\omega,\tau) = \int_{-\infty}^{\infty} f(t)w_{\mathrm{g}}(t-\tau,\omega)\mathrm{d}t \quad w_{\mathrm{g}}(t-\tau,\omega) = w_{\mathrm{g}}(t-\tau)\mathrm{e}^{-\mathrm{j}\omega t} \tag{4.99}$$

一维连续 Gabor 变换的反变换的另一种形式为：

$$f(t) = \frac{1}{2\pi}\int_{-\infty}^{\infty}\int_{-\infty}^{\infty} F(\omega,\tau)w_{\mathrm{g}}^{*}(t-\tau,\omega)\mathrm{d}\tau\mathrm{d}\omega \quad w_{\mathrm{g}}^{*}(t-\tau,\omega) = w_{\mathrm{g}}(t-\tau)\mathrm{e}^{\mathrm{j}\omega t} \tag{4.100}$$

其中，$w_{\mathrm{g}}(t-\tau,\omega)$是 Gabor 变换时域窗口变换核函数，$w_{\mathrm{g}}^{*}(t-\tau,\omega)$是 Gabor 变换频域窗口变换核函数。

由 Gabor 变换的这种表达形式可以看出，一个时间信息的瞬时频谱可以用 Gabor 时域窗口函数变换获得，反之，一个时间信息可以用它的瞬时频谱和 Gabor 频域窗口函数的变换获得。

4.6.3　一维离散 Gabor 变换

与一维连续 Gabor 变换类似，数字音频信息长度为 N 的一维离散 Gabor 变换定义为：

$$F(u,\tau) = \sum_{n=0}^{N-1} f(n)w_{\mathrm{g}}(n-\tau)\mathrm{e}^{-\mathrm{j}\frac{2\pi}{N}un} \quad u = 0,1,\cdots,N-1, \tau = -\infty,\cdots,\infty \tag{4.101}$$

一维离散 Gabor 变换的反变换定义为：

$$f(n) = \sum_{u=0}^{N-1}\sum_{\tau=-\infty}^{\infty} F(u,\tau)w_{\mathrm{g}}(n-\tau)\mathrm{e}^{\mathrm{j}\frac{2\pi}{N}un} \quad n = 0,1,\cdots,N-1 \tag{4.102}$$

一维离散 Gabor 变换的反变换也可以表示为：

$$f(n) = \sum_{u=0}^{N-1}\sum_{\tau=-\infty}^{\infty} F(u,\tau)\mathrm{e}^{\mathrm{j}\frac{2\pi}{N}un} \quad n = 0,1,\cdots,N-1 \tag{4.103}$$

其中，$w_{\mathrm{g}}(n-\tau)$是 Gabor 变换离散窗口核函数。

一维离散 Gabor 变换的另一种表示形式为：

$$F(u,\tau) = \sum_{n=0}^{N-1} f(n)w_{\mathrm{g}}(n-\tau,u) \quad u = 0,1,\cdots,N-1 \quad \tau = -\infty,\cdots,\infty \tag{4.104}$$

$$f(n) = \sum_{u=0}^{N-1}\sum_{\tau=-\infty}^{\infty} F(u,\tau)w_{\mathrm{g}}^{*}(n-\tau,u) \quad n = 0,1,\cdots,N-1 \tag{4.105}$$

其中，$w_g(n-\tau,u)$是 Gabor 变换离散时域窗口变换核函数，$w_g^*(n-\tau,u)$是 Gabor 变换离散频域窗口变换核函数。

4.6.4 二维连续 Gabor 变换

与一维连续 Gabor 变换类似，音频信息的二维连续 Gabor 变换定义为：

$$F(\omega,\gamma,\tau,\rho)=\int_{t=-\infty}^{\infty}\int_{r=-\infty}^{\infty}f(t,r)w_g(t-\tau)w_g(r-\rho)e^{-j(\omega t+\gamma r)}drdt \tag{4.106}$$

二维连续 Gabor 变换的反变换定义为：

$$f(t,r)=\int_{\omega=-\infty}^{\infty}\int_{\gamma=-\infty}^{\infty}\int_{\tau=-\infty}^{\infty}\int_{\rho=-\infty}^{\infty}F(\omega,\gamma,\tau,\rho)w_g(t-\tau)w_g(r-\rho)e^{j(\omega t+\gamma r)}d\rho d\tau d\gamma d\omega \tag{4.107}$$

二维连续 Gabor 变换的另一种表示形式为：

$$F(\omega,\gamma,\tau,\rho)=\int_{t=-\infty}^{\infty}\int_{r=-\infty}^{\infty}f(t,r)w_g(t-\tau,\omega)w_g(r-\rho,\gamma)drdt \tag{4.108}$$

$$f(t,r)=\int_{\omega=-\infty}^{\infty}\int_{\gamma=-\infty}^{\infty}\int_{\tau=-\infty}^{\infty}\int_{\rho=-\infty}^{\infty}F(\omega,\gamma,\tau,\rho)w_g^*(t-\tau,\omega)w_g^*(r-\rho,\gamma)d\rho d\tau d\gamma d\omega \tag{4.109}$$

4.6.5 二维离散 Gabor 变换

与一维离散 Gabor 变换类似，二维离散 Gabor 变换定义为：

$$F(u,v,\tau,\rho)=\sum_{n=0}^{N-1}\sum_{m=0}^{M-1}f(n,m)w_g(n-\tau)w_g(m-\rho)e^{-j2\pi\left(\frac{un}{N}+\frac{vm}{M}\right)}$$

$$u=0,1,\cdots,N-1\quad v=0,1,\cdots,M-1\quad \tau=-\infty,\cdots,\infty\quad \rho=-\infty,\cdots,\infty \tag{4.110}$$

二维离散 Gabor 变换的反变换定义为：

$$f(n,m)=\sum_{u=0}^{N-1}\sum_{v=0}^{M-1}\sum_{\tau=-\infty}^{\infty}\sum_{\rho=-\infty}^{\infty}F(u,v,\tau,\rho)w_g(n-\tau)w_g(m-\rho)e^{j2\pi\left(\frac{un}{N}+\frac{vm}{M}\right)}$$

$$n=0,1,\cdots,N-1\quad m=0,1,\cdots,M-1 \tag{4.111}$$

二维离散 Gabor 变换的另一种表示形式为：

$$F(u,v,\tau,\rho)=\sum_{n=0}^{N-1}\sum_{m=0}^{M-1}f(n,m)w_g(n-\tau,u)w_g(m-\rho,v)$$

$$u=0,1,\cdots,N-1\quad v=0,1,\cdots,M-1 \tag{4.112}$$

$$f(n,m)=\sum_{u=0}^{N-1}\sum_{v=0}^{M-1}\sum_{\tau=-\infty}^{\infty}\sum_{\rho=-\infty}^{\infty}F(u,v,\tau,\rho)w_g^*(n-\tau,u)w_g^*(m-\rho,v)$$

$$n=0,1,\cdots,N-1\quad m=0,1,\cdots,M-1 \tag{4.113}$$

4.6.6 Gabor 变换的性质

Gabor 变换主要具有以下性质：

1. 能量守恒定理

$$\int_{-\infty}^{\infty}|f(t)|^2dt=\frac{1}{2\pi}\int_{-\infty}^{\infty}\int_{-\infty}^{\infty}|F(\omega,\tau)|^2d\omega d\tau \tag{4.114}$$

其中，符号$|x|$表示 x 的模。

2. 帕塞瓦尔定理

$$\int_{-\infty}^{\infty}(t)w_g^*(t-\tau,\omega)\mathrm{d}t=\frac{1}{2\pi}\int_{-\infty}^{\infty}F(\omega)W_g^*(\tau,\omega)\mathrm{d}\omega \tag{4.115}$$

其中，$W_g(\tau,\omega)$是$w_g(t-\tau,\omega)$的傅里叶变换。符号$*$表示复数的共轭。

3. 互易性

傅里叶变换的时域和频域的一对共轭变量(t,ω)具有互易关系：

$$<f(t),w_g^*(t-\tau,\omega)>=\frac{1}{2\pi}<F(\omega),W_g^*(\tau,\omega)> \tag{4.116}$$

这里，$<x,y>$表表示内积。傅里叶变换和加窗傅里叶变换具有对称性。

4. Gabor 变换的 Heisenberg 测不准原理

Gabor 变换的 Heisenberg 测不准原理是 Gabor 变换的时域窗口函数的均方差和频域窗口函数的均方差的乘积为一定的值，它们两个不能同时达到极小值：

$$\sigma_{w_g(t)}\sigma_{W_g(f)}=\frac{1}{2\pi}\sigma_{w_g(t)}\sigma_{W_g(\omega)}\geqslant\frac{1}{4\pi}\quad\omega=2\pi f \tag{4.117}$$

其中，$\sigma_{w_g(t)}$是 Gabor 变换时域窗口函数$w_g(t)$的均方差：

$$\sigma_{w_g(t)}=\int(t-t_0)^2|w_g(t)|^2\mathrm{d}t \tag{4.118}$$

$\sigma_{w_g(f)}$或$\sigma_{w_g}(\omega)$是 Gabor 变换频域窗口函数$w_g(\omega)$的均方差：

$$\sigma_{W_g(\omega)}=\frac{1}{2\pi}\int_{-\infty}^{\infty}(\omega-\omega_0)^2|W_g(\omega)|^2d\omega \tag{4.119}$$

这里t_0是 Gabor 变换时域窗口函数$w_g(t)$的均值：

$$t_0=\int_{-\infty}^{\infty}t|w_g(t)|^2\mathrm{d}t \tag{4.120}$$

ω_0是 Gabor 变换频域窗口函数$W_g(\omega)$的均值：

$$\omega_0=\frac{1}{2\pi}\int_{-\infty}^{\infty}\omega|W_g(\omega)|^2\mathrm{d}\omega \tag{4.121}$$

由于 Gabor 变换反映了信号的瞬时或局部时域的频率特性和局部频域的时间特性，因此，Gabor 变换可以用于音频信息的瞬时或局部时域的频率特性的分析、处理、特征提取、识别，局部频域的时间特性的分析、处理、特征提取、识别，以及两者的分析、处理、特征提取和识别等。

4.7　小波变换

在音频信息处理与识别中，不但需要对信息进行全局的处理与识别，也需要对信息进行局部处理与识别。不但需要对平移信息进行处理与识别，也需要对放缩信息或多尺度信息进行处理与识别。不但需要对信息在时空域进行处理与识别，也需要在变换域进行处理与识别。

前面介绍的傅里叶变换、余弦变换、沃尔什变换可以获得全局信息、平移信息（平移性质）和尺度信息（尺度性质）的频率域特性，但不能获得局部的频域特性。Gabor 变换可以获得全局信息、局部信息（Gabor 滤波）、平移信息（Gabor 函数具有平移性）和尺度信息（Gabor 函数具有尺度性）的频域特性，但它不满足 Heisenberg 测不准原理或不相容原理，即时空域窗口和频率域窗口不能同时达到极小值。

小波变换（WT，Wavelet Transform）可以获得局部信息、平移信息和尺度信息的变换特性，而且它满足 Heisenberg 测不准原理，即它的时空域窗口和频率域窗口可以同时达到极小值。小波变换是时空域－频率域－尺度域变换的优秀信息变换工具，它不但能够获得信息的时空域细节特性，也可以获得频率域的细节特性，因此它具有“数学显微镜”之称。小波概念和小波函数系于 1984 年由法国地球物理学家 J. Morlet 提出。后经 J. O. Stromberg，Y. Meyer，S. Mallat 等研究并构建小波基函数和小波变换方法，使小波变换成了一种非常有用的信息变换工具。

小波变换有连续小波变换（CWT），也有离散小波变换（DWT）；有一维小波变换（1D WT），二维小波变换（2D WT），也有高维小波变换（MD WT）。

4.7.1 一维连续小波变换

一维音频信息 $f(t)$ 的一维连续小波正变换（1D CWT）定义为：

$$F(a,b)=\int_{-\infty}^{\infty} f(t)\varphi(a,b,t)\mathrm{d}t=\int_{-\infty}^{\infty} f(t)\frac{1}{\sqrt{a}}\varphi\left(\frac{t-b}{a}\right)\mathrm{d}t \quad a>0 \tag{4.122}$$

其中，$\varphi(a,b,t)$ 是小波变换基函数或核函数，a 是尺度或放缩参数或因子，b 是定位或位移参数或因子。$a>1$，$\varphi(a,b,t)$ 在时间域伸展，$a<1$，$\varphi(a,b,t)$ 在时间域收缩，a 的变化实际上是变换核函数时间域窗口大小的变化。$b>0$，时间域向右移，$b<0$，时间域向左移，b 的变化实际上是变换核函数时间域上时刻或局部位置的变化。小波变换核函数是不同尺度 a 和不同位移 b 组合的，即不同窗口不同时刻的一系列小波函数。

一维音频信息 $f(t)$ 的一维连续小波逆变换定义为：

$$f(t)=\frac{1}{C_{\varphi}}\int_{-\infty}^{\infty}\int_{-\infty}^{\infty} F(a,b)\,\frac{1}{a^{2}}\varphi\left(\frac{t-b}{a}\right)\mathrm{d}a\mathrm{d}b \tag{4.123}$$

其中，$C\varphi$ 是归一化系数：

$$C_{\varphi}=\int_{-\infty}^{\infty}\frac{|\Psi(\omega)|^{2}}{\omega}\mathrm{d}\omega \tag{4.124}$$

$\Psi(\omega)$ 是 $a=1$，$b=0$ 的小波函数 $\varphi(t)$ 的傅里叶频谱：

$$\Psi(\omega)=\int_{-\infty}^{\infty}\varphi(t)\mathrm{e}^{-\mathrm{j}\omega t}\mathrm{d}t \tag{4.125}$$

由小波变换定义可以看出，一维小波正变换的结果是一个二维函数，说明小波正变换是升维变换。一维小波逆变换的结果是一个一维函数，说明小波逆变换是降维变换。

小波变换存在的条件是：

$$C\varphi<\infty \quad \Psi(\omega=0)=0 \tag{4.126}$$

小波变换存在的条件表明，小波变换核函数应该是正负震荡迅速衰减连续可积的函数。因此，小波变换核函数可以有多种设计和选择。典型的一维连续小波变换核函数有 Haar 小波、Mexico Hat 小波、Morlet 小波等。

（1）Haar 小波

Haar 小波函数是 1910 年 A. Haar 提出的。Haar 小波函数定义为：

$$\varphi_H(t)=\begin{cases}1 & -\frac{a}{2}\leqslant t\leqslant\frac{a}{2}\\ -1 & -a\leqslant t<-\frac{a}{2},\frac{a}{2}<t\leqslant a\\ 0 & \text{Otherwise}\end{cases}\tag{4.127}$$

Haar 小波函数如图 4-11 所示。

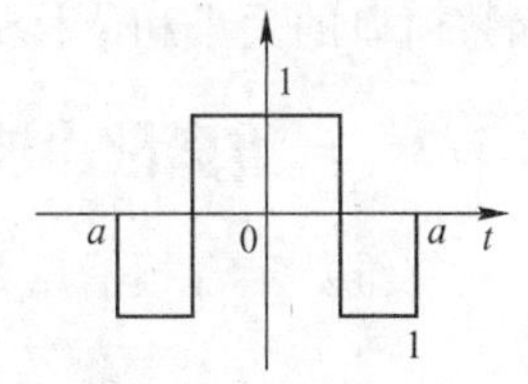

图 4-11　Haar 小波函数

（2）Mexico Hat 小波

Mexico Hat 小波，或称为 Marr 小波，它定义为 Gauss 函数的二阶导数：

$$\varphi_M(a,b,t)=\frac{\mathrm{d}^2}{\mathrm{d}t^2}\left(\frac{1}{\sqrt{2\pi}a}\mathrm{e}^{-\frac{(t-b)^2}{2a^2}}\right)=-\frac{1}{\sqrt{2\pi}a^3}\left(\frac{(t-b)^2}{a^2}-1\right)\mathrm{e}^{-\frac{(t-b)^2}{2a^2}}\tag{4.128}$$

它的时域归一化波形如图 4-12 所示，图中 $\sigma=5$，$b=0$。Mexico Hat 小波也可以表示成 Gauss 分布的 n 阶导数：

$$\varphi_M^{(n)}(t)=(-1)^{n-1}\frac{\mathrm{d}^n}{\mathrm{d}t^n}\left(\mathrm{e}^{-\frac{|t|^2}{2}}\right)\tag{4.129}$$

Mexico Hat 小波还可用 DOG（Difference of Gaussians）函数来表示：

$$\varphi_M(t)=\mathrm{e}^{-\frac{|t|^2}{2}}-\frac{1}{2}\mathrm{e}^{-\frac{|t|^2}{8}}\tag{4.130}$$

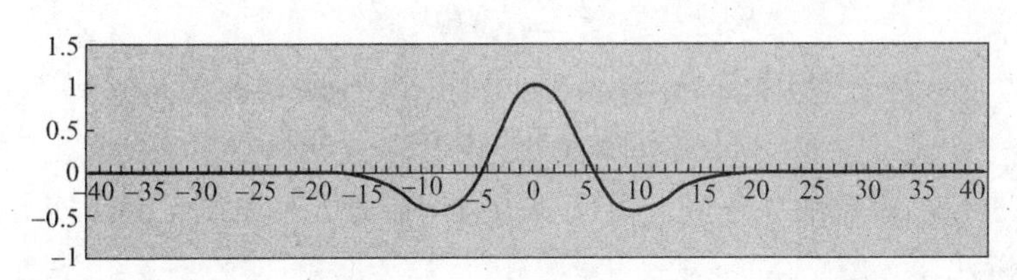

图 4-12　Mexico Hat 小波

（3）Morlet 小波

Morlet 小波在小波变换中是比较常用的小波。它定义为：

$$\varphi_{Ml}(a,b,t)=\mathrm{e}^{-\frac{(t-b)^2}{2a^2}}\cos\pi\frac{t-b}{a}\tag{4.131}$$

它是高斯函数和余弦函数调制而成。它的时域归一化波形如图 4-13 所示，图中 $a=5$，$b=0$。Morlet 小波也可以表示为：

$$\varphi_{Ml}(t)=\pi^{-\frac{1}{4}}\left(\mathrm{e}^{-\mathrm{j}\omega_0 t}-\mathrm{e}^{-\frac{\omega_0^2}{2}}\right)\mathrm{e}^{-\frac{t^2}{2}}\tag{4.132}$$

这里，ω_0是尺度参数。这是一个复小波。当尺度参数 $\omega_0>5$ 时，Morlet 小波也可以表示为：

$$\varphi_{Ml}(t)=\pi^{-\frac{1}{4}}\mathrm{e}^{-\frac{t^2}{2}-\mathrm{j}\omega_0 t}\tag{4.133}$$

它是由高斯函数与复数正弦函数调整而成。

由 Mexico Hat 小波和 Morlet 小波可以看出，尺度参数 a 和位移参数 b 确定了小波变换核

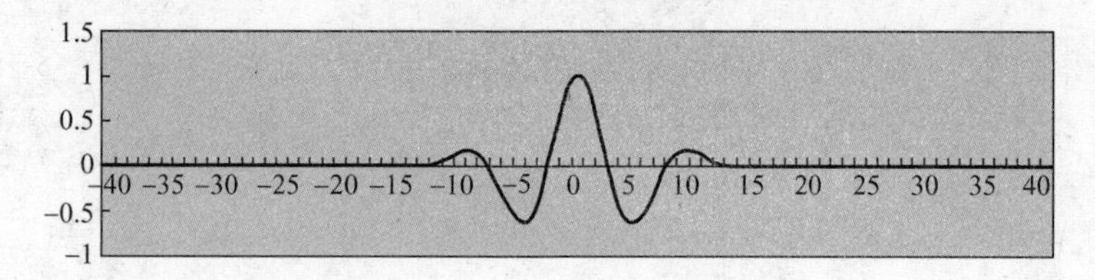

图 4-13 Morlet 小波函数

函数窗口的大小和位移的时刻。

4.7.2 一维离散小波变换

一维数字音频信息 $f(n)$ 的一维离散小波正变换（1D DWT）定义为：

$$F(u,v) = \sum_{n=-\infty}^{\infty} f(n) \frac{1}{\sqrt{a_0^u}} \varphi\left(\frac{n - vb_0 a_0^u}{a_0^u}\right)$$

$$u,v = -\infty, \cdots, -1,0,1,\cdots\infty \qquad a_0 > 0 \tag{4.134}$$

一维数字音频信息 $f(n)$ 的一维离散小波逆变换定义为：

$$f(n) = \frac{1}{C_\varphi} \sum_{u=-\infty}^{\infty} \sum_{v=-\infty}^{\infty} F(u,v) \frac{1}{a_0^{2u}} \varphi\left(\frac{n - vb_0 a_0^u}{a_0^u}\right)$$

$$n = -\infty, \cdots, -1,0,1,\cdots\infty \quad a_0 > 0 \tag{4.135}$$

其中，a_0，b_0 是单位尺度参数和单位位移参数。$\varphi(u,v,n)$ 是离散小波变换核函数。

离散小波变换是正交变换。离散小波正交变换核函数 $\varphi(n)$ 可以分解成尺度函数 $\varphi(n)$，或者说可以由尺度函数 $\psi(n)$ 构成：

$$\varphi(n) = \sqrt{2} \sum_{k=0}^{2N-1} g_k \psi(2n - k)$$

$$g_k = (^-1)1 - kh_{1-k}^* \quad h_k = \sqrt{2} \sum_{n=-\infty}^{\infty} \psi(n) \psi^*(2n - k)$$

$$k = 0,1,2,\cdots,2N - 1 \tag{4.136}$$

其中，$2N$ 是尺度函数的紧支区。由尺度函数构造离散小波正交变换核函数 $\varphi(n)$，尺度函数 $\psi(n)$ 必须满足：

有界且为1：$\sum_{n=-\infty}^{\infty} \psi(n) = 1$ (4.137)

泛数为1：$\left(\sum_{n=-\infty}^{\infty} |\psi(n)|^2\right)^{\frac{1}{2}} = 1$ (4.138)

尺度正交：$\sum_{n=-\infty}^{\infty} \psi(u,v,n) \psi(u',v',n) = 0 \qquad u \neq u', v \neq v'$ (4.139)

尺度小波正交：$\sum_{n=-\infty}^{\infty} \psi(u,v,n) \varphi(u',v',n) = 0 \quad u \neq u', v \neq v'$ (4.140)

线性组合递推：$\psi(n) = \sqrt{2} \sum_{k=0}^{2N-1} h_k \psi(2n - k)$

$$h_k = \sqrt{2} \sum_{n=-\infty}^{\infty} \psi(n) \psi^*(2n - k)$$

$$k = 0,1,2,\cdots,2N - 1 \tag{4.141}$$

典型的一维离散小波变换核函数有离散 Haar 小波、离散 Mexico Hat 小波、离散 Morlet 小波、Daubechies 小波等。

1. 一维离散 Haar 小波

Haar 小波函数是 1910 年 A. Haar 提出的。Haar 小波函数定义为：

$$\varphi_H(n)=\begin{cases}1 & -\dfrac{a_0}{2}\leqslant n\leqslant\dfrac{a_0}{2}\\ -1 & -a_0\leqslant n<-\dfrac{a_0}{2},\dfrac{a_0}{2}<n\leqslant a_0\\ 0 & \text{Othwise}\end{cases} \tag{4.142}$$

2. 一维离散 Mexico Hat 小波

$$\varphi_M(u,v,n)=-\frac{1}{\sqrt{2\pi}a_0^u}\left(\frac{(n-vb_0a_0^{2u})^2}{a_0^{2u}}-1\right)e^{-\frac{(n-vb_0a_0^{2u})^2}{2a_0^{2u}}} \tag{4.143}$$

3. 一维离散 Morlet 小波

$$\varphi_{Ml}(u,v,n)=e^{-\frac{(n-vb_0a_0^u)^2}{2a_0^{2u}}}\cos\pi\frac{n-vb_0a_0^u}{a_0^u} \tag{4.144}$$

一段一维数字音频信息的离散 Morlet 小波变换如图 4-14 所示。图中，尺度 $a_0=2$，位移步距 $b_0=1/2$，变换级 $u=1$。

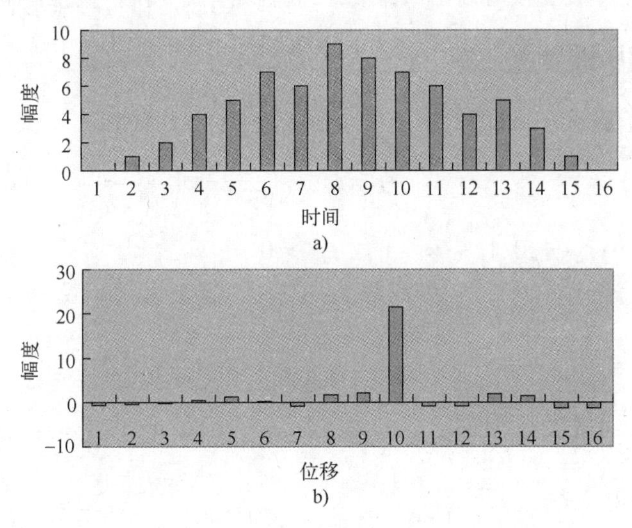

图 4-14　数字音频信息及其离散 Morlet 小波变换

a）数字音频信息的时间幅度谱　b）Morlet 小波变换

4. 一维 Daubechies 小波

Daubechies 小波是法国科学家 I. Daubechies 提出的。她由二进尺度函数 $\psi(n)$ 构成紧支小波变换核函数集 $\varphi(n)$。Daubechies 小波定义为：

$$\begin{aligned}\varphi_D(n)&=\sqrt{2}\sum_{k=0}^{2N-1}g_k\psi(2n-k)\\ \psi(n)&=\sqrt{2}\sum_{k=0}^{2N-1}h_k\psi(2n-k)\\ g_k&=(^-1)kh_{2N-k-1}\\ k&=0,1,2,\cdots,2N-1\end{aligned} \tag{4.145}$$

4.7.3 二维连续小波变换

二维音频信息 $f(t,r)$ 的二维连续小波正变换（2D CWT）定义为：

$$\begin{aligned}F(a_1,b_1,a_2,b_2) &= \int_{-\infty}^{\infty}\int_{-\infty}^{\infty} f(t,r)\varphi(a_1,b_1,t)\varphi(a_2,b_2,r)\mathrm{d}t\mathrm{d}r \\ &= \int_{-\infty}^{\infty}\int_{-\infty}^{\infty} f(t,r)\frac{1}{\sqrt{a_1a_2}}\varphi\left(\frac{t-b_1}{a_1}\right)\varphi\left(\frac{r-b_2}{a_2}\right)\mathrm{d}t\mathrm{d}r \quad a_1,a_2>0 \end{aligned}\tag{4.146}$$

二维连续小波逆变换定义为：

$$\begin{aligned}f(t,r) &= \frac{1}{C_{\varphi1}C_{\varphi2}}\int_{-\infty}^{\infty}\int_{-\infty}^{\infty}\int_{-\infty}^{\infty}\int_{-\infty}^{\infty} F(a_1,b_1,a_2,b_2)\varphi(a_1,b_1,t)\varphi(a_2,b_2,r)\mathrm{d}a_1\mathrm{d}b_1\mathrm{d}a_2\mathrm{d}b_2 \\ &= \frac{1}{C_{\varphi1}C_{\varphi2}}\int_{-\infty}^{\infty}\int_{-\infty}^{\infty}\int_{-\infty}^{\infty}\int_{-\infty}^{\infty} F(a_1,b_1,a_2,b_2)\frac{1}{\sqrt{a_1a_2}}\varphi\left(\frac{t-b_1}{a_1}\right)\varphi\left(\frac{r-b_2}{a_2}\right)\mathrm{d}a_1\mathrm{d}b_1\mathrm{d}a_2\mathrm{d}b_2\end{aligned}\tag{4.147}$$

典型的二维 Morlet 小波：

$$\varphi_{Ml}(a_1,b_1,a_2,b_2,t) = \mathrm{e}^{-\frac{(t-b_1)^2}{2a_1^2}-\frac{(t-b_2)^2}{2a_2^2}}\cos\pi\frac{t-b_1}{a_1}\cos\pi\frac{t-b_2}{a_2}\tag{4.148}$$

三维及高维连续小波变换可以由一维和二维连续小波变换扩展推广而成。

4.7.4 二维离散小波变换

二维数字音频信息 $f(n,m)$ 的二维离散小波正变换（2D DWT）定义为：

$$F(u_1,v_1,u_2,v_2) = \sum_{n=-\infty}^{\infty}\sum_{m=-\infty}^{\infty} f(n,m)\frac{1}{\sqrt{a_{01}^{u1}a_{02}^{u2}}}\varphi\left(\frac{n-v_1b_{01}a_{01}^{u1}}{a_{01}^{u1}}\right)\varphi\left(\frac{m-v_2b_{02}a_{02}^{u2}}{a_{02}^{u2}}\right)$$

$$u_1,v_1,u_2,v_2 = -\infty,\cdots,-1,0,1,\cdots\infty \quad a_{01},a_{02}>0 \tag{4.149}$$

二维数字音频信息 $f(n,m)$ 的二维离散小波逆变换定义为：

$$\begin{aligned}f(n,m) &= \frac{1}{C_{\varphi1}C_{\varphi2}}\sum_{u1=-\infty}^{\infty}\sum_{v1=-\infty}^{\infty}\sum_{u2=-\infty}^{\infty}\sum_{v2=-\infty}^{\infty} F(u_1,v_1,u_2,v_2)\frac{1}{a_{01}^{2u1}a_{02}^{2u2}} \\ &\varphi\left(\frac{n-v_1b_{01}a_{01}^{u1}}{a_{01}^{u1}}\right)\varphi\left(\frac{m-v_2b_{02}a_{02}^{u2}}{a_{02}^{u2}}\right) \quad n,m=-\infty,\cdots,-1,0,1,\cdots\infty \quad a_{01},a_{02}>0\end{aligned}\tag{4.150}$$

典型的二维离散 Morlet 小波：

$$\begin{aligned}\varphi_{Ml}(u_1,v_1,u_2,v_2,n,m) &= \mathrm{e}^{-\frac{(n-v_1b_{01}a_{01}^{2u1})^2}{2a_{01}^{2u1}}-\frac{(m-v_2b_{02}a_{02}^{2u2})^2}{2a_{02}^{2u2}}} \\ &\cos\pi\frac{n-v_1b_{01}a_{01}^{u1}}{a_{01}^{u1}}\cos\pi\frac{m-v_2b_{02}a_{02}^{u2}}{a_{02}^{u2}}\end{aligned}\tag{4.151}$$

三维及高维离散小波变换可以由一维和二维离散小波变换扩展推广而成。

4.7.5 快速小波变换

为了提高小波变换的速度，Mallat 于 1988 年提出一种快速算法，称为 Mallat 算法。这种算法与塔式类似，正变换采用二分采样，反变换或重建采用 2 倍插值。由于采样和插值是分解与组合运算，所以，它是一种小波分解和重构算法。Mallat 算法的步骤是：

1）先设计或采用一个尺度函数：

$$\psi(u,v,n) = 2^{-\frac{u}{2}}\psi(2^{-u}n - v) = 2^{-\frac{u}{2}}\sqrt{2}\sum_{k=0}^{2N-1} h_k\psi(2^{-u+1}n - 2v - k)$$
$$= \sum_{k=0}^{2N-1} h_k\psi(u-1,2v+k,n) = \sum_{k=0}^{2N-1} h_{k-2v}\psi(u-1,k,n) \quad (4.152)$$

2）由尺度函数，构造一个小波函数：

$$\varphi(u,v,n) = 2^{-\frac{u}{2}}\varphi(2^{-u}n - v) = 2^{-\frac{u}{2}}\sqrt{2}\sum_{k=0}^{2N-1} g_k\psi(2^{-u+1}n - 2v - k)$$
$$= \sum_{k=0}^{2N-1} g_k\psi(u-1,2v+k,n) = \sum_{k=0}^{2N-1} g_{k-2v}\psi(u-1,k,n) \quad (4.153)$$

3）$u=0$，计算小波正变换：

$$< f(n),\psi(u+1,v,n) > = \sum_{n=-\infty}^{\infty} f(n)\psi(u,v,n)$$
$$= \sum_{k=0}^{N-1} \bar{g}_{k-2v} < f(n),\psi(u,k,n) >$$
$$u,v = -\infty,\cdots,-1,0,1,\cdots\infty \quad (4.154)$$

$$F(u,v) = < f(n),\varphi(u+1,v,n) > = \sum_{n=-\infty}^{\infty} f(n)\varphi(u,v,n))$$
$$= \sum_{k=0}^{N-1} \bar{h}_{k-2v} < f(n),\psi(u,k,n) >$$
$$u,v = -\infty,\cdots,-1,0,1,\cdots\infty \quad (4.155)$$

其中，符号“－”表示轴对称。

4）$u=u+1$，如果 u 等于预先设计的尺度，结束运算。否则，返回步骤3。

5）小波逆变换或重建：$u=u-1$，类似正变换。如果 $u=0$，结束运算。否则，计算：

$$< F(u-1,v),\psi(u,v,n) > = < F(u,v),\psi(u,v,n) >$$
$$f(u-1,n) = < F(u-1,v),\varphi(u,v,n) > = < F(u,v),\varphi(u,v,n) > \quad (4.156)$$

返回到步骤5。

4.7.6 小波变换的性质

与傅里叶变换、余弦变换等类似，小波变换也有一些性质。

1. 时移性

若一段音频信息 $f(t)$ 的连续小波变换为 $F(a,b)$，则这段音频信息时移 τ 后 $f(t-\tau)$ 的连续小波变换也位移 τ，即 $F(a,b-\tau)$。这个性质可以表示为：

若 $f(t)\to F(a,b)$，则 $f(t-\tau)\to F(a,b-\tau)$。 (4.157)

2. 尺度性

若一段音频信息 $f(t)$ 的连续小波变换为 $F(a,b)$，则这段音频信息时间尺度放大 β 倍后 $f(\beta t)$ 的连续小波变换尺度和位移也放大 β 倍，即 $F(\beta a,\beta b)$。这个性质可以表示为：

若 $f(t)\to F(a,b)$，则 $f(\beta t)\to F(\beta a,\beta b)$。 (4.158)

3. 微分性

若一段音频信息 $f(t)$ 的连续小波变换为 $F(a,b)$，则这段音频信息的时间 $\mathrm{d}f(t)/\mathrm{d}t$ 的连续小波变换是位移的微分，即 $\partial F(a,b)/\partial b$。这个性质可以表示为：

若 $f(t)\to F(a,b)$，则 $\mathrm{d}f(t)/\mathrm{d}t\to \partial F(\beta a,\beta b)/\partial b$。 (4.159)

4. 卷积性

若两段音频信息$f(t)$和$g(t)$的连续小波变换分别为$F(a,b)$和$G(a,b)$，则这两段音频信息的时域卷积$f(t)*g(t)$的连续小波变换是其中一个本身和另一个的小波变换的位移卷积，即$F(a,b)*g(b=t)$或$f(b=t)*G(a,b)$。这个性质可以表示为：

若$f(t)\to F(a,b)$ 和$g(t)\to G(a,b)$，则

$$f(t)*g(t)\to F(a,b)*g(b=t)\text{或}f(b=t)*G(a,b) \tag{4.160}$$

5. 叠加性

若两段音频信息$f(t)$和$g(t)$的连续小波变换分别为$F(a,b)$和$G(a,b)$，则这两段音频信息的时域线性叠加$\beta_1 f(t)+\beta_2 g(t)$的连续小波变换也是它们的小波变换的线性叠加，即$\beta_1 F(a,b)+\beta_2 G(a,b)$。这个性质可以表示为：

若$f(t)\to F(a,b)$和$g(t)\to G(a,b)$，则

$$\beta_1 f(t)+\beta_2 g(t)\to\beta_1 F(a,b)+\beta_2 G(a,b) \tag{4.161}$$

6. 内积性

若两段音频信息$f(t)$和$g(t)$的连续小波变换分别为$F(a,b)$和$G(a,b)$，则这两段音频信息的时域内积$<f(t), g(t)>$的连续小波变换也是它们的小波变换的内积，即$<F(a,b), G(a,b)>$。这个性质可以表示为：

若$f(t)\to F(a,b)$ 和$g(t)\to G(a,b)$，则

$$<f(t),g(t)>\to(1/C\varphi)<F(a,b),G(a,b)> \tag{4.162}$$

这里，内积为：

$$<f(t),g(t)>=\int_{-\infty}^{\infty}f(t)g(t)\mathrm{d}t \tag{4.163}$$

$$<F(a,b),G(a,b)>=\int_{0}^{\infty}\int_{-\infty}^{\infty}F(a,b)G*(a,b)\frac{1}{a^2}\mathrm{d}a\mathrm{d}b \tag{4.164}$$

$$C_\varphi=\int_{0}^{\infty}\frac{|\Phi(\omega)|^2}{\omega}\mathrm{d}\omega \tag{4.165}$$

其中，符号*表示共轭，$\Phi(\omega)$是小波变换基函数$\varphi(t)$的傅里叶变换。

对于二维小波变换，也有与上述一维小波变换同样的性质。

4.8 KL 变换

在音频信息处理与识别中，有的音频信息存在噪声，有些音频信息之间相关性高，有些音频信息的特征比较分散等。为此，可以采用 KL 变换，消除与降低音频信息的噪声，降低音频信息之间的相关性，减少音频信息特征的分散性。

KL 变换（KLT，Karhunen - Loeve Transform）是一种正交变换。它以矢量信号的归一化协方差矩阵的特征矢量作为正交矢量变换矩阵，对该矢量信号进行正交变换。由于 KLT 的正交矢量变换矩阵是一个对角矩阵，因此 KLT 又称为主轴变换（PCT，Principal Component Transform）。因为是主轴变换，变换后的能量或信息集中分布在主轴附近。于是，KLT 可以用于音频信息的滤波、特征提取及主分量分析（PCA，Principal Component Analysis）。

4.8.1　KL 变换及其逆变换

在音频信息处理与识别中，一段数字音频信息 $f(n)$ 可以表示成一个矢量 F：

$$F = (\ f(0)\ f(1)\cdots f(N-1)\ ) = \{\ f(n)\ \} \tag{4.166}$$

F 可以按一个正交矢量矩阵 $U=(u0\ u1\ \cdots\ uD-1)$ 展开：

$$F = \sum_{j=0}^{D-1} c(j)u_j \tag{4.167}$$

其中，$u_i^t u_j = \delta_{ij}$，上标 t 表示矩阵的转置。$\delta_{ij}=1$，如果 $i=j$；否则 $\delta_{ij}=0$。则展开式的系数矢量矩阵 $C=(\ c(0)\ c(1)\ \cdots\ c(D-1)\ )$，即 KL 变换为：

$$C = UtF \tag{4.168}$$

这里，正交矢量 uj 是矢量 F 的归一化协方差矩阵特征矢量构成的正交矢量。F 的归一化协方差矩阵 A 为：

$$A = \frac{1}{K-1}\sum_{k=0}^{K-1}(F_k - F_m)(F_k - F_m)^t \tag{4.169}$$

其中，K 是音频信息样本数，F_m 表示 F 的均值矢量：

$$F_m = \frac{1}{K}\sum_{k=0}^{K-1}F_k$$

A 的特征根 λ 是方程：

$$A - \lambda\ | = \Phi \text{ 或 } |A - \lambda I| = 0 \tag{4.170}$$

的解。方程中，矩阵 I 是单位矩阵，矩阵 Φ 是空矩阵。特征根 λ 按降序排列：

$$\lambda_0 \geqslant \lambda_1 \geqslant \lambda_2 \geqslant \cdots \geqslant \lambda_{D-1} \tag{4.171}$$

对应特征根 λ_j，A 的特征矢量 u_j 是方程：

$$A_{u_j} = \lambda_j u_j \tag{4.172}$$

的解。

KL 变换的第一特征矢量 u_0 是主分量或主轴，u_j 是次分量或次轴，依次类推。因为特征根按降序排列，所以信息的能量或强度按主轴、次轴的顺序由强到弱分布，主要集中在主轴和次轴。

KL 变换的逆变换为：

$$F = UC \tag{4.173}$$

例如[9]：

已知数字音频信息样本为：

$$F_0=(2\ 2), F_1=(4\ 3), F_2=(5\ 4), F_3=(5\ 5), F_4=(3\ 4), F_5=(2\ 3)$$

它们的样本均值为：

$$F_m = \frac{1}{6}\sum_{K=0}^{5}F_K = (3.50\quad 3.50)$$

它们的协方差矩阵

$$A = \frac{1}{5}\sum_{k=0}^{5}(F_k - F_m)(F_k - F_m)^t = \begin{pmatrix} 1.90 & 1.10 \\ 1.10 & 1.10 \end{pmatrix}$$

它们的特征根为：

$$\begin{vmatrix} 1.90-\lambda & 1.10 \\ 1.10 & 1.10-\lambda \end{vmatrix} = 0 \quad \lambda_0 = 2.67 \quad \lambda_1 = 0.33$$

特征矢量为：

$$\begin{pmatrix}1.90 & 1.10\\1.10 & 1.10\end{pmatrix}u_0=2.67u_0 \quad u_0=(0.82 \quad 0.57)$$

$$\begin{pmatrix}1.90 & 1.10\\1.10 & 1.10\end{pmatrix}u_1=0.33u_1$$

它们对应的 KL 变换为：

$$C_k=\begin{pmatrix}0.82 & -0.57\\0.57 & 0.82\end{pmatrix}^t F_k$$

$$C_0=(2.78\ 0.50),\ C_1=(4.99\ 0.18),\ C_2=(6.83\ 0.43)$$

$$C_3=(6.95\ 1.25),\ C_4=(4.74\ 1.57),\ C_5=(3.35\ 1.32)$$

KL 逆变换，即 F 的重建为：

$$F_0=\begin{pmatrix}0.82 & -0.57\\0.57 & 0.82\end{pmatrix}C_0=\begin{pmatrix}0.82 & -0.57\\0.57 & 0.82\end{pmatrix}\begin{pmatrix}2.78\\0.5\end{pmatrix}=\begin{pmatrix}1.99\\1.99\end{pmatrix}$$

其他 F_k 的重建类似 F_0。

由 KL 变换可以看出，一个 N 点的数字音频信息，或者说 N 维的数字音频信息，经过 KL 变换后得到一个 D 点的，或者说一个 D 维的变换信息。因为特征根按降序排列，对应的矢量的能量或信息也按降序排列，所以，KL 变换后的能量或信息集中在前几个分量，即主分量。因此，KL 变换能够用于音频信息的滤波、特征提取、降维、信息压缩、模式分类识别等。

4.8.2 KL 变换的性质

KL 变换具有如下的一些性质：

1. 去相关特性

KL 变换后的矢量信息 C 的分量间互不相关。

2. 能量集中性

一个 N 维矢量信号经过 KL 变换后成为一个 D 维矢量，能力或信息集中在前几个分量，即主分量上。

3. 自适应性

KL 变换的变换矩阵由矢量信息样本的集合确定，因而对给定样本是自适应的。

4.9 Hilbert 变换

在音频信息处理与识别中，常常需要对音频信息进行频谱分析，特别需要对正频率，或者说单边带的频谱、频谱的实部与虚部间的关系、复指数信息的频谱、频谱相移、瞬时频谱、瞬时相位等进行分析。希尔伯特（Hilbert）变换可以满足这些频谱分析的需要。

Hilbert 变换有连续信号的变换和离散信号变换。

4.9.1　连续信号的 Hilbert 变换

连续音频信息$f(t)$的连续 Hilbert 变换的正变换定义为：

$$H\{f(t)\} = F_H(\tau) = \frac{1}{\pi}\int_{-\infty}^{\infty}\frac{f(t)}{\tau - t}\mathrm{d}t = f(t) * \frac{1}{\pi t} \quad -\infty < \tau < \infty \tag{4.174}$$

其中，下标 H 表示 Hilbert 变换，符号 ∗ 表示卷积运算。连续 hilbert 变换的逆变换定义为：

$$H^{-1}\{f(t)\} = f(t) = -H\{F_H(\tau)\} = -\frac{1}{\pi}\int_{-\infty}^{\infty}\frac{F_H(\tau)}{t-\tau}\mathrm{d}\tau$$

$$= -F_H(t) * \frac{1}{\pi t} \quad -\infty < t < \infty \tag{4.175}$$

由 Hilbert 变换可以看出，Hilbert 变换可以看成是一个系统或一个滤波器 $h(t)=1/(\pi t)$ 对输入音频信息$f(t)$滤波，如图 4-15 所示。

这个系统或滤波器称为 Hilbert 系统或滤波器。

由傅里叶变换可知，Hilbert 变换的频谱为：

$$F_H(\omega) = F(\omega)H(\omega) = |F(\omega)||H(\omega)|\mathrm{e}^{\mathrm{j}\varphi_F(\omega)+\mathrm{j}\varphi_H(\omega)} \tag{4.176}$$

$$H(\omega) = \begin{cases} -j & \omega > 0 \\ 0 & \omega = 0 = \mathrm{e}^{-\mathrm{j}\varphi_H(\omega)} \\ j & \omega < 0 \end{cases}$$

$$|H(\omega)| = 1$$

$$\varphi_H(\omega) = \begin{cases} -\dfrac{\pi}{2} & \omega > 0 \\ 0 & \omega = 0 \\ \dfrac{\pi}{2} & \omega < 0 \end{cases} \tag{4.177}$$

其中，j 是复数的虚单位。$H(\omega)$是 Hilbert 滤波器的频谱，简称 Hilbert 频谱。Hilbert 变换的频谱如图 4-16 所示。

由 Hilbert 变换的频谱可以看出，一个信号经 Hilbert 变换后，相位移动了 π/2。故称 Hilbert 变换是 π/2 相移滤波或垂直滤波。

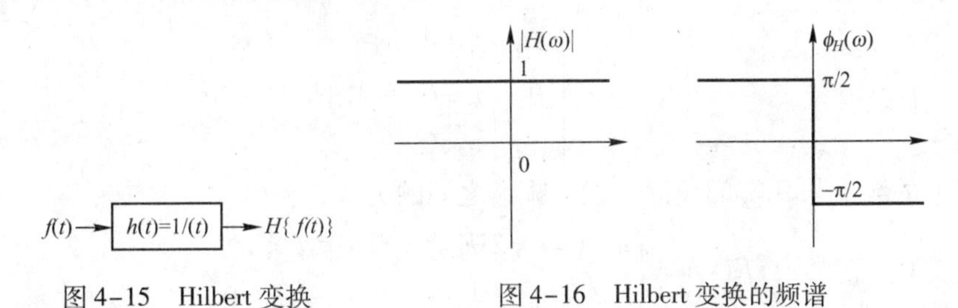

图 4-15　Hilbert 变换　　图 4-16　Hilbert 变换的频谱

例如：

已知一个音频信息为：

$$f(t) = \cos(\omega_0 t)$$

当 $\omega_0 > 0$ 时，$f(t)$的 Hilbert 变换为：

$$FH(t) = \cos(\omega_0 t - \pi/2) = \sin(\omega_0 t)$$

当 $\omega_0 < 0$ 时，$f(t)$ 的 Hilbert 变换为：

$$FH(t) = \cos(\omega_0 t + \pi/2) = -\sin(\omega_0 t)$$

4.9.2 离散信号的 Hilbert 变换

1. 数字音频信息实数序列 $f(n)$ 的离散 Hilbert 变换

数字音频信息实数序列 $f(n)$ 的 Hilbert 变换 $FH(t)$ 为 Hilbert 变换频谱傅里叶逆变换：

$$FH(t) = F-1\{FH(u)\} \tag{4.178}$$

其中，$F-1\{*\}$ 表示傅里叶逆变换。Hilbert 变换的频谱为：

$$FH(u) = F(u)H(u) \tag{4.179}$$

$$H(u) = \begin{cases} 1 & u=0, u=\dfrac{N}{2} \\ 2 & 0<u<\dfrac{N}{2} \\ 0 & \dfrac{N}{2}<u<N \end{cases} \tag{4.180}$$

其中，N 是序列的长度。

2. 数字音频信息复数序列 $f(n)$ 的 Hilbert 变换

数字音频信息复数序列 $f(n)$ 为：

$$f(n) = fr(n) + \mathrm{j}\,fi(n) \tag{4.181}$$

其中，下标 r 表示实部，下标 i 表示虚部。$f(n)$ 的 Hilbert 变换 $FH(t)$ 为 Hilbert 变换的频谱傅里叶逆变换：

$$FH(t) = F-1\{\mathrm{FH}(u)\} \tag{4.182}$$

Hilbert 变换的频谱为：

$$FH(u) = F(u)H(u) \tag{4.183}$$

$$F(u) = \begin{cases} 2F_r(u) = 2\mathrm{j}F_i(u) & 0 \leqslant u < \pi \\ 0 & -\pi \leqslant u < 0 \end{cases} \tag{4.184}$$

$$H(u) = \begin{cases} -\mathrm{j} & u>0 \\ 0 & u=0 = \mathrm{e}^{-\mathrm{j}\varphi_H(u)} \\ \mathrm{j} & u<0 \end{cases} \tag{4.185}$$

复数序列的频谱与其实部频谱和虚部频谱之间的关系是：

$$F(u) = \begin{cases} 2F_r(u) = 2\mathrm{j}F_i(u) & 0 \leqslant u < \pi \\ 0 & -\pi \leqslant u < 0 \end{cases} \tag{4.186}$$

实部频谱与虚部频谱之间的关系是 $\pi/2$ 相移关系，或者说它们之间的频谱是互为 Hilbert 变换关系，即：

$$F_r(u) = \begin{cases} \mathrm{j}F_i(u) & 0 \leqslant u < \pi \\ -\mathrm{j}F_i(u) & -\pi \leqslant u < 0 \end{cases} = -H(u)F_i(u)$$

$$F_i(u)=\begin{cases}-\mathrm{j}F_r(u) & 0\leqslant u<\pi\\ \mathrm{j}F_r(u) & -\pi\leqslant u<0\end{cases}=H(u)F_r(u) \tag{4.187}$$

3. Hilbert 变换的性质

1）常数的 Hilbert 变换是0。

2）信号 $f(t)$ 与其 Hilbert 变换 $H\{f(t)\}$ 正交：

$$\int_{-\infty}^{\infty} f(t)H\{f(t)\}\,\mathrm{d}t = 0 \tag{4.188}$$

信号 $f(t)$ 的偶次 Hilbert 变换是逆变换或信号重建：

$$H(2k)\{f(t)\} = (-1)kf(t)k=1,2,\cdots, \tag{4.189}$$

卷积特性

$$H\{f_1(t)*f_2(t)\}=H\{f_1(t)\}*f_2(t)=f_1(t)*H\{f_2(t)\} \tag{4.190}$$

式中，符号 $*$ 表示卷积运算。

实函数的 Hilbert 变换也是实函数。

偶函数的 Hilbert 变换是奇函数，奇函数的 Hilbert 变换是偶函数。

4.10 本章小结

本章主要介绍了一维和二维连续傅里叶变换、一维和二维离散傅里叶变换、快速傅里叶变换以及傅里叶变换的性质。高维连续和离散傅里叶变换可以由一维和二维傅里叶变换推广扩展而成。傅里叶变换的核函数是正弦余弦函数；介绍了一维和二维连续余弦变换、一维和二维离散余弦变换以及快速余弦变换。余弦变换的性质与傅里叶变换的性质相似。高维连续和离散余弦变换可以由一维和二维余弦变换推广扩展而成。余弦变换的核函数是余弦函数。介绍了一维和二维沃尔什变换、沃尔什变换的核函数、快速沃尔什变换和沃尔什变换的性质。沃尔什变换核函数包括沃尔什排列沃尔什函数、佩利排列沃尔什函数和哈达玛排列沃尔什函数。与傅里叶变换和余弦变换不同，沃尔什变换的核函数都是方波函数；介绍了 Haar 变换、Haar 变换的核函数、快速 Haar 变换和 Haar 变换的性质。与沃尔什变换类似，Haar 变换核函数也是方波函数。上述这些变换主要用于音频信息的频域特性分析、特征提取、分类识别等；介绍了一维和二维连续 Gabor 变换、一维和二维离散 Gabor 变换、Gabor 函和 Gabor 滤波以及 Gabor 变换的性质。Gabor 变换不满足 Heisenberg 测不准原理，即时域窗口和频域窗口不能同时到达最小。Gabor 变换主要用于音频信息的瞬时频谱或局域频谱分析、特征提取、分类识别等；介绍了一维和二维连续小波变换、一维和二维离散小波变换、小波函数、快速小波变换。小波函数包括 Haar 小波、Mexico Hat 小波、Morlet 小波以及 Daubechies 小波等。与上述变换核函数不同，小波函数是震荡衰减函数。快速小波变换采用 Mallat 分解组合算法。与 Gabor 变换不同，小波变换满足 Heisenberg 测不准原理，它的时窗和频窗可以同时到达最小。小波变换主要用于音频信息的瞬时或局域频域特性分析、特征提取、分类识别等；介绍了 KL 变换及其性质。与上述变换不同，KL 变换主要用于音频信息的能量或强度分布的主分量和降维分析。介绍了连续信号和离散信号的 Hilbert 变换及其性质、复数信号频谱与实部频谱和虚部频谱的关系、实部频谱与虚部频谱的关系及其与 Hilbert 频谱的关系。Hilbert 变换主要用于音频信息的正频谱、瞬时频谱、频谱相位的分析、特征提取、分类识别等。

第 5 章　音频信息编码

5.1　概述

音频信息数字化的原始数据量一般都很大。音频信息的频率范围为：

$$f = 20\ \mathrm{Hz} \sim 20\ \mathrm{kHz} \tag{5.1}$$

按照 Nyquist 采样定理，音频信息的采样频率应为：

$$f_s \geqslant 2f_m = 2 \times 20\ \mathrm{kHz} = 40\ \mathrm{kHz} \tag{5.2}$$

假设音频信息的采样频率为 40 kHz，幅度数字化值为 8 bits，则 1 min 内的音频信息的数字化原始数据为 a = 40 FB × 8 × 60 = 19.2 Mb。一首 5 min 的乐曲的数字化原始数据大约为 100 Mb。由此可见，音频信息数字化的原始数据量的确很大。

音频信息巨量的数字化原始数据导致音频信息的存储需要很大的存储空间，音频信息的存入、取出、播放、显示、发送、传输、接收等速度慢。因此，需要对音频信息数字化原始数据进行压缩，减少数据量，提高处理速度。

音频信息数据压缩一般采用编码的方式进行，所以，音频信息压缩也被称为音频信息编码。音频信息编码就是采用数学运算，用一组数学码字表示音频信息，压缩音频信息，以降低音频信息数据量。

音频信息编码的主要类型有概率统计编码、流式编码、变换编码、预测编码等。概率统计编码和流式编码是无损编码，变换编码和预测编码是有损编码。概率统计编码，也被称为熵编码，主要的方法有霍夫曼编码、香农－范诺编码、算术编码等。流式编码，也被称为字典编码，主要的方法有行程编码、LZW 编码等。变换编码的主要方法有余弦变换编码、小波变换编码、子带编码等。预测编码的主要方法有矢量量化编码、PCM 编码等。为了各种音频信息编码能够互相转换，ITU（International Telecommunication Union）国际电信联盟建议了一些音频信息编码的国际标准。

5.2　霍夫曼编码

霍夫曼（Huffman）编码，也被称为哈弗曼编码，是 David A. Huffman 于 1952 年提出的一种编码方式。它是一种无损、变码长、概率统计的二进制编码。无损编码是编码后的信息经过解码，能够完全恢复编码前的信息，没有信息损失。变码长编码是码的长度不固定，有的码长短，有的码长长。概率统计编码是按照信息的概率大小设计码和码长。一般是高概率的信息编短码，低概率的信息编长码，使总的码长最短。二进制编码是码的码字只有 0 和 1 两个值。霍夫曼编码一般采用二合树图解方法。二合树图解法是先计算数字音频信息数据流的音级的概率，再把概率从高到低排序。然后把最低的两项概率先编码后合并再插入到概率排序中。继续把剩下的概率排序的最低两项概率编码、合并、插入概率排序中。重复这个编码、合并、插入的过程，直到所有概率都编了码为止。概率的码就是对应的音级的码。下面以一个实例来叙述霍夫曼编码的二合树图解法的步骤。

设一段数字音频信息数据流 $f(n)$ 为：

$$f(n)=\{f(0),f(1),\cdots,f(N-1)\}\ n=0,1,\cdots,N-1 \tag{5.3}$$

其中，N 是数字音频信息数据流的长度。又设数字音频信息数据流的音级 a 为：

$$a=a_0,a_1,\cdots,a_{M-1} \tag{5.4}$$

这里，M 是音级的级数。那么，这段数字音频信息数据流音级的概率密度函数 $p(a_i)$ 为：

$$p(a_i)=\frac{1}{Na_i}\sum_{n=0}^{N-1}f(n)\Big|_{f(n)=a_i}\quad i=0,1,\cdots,M-1 \tag{5.5}$$

假设一段实际的数字音频信息数据流 $f(n)$ 为：

$$f(n)=\{1111223334445556667777666555544433211101\}$$

$N=40$。它的音级为 $a=0$，1，2，3，4，5，6，7。$M=8$。

则霍夫曼编码的二合树图解法的步骤为：

1. 计算概率

计算数字音频信息数据流的音级的概率：$p(0)=2/40=0.05$，$p(1)=7/40=0.175$，$p(2)=0.075$，$p(3)=0.125$，$p(4)=0.15$，$p(5)=0.175$，$p(6)=0.15$，$p(7)=0.1$。把音级和音级的概率列成一张表：

音级 a	0	1	2	3	4	5	6	7
概率 $p(a)$	0.05	0.175	0.075	0.125	0.15	0.175	0.15	0.1

2. 概率按降序排序

音级概率按降序排序，排序后的音级概率顺序列成一张表：

音级 a	1	5	4	6	3	7	2	0
概率 $p(a)$	0.175	0.175	0.15	0.15	0.125	0.1	0.075	0.025

3. 对概率编码

对排序的倒数第一项概率编码 0（或 1），倒数第二项概率编码 1（或 0），合并两项概率为一项新的概率，新概率按大小放入概率排序中。编码和排序如下表所示。

音级 a	1	5	4	6	3	7	2	0
概率 $p(a)$	0.175	0.175	0.15	0.15	0.125	0.1	0.075	0.025

4. 重复编码

对概率排序中未编码的概率，包括新概率，重复第 3 步的编码，直到合并的概率值等于 1 为止。

音级 a	1	5	4	6	3	7	2	0
概率 $p(a)$	0.175	0.175	0.15	0.15	0.125	0.1	0.075	0.025

0.3 0.2

5. 组合码字

从右到左，沿着概率合并路径组合码字。例如：音级 2 的码字是 0001，音级 3 的码字是 100，音级 4 的码字是 110。

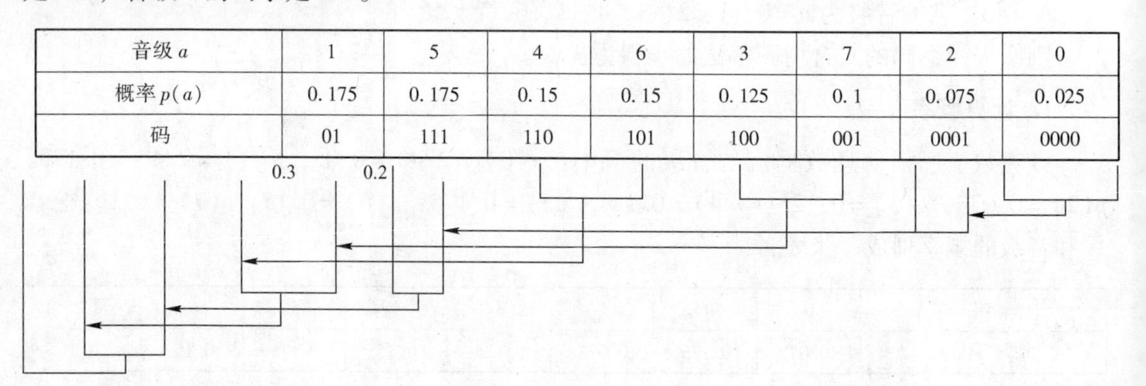

音级 a	1	5	4	6	3	7	2	0
概率 $p(a)$	0.175	0.175	0.15	0.15	0.125	0.1	0.075	0.025
码	01	111	110	101	100	001	0001	0000

6. 建立码表

按码位数的长短，从短到长建立音级的码表。

音级 a	1	5	4	6	3	7	2	0
码	01	111	110	101	100	001	0001	0000

7. 数字音频信息数据流转换成霍夫曼码流。

读取数字音频信息数据流的值，通过查找码表，替换成霍夫曼码。例如实际的数字音频信息数据流 $f(n)$ 转换成霍夫曼码流 $g(m)$ 为：

$$f(n)=\{11112233344455556667777666555544433211101\}$$

$$g(m)=\{010101010001000110010010011011011011111111110110110100100100100110110110$$
$$11111111111111101101101001000001010101000001\}$$

8. 解码

设最短霍夫曼码的位数为 k，从码流的头开始，先读 k 位码字，查找码表，如果码表中有这个码，输出对应的音级值。否则加读一位码字，查找码表，确定码表中有无这个码。每解一个码后，就继续往后读 k 位码字，直到所有的码都解码完毕为止。

例如上述码流的解码为：最短霍夫曼码的位数为 2，从码流的头开始，先读 2 位码字，得 01，查找码表，解码得 1。继续读 2 位，得 01，解码得 1。解完前 8 位后，得 4 个 1。继续读 2 位得 00，查找码表，没有这个码。加读一位，得 000，查找码表，没有这个码。又加读一位，得 0001，查找码表，解码得 2。如是继续，最后解码得到 $f(n)$。

霍夫曼编码二合树图解法可以表示成另一种结构，如图 5-1 所示。只要把上述的二合树结构做简单的调整就可以得到这种结构。

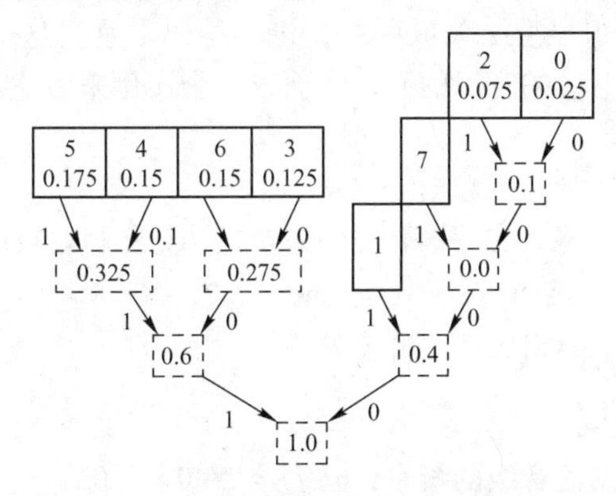

图 5-1　霍夫曼编码的二合树图解法

霍夫曼编码的计算机程序在步骤上和逻辑上与二合树图解法一致。

检查霍夫曼编码是否有错的简单方法是：先取每个最短码，看其他码的前几位是否与它相同。如果相同，则编码有错。再取每个稍长码，看其他码的前几位是否与它相同。如果相同，则编码有错。

霍夫曼编码的平均码长 L_{Ha} 和总码长 L_H 为：

$$L_{Ha} = \sum_{i=0}^{M-1} p(a_i)l(a_i) \tag{5.6}$$

$$L_H = L_{Ha} x N \tag{5.7}$$

其中，$l(a_i)$ 是音级 a_i 的霍夫曼码长度。霍夫曼编码的压缩率为：

$$r = L_s / L_H \tag{5.8}$$

其中，L_s 是源数据的总长度。

例如上述实际数字音频信息数据流的霍夫曼码的平均码长 L_{Ha} 和总码长 L_H 为：

$$L_{Ha} = (0.2\times2+0.175\times3+0.15\times3+0.15\times3+0.125\times3+0.1\times3+0.075\times4+0.025\times4)\,\text{bit}=2.9\,\text{bit}$$

$$L_H = 2.9\times40\,\text{bit}=116\,\text{bit}$$

数据流的 8 位码总长度 L_s 为：

$$L_s = 40\times8\,\text{bit}=320\,\text{bit}$$

这个数据流的霍夫曼编码的压缩率 r 为：

$$r = 320/116 = 2.75862$$

霍夫曼编码的优点是编/解码简单，压缩率高。缺点是不能进行数据流编码。

5.3　香农 – 范诺编码

香农 – 范诺（Shannon – Fano）编码是音频信息编码中应用最普遍的编码方法之一。香农 – 范诺编码，是 Shannon 和 Fano 两人分别提出的一种编码方法。

与霍夫曼编码类似，它也是一种无损的、变码长的、概率统计的、二进制编码。它的编码方式与霍夫曼编码略微不同，但比霍夫曼编码稍微简单一些。香农－范诺编码一般采用二分组图解方法。二分组图解法是先计算数字音频信息数据流的音级的概率，再把概率从高到低排序。然后把概率分成两组，两组的概率和近似相等。高概率组编码 1（或 0），低概率组编码 0（或 1）。再把每组概率又分成两组，进行编码。重复这个过程，直到每组不能再二分为止。概率的码就是对应的音级的码。下面以一个实例来叙述香农－范诺编码的二分组图解法的步骤。

假设一段实际的数字音频信息数据流 $f(n)$ 为：

$$f(n)=\{1111223334445556667777666555444332111101\}$$

$N=40$。它的音级为 $a=0, 1, 2, 3, 4, 5, 6, 7$。$M=8$。

则香农－范诺编码的二分组图解法的步骤为：

1. 计算概率

计算数字音频信息数据流音级的概率：$p(0)=2/40=0.05$，$p(1)=7/40=0.175$，$p(2)=0.075$，$p(3)=0.125$，$p(4)=0.15$，$p(5)=0.175$，$p(6)=0.15$，$p(7)=0.1$。把音级和音级的概率列成一张表：

音级 a	0	1	2	3	4	5	6	7
概率 $p(a)$	0.05	0.175	0.075	0.125	0.15	0.175	0.15	0.1

2. 概率按降序排序

音级概率按降序排序，排序后的音级概率顺序列成一张表。

音级 a	1	5	4	6	3	7	2	0
概率 $p(a)$	0.175	0.175	0.15	0.15	0.125	0.1	0.075	0.025

3. 对概率编码

把排序的概率分成两组，两组的概率和近似相等。高概率组编码 1（或 0），低概率组编码 0（或 1），如下表所示。

音级 a	1	5	4	6	3	7	2	0
概率 $p(a)$	0.175	0.175	0.15	0.15	0.125	0.1	0.075	0.025

4. 重复编码

再把每组概率又分成两组，重复第 3 步的编码。重复这个过程，直到每组不能再二分为止。

音级 a	1	5	4	6	3	7	2	0
概率 $p(a)$	0.175	0.175	0.15	0.15	0.125	0.1	0.075	0.025

5. 组合码字

从左到右，沿着概率二分路径组合码字。例如：音级 5 的码字是：101，音级 3 的码字是：010，音级 2 的码字是 0001。

6. 建立码表

按码位数的长短，从短到长建立音级的码表。

音级 a	1	5	4	6	3	7	2	0
码	11	101	100	011	010	001	0001	0000

7. 数字音频信息数据流转换成香农－范诺码流。

读取数字音频信息数据流的值，通过查找码表，替换成香农－范诺码。例如实际的数字音频信息数据流 $f(n)$ 转换成香农－范诺码流 $g(m)$ 为：

$$f(n) = \{111122333444555666777766655554443321110\ 1\}$$

$$g(m) = \{11111111000100010100100101001001001011011010110110110010010010 0\ 101101101110110110110110010010001001000011111111000011\}$$

8. 解码

设最短香农－范诺码的位数为 k，从码流的头开始，先读 k 位码字，查找码表，如果码表中有这个码，输出对应的音级值。否则加读一位码字，查找码表，确定码表中有无这个码。每解一个码后，就继续往后读 k 位码字，直到所有的码都解码完毕为止。

例如上述码流的解码为：最短霍夫曼码的位数为 2，从码流的头开始，先读 2 位码字，得 11，查找码表，解码得 1。继续读 2 位，得 11，解码得 1。解完前 8 位后，得 4 个 1。继续读 2 位得 00，查找码表，没有这个码。加读一位，得 000，查找码表，没有这个码。又加读一位，得 0001，查找码表，解码得 2。如是继续，最后解码得到 $f(n)$。

香农－范诺编码二分组图解法可以表示成另一种结构，如图 5-2 所示。只要把上述的二分组结构做简单的调整就可以得到这种结构。

香农－范诺编码的第 1、2、6 ~ 8 步与霍夫曼编码的第 1、2、6 ~ 8 步相同。第 3 ~ 5 步与霍夫曼编码的第 3 ~ 5 步相对。前者是二分，后者是二合，前者是从左向右按二分路径组码，后者是从右向左按二合路径组码。

香农－范诺编码的计算机程序在步骤上和逻辑上与二分组图解法一致。

检查香农－范诺编码是否有错的简单方法是：与检查霍夫曼编码一样，先取每个最短码，看其他码的前几位是否与它相同。如果相同，则编码有错。再取每个稍长码，看其他码

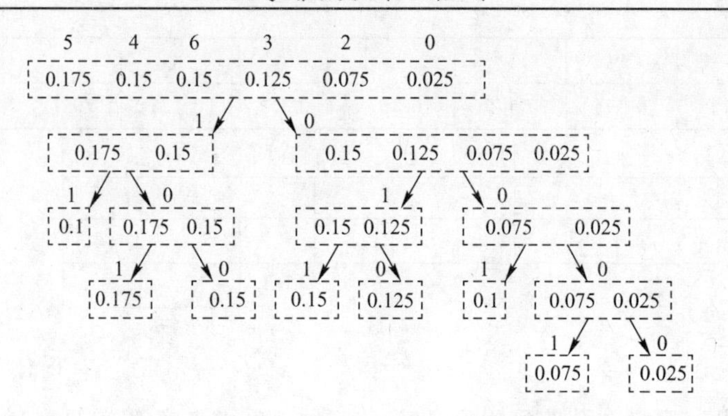

图 5-2　香农－范诺编码的二分树图解法

的前几位是否与它相同。如果相同，则编码有错。

香农－范诺编码的平均码长 L_{Ha}、总码长 L_H、压缩率 r 与霍夫曼编码的算法如同式 (5.6)～式 (5.8) 一样。

例如上述实际数字音频信息数据流的香农－范诺码的平均码长 L_{Ha} 和总码长 L_H 为：

$$L_{Ha} = (0.2\times2+0.175\times3+0.15\times3+0.15\times3+0.125\times3+0.1\times3+0.075\times4+0.025\times4)\,\text{bit}=2.9\,\text{bit}$$

$$L_H = 2.9\times40=116\,\text{bit}$$

数据流的 8 位码总长度 L_s 为：

$$L_s = 40\times8=320\,\text{bit}$$

这个数据流的霍夫曼编码的压缩率为：

$$r = 320/116 = 2.75862$$

香农－范诺编码的优点是编/解码简单，压缩率高。缺点是不能进行数据流编码。

5.4　算数编码

算数编码（AC，Arithmetic Coding）是音频信息编码中主要的编码方法之一。与霍夫曼编码和香农－范诺编码类似，算术编码也是一种无损、二进制、概率统计编码。不同的是前二者是对音频信息的每个数据进行编码，而后者是对一段音频信息整体编成一个码。算术编码的方法有多种，典型的算术编码是递推二进编码。递推二进编码的方法如下。

假设一段数字音频信息数据流的音级为：

$$a = a_0, a_1, \cdots, a_{M-1}, \text{且 } a_0 \leqslant a_1 \leqslant, \cdots, \leqslant a_{M-1}$$

又设它们的概率分布为：

$$p(a) = p(a_0), p(a_1), \cdots\cdots, p(a_{M-1})$$

则音级 a_i 的起点概率 $p_b(a_i)$ 为：

$$p_b(a_i) = \sum_{j=0}^{i-1} p(a_j) \qquad i = 0,1,\cdots\cdots,M-1 \tag{5.9}$$

假设数字音频信息数据流的第 $k-1$ 位是音级 a_j，第 k 位是音级 a_i，则第 k 位音级 a_i 的起点概率 $p_b^k(a_i)$ 为：

$$p_b^k(a_i) = p_b^{k-1}(a_j) + p_b(a_i)(p_w^{k-1}(a_j)) \tag{5.10}$$

第 k 位音级 a_i 的概率范围 $p_w^k(a_i)$ 为：

$$p_w^k(a_i) = p(a_i)p_w^{k-1}(a_j) \tag{5.11}$$

于是，这段数字音频信息数据流的算术码为最后一位音级的起点概率和终点概率中间的概率值或平均值 p 的二进制码 C：

$$C = (p)_{bc} = (\ p_b^{N-1}(a_i) \leqslant p \leqslant p_b^{N-1}(a_i) + p_w^{N-1}(a_i)\ )_{bc} \tag{5.12}$$

或

$$C = (p)_{bc} = (\ p_b^{N-1}(a_i) + p_w^{N-1}(a_i)/2\ )_{bc} \tag{5.13}$$

其中，下标 bc 表示转换成二进制码。

下面以一个实际的数字音频信息数据流为例叙述算术编码的步骤。

假设一段实际的数字音频信息数据流 $f(n)$ 为：

$$f(n) = \{1111223333444555666777776665555444433211101\}$$

$N = 40$。它的音级为：

$$a = 0,1,2,3,4,5,6,7。M = 8$$

则算数编码的步骤为：

1. 计算概率

计算数字音频信息数据流音级的概率和起点概率，把音级和音级的概率列成一张表。

音级 a	0	1	2	3	4	5	6	7
概率 $p(a)$	0.025	0.200	0.075	0.125	0.150	0.175	0.150	0.100
起点 $p_b(a)$	0	0.025	0.225	0.300	0.425	0.575	0.750	0.900

2. 读取数字音频信息数据流的下一个数据，计算它的起点概率和概率范围，如下表所示。

数据流	1	1	1	1	2	2	3	3	3
概率 $p(a)$	0.2								
起点 $p_b(a)$	0.025								
起点 $p_b^k(a)$	0.025								
范围 $p_w^k(a)$	0.2								

3. 如果当前数据不是最后一位，返回步骤 2。否则计算平均概率，并转换成二进制码，编码结束。

上述数字音频信息数据流的前 8 位数据的算术编码过程如下表所示。

数据流	1	1	1	1	2	2	3	3
概率 $p(a)$	0.2	0.2	0.2	0.2	0.075	0.075	0.125	0.125
起点 $p_b(a)$	0.025	0.025	0.025	0.025	0.225	0.225	0.300	0.300
起点 $p_b^k(a)$	0.025	0.03	0.031	0.0312	0.03156	0.031587	0.0315897	0，0315900375
概率范围	0.2	0.04	0.008	0.0016	0.00012	0.000009	0.000001125	0.000000140625

如果只编这 8 位数据流的码，则平均概率为 0.0315901078125，对应的二进制码为 0.0000100000010110。

算术编码的输出码流是概率表加算术码。如果音级是常规的，例如 0～7，0～15，或 0～255 等，则只需输出概率序列和算术码。

算术编码的压缩率 r：

以上述实际数字音频信息数据流的 8 位数据为例，如果是 3 bit 8 位数据，则压缩率为：

$$r = 8 \times 3/16 = 1.5$$

如果是 8 bit 8 位数据，则压缩率为：

$$r = 8 \times 8/16 = 4.0$$

算术编码的解码过程是编码的逆过程。解码步骤如下：

1）读取概率表和算术码。由概率序列生成起点概率表

音级 a	0	1	2	3	4	5	6	7
概率 $p(a)$	0.025	0.200	0.075	0.125	0.150	0.175	0.150	0.100
起点 $p_b(a)$	0	0.025	0.225	0.300	0.425	0.575	0.750	0.900

把二进制算术码转换成十进制数：0.0000100000010110→0.0315901078125。

2）读取当前十进制小数。查找起点概率表，确定十进制小数对应的音级：

0.0315901078125→1。

3）查找起点概率表，确定该音级的起点概率。用十进制数减去该音级的起点概率，计算该音级的概率范围：

0.0315901078125－0.025＝0.0065901078125

4）该音级的概率范围除以该音级的概率，计算下一级码的范围：

0.0065901078125/0.2＝0.0329505390625

5）用第 4）步的十进制小数更新当前的十进制小数，重复第 2）～4）步，直到解码完毕为止。

上述算术码的解码结果如下：

0.0000100000010110→0.0315901078125

0.0315901078125→1→0.025，0.2→0.0315901078125－0.025＝0.0065901078125→0.0065901078125/0.2＝0.0329505390625

0.0329505390625→1→0.025，0.2→0.0329505390625－0.025＝0.0079505390625→0.0079505390625/0.2＝0.0397526953125

0.0397526953125→1→0.025，0.2→0.0397526953125－0.025＝0.0147526953125→0.0147526953125/0.2＝0.0737634765625

0.0737634765625→1→0.025，0.2→0.0737634765625－0.025＝0.0487634765625→0.0487634765625/0.2＝0.2438173828125

0.2438173828125→2→0.225，0.075→0.2438173828125－0.225＝0.0188173828125→0.0188173828125/0.075＝0.2508984375

0.2508984375→2→0.225，0.075→0.2508984375－0.225＝0.0258984375→

0.0258984375/0.075 = 0.3453125

0.3453125→3→0.3，0.125→0.3453125-0.3 = 0.0453125→0.0453125/0.125 = 0.3625

0.3625→3→0.3，0.125→0.3625-0.3 = 0.0625→0.0625/0.125 = 0.5

算术编码的优点是一段数字音频信息数据流只编一个码，压缩率比较高。缺点是编码稍嫌复杂，编码精度受到计算机位数的限制。

5.5　行程编码

行程编码（RLE，Run - Length Encoding）是数据编码，也是数字音频信息编码中最简单的编码方式。行程编码是把数据流中连续相同的数据编成一个码，这个码包含数据和数据流的长度。因此，它适用于行程较长的数据流，特别是二进制数据流的编码。行程编码是一种无损、流式、数据码。数字音频信息数据流的行程编码的方法如下：

1）读取数字音频信息数据流的当前数据 $f(n)$，记录数据 $f(n)$。

2）读取下一数据。如果下一数据与当前数据不同，记录当前数据的长度。用下一数据更新当前数据。继续第 3 步，否则，继续第 3 步。

3）如果不是数据流的最后一位，继续第 2）步。否则，记录当前数据长度，结束编码。

例如：

一段实际的数字音频信息数据流 $f(n)$ 为：

$$f(n) = \{1111223334445556667777666555544433211101\}$$

它的行程编码为：

1422334353637463544332211130111。

行程编码的压缩率 r 为：

$$r = N_s/N_c$$

其中，N_s 和 N_c 分别为数据流的符号数和码流的符号数。例如，上述例子的行程编码压缩率 r 为：

$$r = 40/30 = 1.3333$$

行程编码的优点是编/解码特别简单，能够进行数据流编码。缺点是压缩率不够高。

5.6　LZW 编码

LZW 编码（Lempel - Ziv - Welch Encoding）也是音频信息编码中应用最普遍的编码方法之一。LZW 编码的前身是 1978 年 Abraham Lempel 和 Jacob Ziv 发表的一种编码算法 LZ78，1984 年，Terry Welch 改近了 LZ78，后来被称为 LZW 编码。与霍夫曼和香农 - 范诺编码类似，它也是一种无损的编码。与它们不同的是，LZW 编码不是二进制码，而是一个初始化词典和词典的索引。下面以一个实际的数字音频信息数据流为例叙述 LZW 编码的步骤。

假设一段实际的数字音频信息数据流 $f(n)$ 为：

$$f(n) = \{1111223334445556667777666555544433211101\}$$

$N=40$。它的音级为 $a=0$，1，2，3，4，5，6，7。$M=8$。

则 LZW 编码的步骤为：

1）建立空的词典 d、码流表 s、前缀 p 和根 r，再把词典初始化为可能的音级值(0,1,2,…,7)，如下表所示。表中 i 表示词典的索引，n 表示音频数据流索引，f 表示音频数据流，m 表示码流的索引。

i	1	2	3	4	5	6	7	8
d	0	1	2	3	4	5	6	7
n								
f								
p								
r								
m								
s								

2）读取数字音频信息数据流的下一个字符($n=1,f=1$)，赋给根（$r=1$）。

i	1	2	3	4	5	6	7	8
d	0	1	2	3	4	5	6	7
n	1							
f	1							
p								
r	1							
m								
s								

3）查看词典是否有 $p+r(p+r=1)$。如果有，前缀中添加根，$p=p+r(p=1)$。继续下一步。否则，将输出前缀中的码字对应的词典的索引值到码流中（$s=$空）。$p+r$ 添加到词典中($d=p+r=1$)。前缀更新为根($p=r=1$)。继续第4）步。

i	1	2	3	4	5	6	7	8
d	0	1	2	3	4	5	6	7
n	1							
f	1							
p	1							
r								
m								
s								

4）查看数字音频信息数据流是否编码完毕。如果否，返回到第2）步。如果是，输出前缀中的码字对应的词典的索引值到码流中。结束编码。

重复第 2）~第 4）步，实际数字音频信息数据流前 15 位的词典和码流如下表所示。

$$f(n) = \{1111223334445556667777666555544433211101\}$$

i	1	2	3	4	5	6	7	8	9	10	11	12	13	14	15	16	17	18	
d	0	1	2	3	4	5	6	7	11	111	12	22	23	33	334	44	445	55	
n	1	2	3	4	5	6	7	8	9	10	11	12	13	14	15	16			
f	1	1	1	1	2	2	3	3	3	4	4	4	5	5	5	完			
p	1	1	11	1	2	2	3	3	33	4	4	44	5	5	55				
r	1	1	1	1	2	2	3	3	3	4	4	4	5	5	5				
m		1		2	3	4	5	6		7	8		9	10		11			
s		2		9	2	3	3	4		14	5		16	6		18			

编码后，输出初始化词典 d 和码流 s。如果初始化词典是常规的词典，则常规词典不必放入输出中。常规词典，例如，3 bit 数据流的常规词典，是 0 ~7，4 bit 的是 0 ~15，8 bit 的是 0 ~255。上述例子的初始化词典 d：0,1,2,3,4,5,6,7。码流 s：2,9,2,3,3,4,14,5,16,6,18。

LZW 解码，与霍夫曼解码和香农－范诺解码不同，是用初始化词典和词典索引来解码，是编码的逆过程。以上述的 LZW 编码为例，LZW 解码的步骤叙述如下：

1）建立空的词典 d、数据流表 f、前缀 p 和根 r，再把 LZW 的初始化词典装入空词典，如下表所示。表中 i 表示词典的索引，n 表示音频数据流索引，f 表示音频数据流，m 表示码流的索引。

i	1	2	3	4	5	6	7	8
d	0	1	2	3	4	5	6	7
m								
s								
p								
r								
n								
f								

2）读取码流的下一个字符（$m = 1, s = 2$），赋给根（$r = 2$）。

i	1	2	3	4	5	6	7	8
d	0	1	2	3	4	5	6	7
m	1							
s	2							
p								
r	2							
n								
f								

3）查看词典索引是否有根 $r(r=2)$。如果有，输出根索引的词典的字符到数据流($f(1)=1$)。前缀索引的字符加上后缀索引的第一个字符如果不在词典中就添加到词典中。前缀更新为根($p=r=2$)。继续第4）步。否则，前缀索引的字符加上前缀索引的第一个字符输出到数据流中并添加到词典中。前缀更新为根($p=r=2$)。继续第4）步。

i	1	2	3	4	5	6	7	8
d	0	1	2	3	4	5	6	7
m	1							
s	2							
p	2							
r	2							
n	1							
f	1							

4）查看 LZW 码流是否解码完毕。如果否，返回到第2）步。如果是，结束编码。

重复第2）~第4）步，实际 LZW 编码的解码如下表所示。

初始化词典 d：0,1,2,3,4,5,6,7。码流 s：2,9,2,3,3,4,14,5,16,6,18。

i	1	2	3	4	5	6	7	8	9	10	11	12	13	14	15	16	17	18	
d	0	1	2	3	4	5	6	7	11	111	12	22	23	33	334	44	445	55	
m	1	2	3	4	5	6	7	8	9	10	11	完							
s	2	9	2	3	3	4	14	5	16	6	18								
p	2	9	2	3	3	4	14	5	16	6	18								
r	2	9	2	3	3	4	14	5	16	6	18								
n	1	2	3	4	5	6	7	8	9	10	11								
f	1	11	1	2	2	3	33	4	44	5	55								

解码后，输出原数据流 $f(n)$ 的前 15 位。

$$f(n)=\{1111223334445556667777666555544433211101\}$$

LZW 编码的压缩率 r 为：

$r=N_s/N_c$。

其中，N_s 和 N_c 分别为数据流的符号数和码流的符号数。例如，上述例子的 LZW 编码压缩率 r 为：

$R=15/11=1.3636$。

LZW 编码的优点是能够进行数据流编码，缺点是编码/解码稍嫌复杂，压缩率不够高。

5.7 余弦变换编码

余弦变换编码，也被称为离散余弦变换编码（DCTC，Discrete Cosine Transform Coding），

是目前音频信息编码压缩中用得很多的一种编码方式。余弦变换编码是 Ahmed 和 Rao 在 1974 年提出的一种编码方法。它是一种有损的变换编码。有损编码是对编码的信息进行解码后，不能完全复原编码前的信息的编码，编码/解码造成了编码/解码前后的信息损失。变换编码是先对被编码的信息数据流进行变换，然后在变换空间中对变换后的信息进行量化，再对量化后的信息进行编码并输出码流。其中，量化是把变换后的实数量化成整数。量化有线性量化和非线性量化两种。为了提高压缩率，常常采用非线性量化。编码可以是前述的无损编码。变换编码的解码是编码的逆过程，即先对码流进行解码，然后对解码的信息进行反量化，再对反量化的信息进行反变换，输出数据流。变换编码/解码的一般流程如图 5-3 所示。

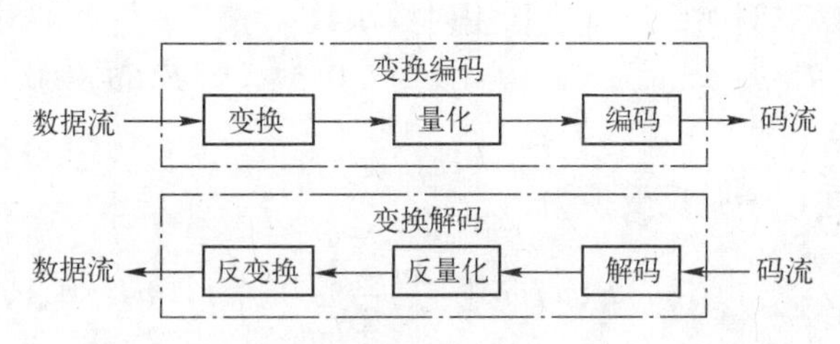

图 5-3　变换编码/解码流程图

音频信息的余弦变换编码是先对被编码的数字音频信息数据流进行余弦变换，然后在变换空间中对变换后的信息进行量化，再对量化后的信息进行编码，输出码流。音频信息的余弦变换编码的解码是编码的逆过程，即码流→解码→反量化→反变换→数据流。音频信息的余弦变换编码/解码的一般流程如图 5-4 所示。

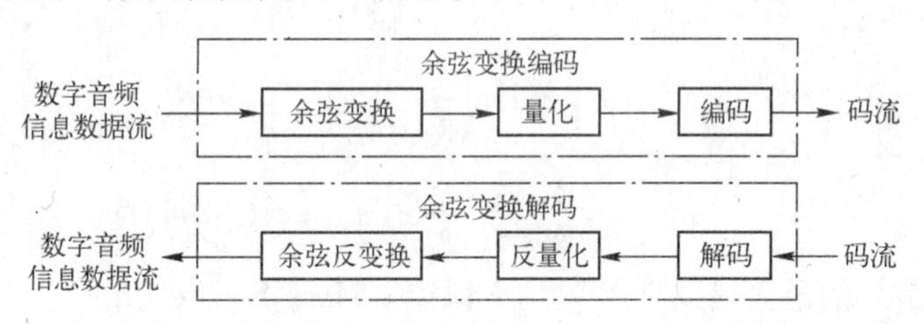

图 5-4　音频信息余弦变换编码/解码流程图

数字音频信息数据流的余弦变换编码的步骤如下：

1. 余弦变换

如前面的第 4 章所述，数字音频信息数据流 $f(n)$ 的余弦变换 $F(u)$ 为：

$$F(u)=C(u)\sqrt{\frac{2}{N}}\sum_{n=0}^{N-1}f(n)\cos\left(\frac{(2n+1)u\pi}{2N}\right)\quad u=0,1,\cdots,N-1 \tag{5.14}$$

$$C(u=0)=\sqrt{\frac{1}{2}};\qquad C(u\neq 0)=1$$

2. 量化

余弦变换后的量化，是把余弦变换的实数量化成整数。量化间隔常常采用非线性函数或非线性量化表，大值采用小间隔量化，小值采用大间隔量化。非线性函数可以采用人眼视觉特性函数、指数函数、偶幂指数函数等。例如，量化采用指数函数：

$$F'(u)=\mathrm{int}(\mathrm{e}^{F(u)/a}+0.5) \tag{5.15}$$

其中，$\mathrm{int}\{x\}$表示取x的整数，a表示放大系数。

3. 编码

余弦变换编码一般采用熵编码，也可采用其他的无损压缩编码。

数字音频信息数据流的余弦变换解码的步骤如下：

(1) 解码

对码流进行熵编码的解码。

(2) 反量化

进行量化的逆运算。例如，反量化采用对数函数：

$$F(u)=\mathrm{int}(a*\ln(F'(u))+0.5) \qquad F'(u)\neq 0 \tag{5.16}$$

(3) 余弦反变换

如前面第4章所述，余弦反变换为：

$$f(n)=\sqrt{\frac{2}{N}}\sum_{u=0}^{N-1}C(u)F(u)\cos\left(\frac{(2n+1)u\pi}{2N}\right) \qquad n=0,1,\cdots,N-1 \tag{5.17}$$

在音频通信或实时播放中，为了易于码率控制，数字音频信息数据流也可以采用分段余弦变换编码和解码。分段可以采用8数据、16数据、…、256数据分段方式。分段越短，压缩率就越低，反之越高。

余弦变换编码/解码造成的信号损失是由量化引起的。这种损失常常用编码前信号和解码后信号的峰值信噪比来衡量。一般峰值信噪比PSNR（Peak Signal Noise Ratio）定义为：

$$PSNR=20\log\left(\frac{f_{\max}}{\sqrt{MSE}}\right)$$
$$MSE=\frac{1}{N}\sum_{n=0}^{N-1}(f(n)-f'(n))^2 \tag{5.18}$$

其中，$f_{\max}$是信号的最大值，MSE是均方误差（Mean Square Error）。

5.8 小波变换编码

小波变换编码，也被称为离散小波变换编码（DWTC，Discrete Wavelet Transform Coding），也是目前音频信息编码压缩中用得很多的一种编码方式。小波变换编码是Shapiro在1993年提出的一种编码方法，用于图像编码的小波变换编码是一种有损的变换编码。

音频信息的小波变换编码，与余弦变换编码类似，是先对被编码的数字音频信息数据流进行小波变换，然后在变换空间中对变换后的信息进行量化，再对量化后的信息进行编码，输出码流。音频信息的小波变换编码的解码是编码的逆过程，即码流→解码→反量化→反变换→数据流。音频信息的小波变换编码/解码的一般流程如图5-5所示。

数字音频信息数据流的小波变换编码的步骤如下：

1. 小波变换

如前面的第4章所述，数字音频信息数据流$f(n)$的小波变换$F(u,v)$为：

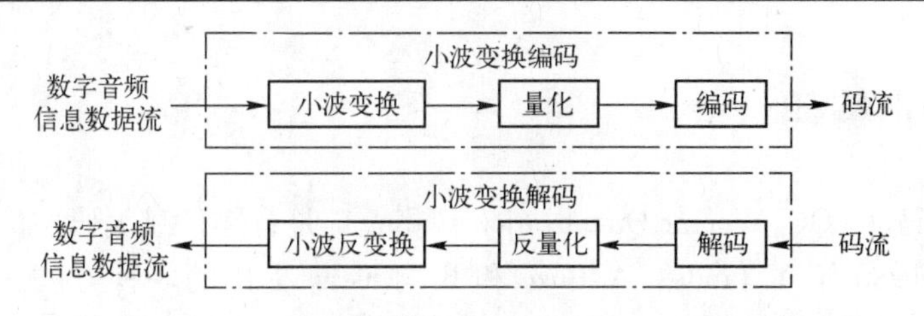

图 5-5　音频信息小波变换编码/解码流程图

$$F(u,v)=\sum_{n=-\infty}^{\infty} f(n)\frac{1}{\sqrt{a_0^u}}\varphi\left(\frac{n-vb_0a_0^u}{a_0^u}\right)$$

$$u,v=-\infty,\cdots,-1,0,1,\cdots\infty \qquad a_0>0 \tag{5.19}$$

2. 量化

小波变换后的量化，与余弦变换编码的量化类似，是把小波变换的实数量化成整数。量化间隔常常采用非线性函数或非线性量化表，大值采用小间隔量化，小值采用大间隔量化。非线性函数可以采用人眼视觉特性函数、对数函数、偶次方根函数等。例如，量化采用偶幂指数函数：

$$F'(u)=\text{int}(F^{2m}(u)/a^{2m}+0.5) \tag{5.20}$$

其中，$\text{int}\{x\}$表示取 x 的整数，a 表示放大系数，m 表示方次。

3. 编码

余弦变换编码一般采用熵编码，也可采用其他的无损压缩编码。

数字音频信息数据流的余弦变换解码的步骤如下：

（1）解码

对码流进行熵编码的解码。

（2）反量化

进行量化的逆运算。例如，反量化采用偶次方根函数：

$$F(u)=\text{int}(a(F'(u))^{1/(2m)}+0.5) \qquad F(u)\neq 0 \tag{5.21}$$

（3）小波反变换

如前面第 4 章所述，小波反变换为：

$$f(n)=\frac{1}{C_\varphi}\sum_{u=-\infty}^{\infty}\sum_{v=-\infty}^{\infty}F(u,v)\frac{1}{a_0^{2u}}\varphi\left(\frac{n-vb_0a_0^u}{a_0^u}\right)$$

$$n=-\infty,\cdots,-1,0,1,\cdots\infty \qquad a_0>0 \tag{5.22}$$

小波变换编码常常采用小波分解编码方式进行。小波分解，即是把小波变换的低频系数和高频系数分解开。低频系数是变换的偶数项，放在码流的前段。高频系数是变换的奇数项，放在码流的后段。低频系数包含了音频的主要信息，采用小间隔量化，尽量不损失信息。高频信息包含较少的音频信息，采用大间隔量化，以提高压缩率。

在音频通信或实时播放中，为了易于码率控制，数字音频信息数据流也可以采用分段小波变换编码和解码。分段可以采用 8 数据、16 数据、…、256 数据分段方式。分段越短，压缩率就越低，反之越高。

5.9 矢量量化编码

矢量量化编码（VQC，Vector Quantization Coding）是音频信息编码中的方式之一。矢量量化及其算法是1980年Y. Linde，A. Buzo和R. M. Gray提出的一种方法。他们的算法简称为LBG算法。矢量量化编码是一种有损的映射编码。映射编码与变换编码类似，是把被编码信息转换成另一种信息。不同的是，前者采用映射的方式，而后者采用变换的方式。

数字音频信息数据流的矢量量化编码方法是，先把数字音频信息数据流$f(n)$分成M组，每组有K个数据。K个数据构成一个K维矢量，共有M个矢量。构造一本码书，码书包含S个可能的K维矢量。再把数字音频信息数据流按组，即按矢量，依次送入编码器。编码器搜索码书，寻找与输入矢量最相似的码书矢量。然后输出对应的码书矢量的编号作为码流。

数字音频信息数据流的矢量量化解码方法是编码方法的逆过程。先把码流矢量编号依次送入解码器。解码器搜索码书，寻找与码流对应的码书矢量。然后组合码书矢量作为解码的数据流。

数字音频信息数据流的矢量量化编号的流程如图5-6所示。

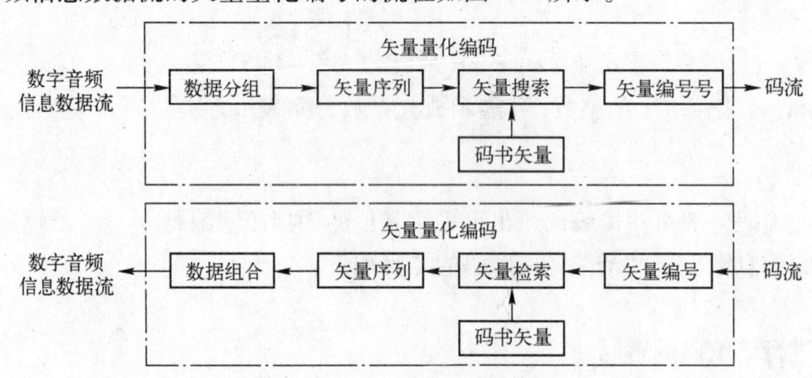

图5-6　音频信息矢量量化编码

数字音频信息数据流的矢量量化编码的步骤如下：

1. 设计码书

设计构造一本码书C。码书C包含可能的S个K维码书矢量：

$$C = \{c_i\} \qquad i = 0, 1, 2, \cdots, S \tag{5.23}$$

$$c_i = \{c_{ij}\} \qquad j = 0, 1, 2, \cdots, K \tag{5.24}$$

例如，对于一个实际的数字音频信息数据流：

$f(n) = \{111122333444555666777766655554444332111 01\}$

假设码书矢量设计为均值矢量，例如：

$v_0 = 1111$，$v_1 = 2$，5 2.5 2.5 2.5，$v_2 = 3.75\ 3.75\ 3.75\ 3.75$，$v_3 = 5.25\ 5.25\ 5.25\ 5.25$，$v_4 = 6.5\ 6.5\ 6.5\ 6.5$. 共$S = 5$个$K = 4$维矢量。

2. 输入数据分组

把输入的数字音频信息数据流$f(n)$按K个数据一组分成M组。例如上述的数字音频信息数据流按 4 个数据一组分成 10 组：

$f(n)=\{1111\ 2233\ 3444\ 5556\ 6677\ 7766\ 6555\ 5444\ 3321\ 1101\}$

3. 构造矢量序列

每组数据构造一个矢量，例如：$v_0=1111$，$v_1=2233$，$v_2=3444$，…，$v_9=1101$. 共 $M=10$ 个 $K=4$ 维矢量。

4. 矢量搜索

搜索码书，寻找与输入矢量最相似的码书矢量。例如以他们的方差作为相似的度量：

$$\mathrm{e}_{ij}=\sum_{k=0}^{K-1}(v_{ik}-c_{jk})^2 \qquad i=0,1,\cdots M-1 \qquad j=0,1,S-1 \tag{5.25}$$

如果矢量 v_i 和 c_J 的方差最小：

$$\mathrm{e}_{iJ}=\min\{\mathrm{e}_{ij}\} \quad 0\leqslant J<S \tag{5.26}$$

则这两个矢量最相似。

5. 矢量编号输出

输出最相似的码书矢量的编号。例如上面例子的数据流 v_i 对应的码书矢量 c_j 的编号为：

0，1，2，3，4，4，3，2，1，0。

输出的码书矢量编号就是矢量量化编码的码流。

如果按数据流和码流的符号数来定义编码的压缩率，则这个矢量量化编码的压缩率为：

r = 40/10 = 4。

数字音频信息数据流的矢量量化解码是编码的逆过程，其解码步骤如下：

1. 输入码流，即码书矢量的编号

例如：0，1，2，3，4，4，3，2，1，0。

2. 矢量检索，得到矢量序列

搜索码书，寻找码书矢量编号对应的码书矢量，例如：

$v_0=1111$，$v_1=2$，5 2.5 2.5 2.5，$v_2=3.75$ 3.75 3.75 3.75，$v_3=5.25$ 5.25 5.25 5.25，$v_4=6.5$ 6.5 6.5 6.5。

$v_5=6.5$ 6.5 6.5 6.5，$v_6=5.25$ 5.25 5.25 5.25，$v_7=3.75$ 3.75 3.75 3.75，$v_8=2$，5 2.5 2.5 2.5，$v_9=1111$。

3. 组合数据，输出数据流 $f(n)$

把码书矢量头尾依次相接，构成数据流。例如，码书矢量取整，头尾相接：

$f(n)=\{1111\ 3333\ 4444\ 5555\ 7777\ 7777\ 5555\ 4444\ 3333\ 1111\}$

再把码书矢量头尾相接处取均值，再取与前后数据最近的整数：

$f(n)=\{1112\ 2333\ 4444\ 5556\ 6777\ 7776\ 6555\ 4444\ 3332\ 2111\}$

对照编码前和解码后的数据流可以看出，矢量量化编码的确是有损压缩：

编码前：$f(n)=\{1111\ 2233\ 3444\ 5556\ 6677\ 7766\ 6555\ 5444\ 3321\ 1101\}$

编码后：$f(n)=\{1112\ 2333\ 4444\ 5556\ 6777\ 7776\ 6555\ 4444\ 3332\ 2111\}$

这个矢量量化编码的峰值信噪比为：

$$\mathrm{PSNR}=20\ \log(f_{\max}/\sqrt{(\mathrm{MSE})})=20\ \log(7/\sqrt{(9/40)})\,\mathrm{dB}=23.38\ \mathrm{dB}$$

矢量量化编码中有两个关键问题需要解决，一是码书矢量的设计，二是码书矢量搜索方式的设计。前者决定编码的信息损失的大小，后者决定编码的速度快慢。码书矢量设计的方法一般有两种类型：已知信源分布和未知信源分布。在已知信源分布的情况下，提取信源中的特征矢量作为码书矢量，或者作为初始码书矢量。在未知信源分布的情况下，随机选择初始码书矢量。由初始码书矢量，采用优化迭代算法确定码书矢量。经典的矢量量化编码码书矢量设计算法是 LBG 算法。搜索算法可以采用穷尽搜索算法和优化搜索算法。优化搜索算法可以采用树搜索算法、遗传算法、模拟退火算法、黄金分割算法等。

LBG 算法的基本原理是利用一些已知数据流样本，采用最近邻聚类算法，按照最小聚类平方误差准则，进行优化的迭代学习训练，生成优化的码书矢量。LBG 算法的步骤如下。

1. 码书矢量初始化

设已有训练样本 M 个 K 维矢量 $V=\{v_i\}$，$i=0,1,2,\cdots,M-1$。根据先验知识或者随机从已有训练样本中选择 S 个矢量作为码书的初始矢量 $C_n=\{c_{nj}\}$，$n=0$，$j=0,1,2,\cdots,S-1$。

2. 采用最近邻聚类算法，把训练样本 V 分成 S 个类

$$\mathrm{d}(v_i,c_{nj})=\sum_{k=0}^{K-1}(v_{ik}-c_{njk})^2 \tag{5.27}$$

$$\text{if}\quad \mathrm{d}(v_i,c_{nJ})=\min\{\mathrm{d}(v_i,c_{nj})\}\qquad v_i\rightarrow c_{nj}\rightarrow v_{ij} \tag{5.28}$$

3. 计算类中心，用类中心更新码书矢量

$$c_{(n+1)jk}=\sum_{i=0}^{M_j-1}v_{ijk}\qquad j=0,1,2,\cdots,S-1,\qquad k=0,1,2,\cdots,K-1 \tag{5.29}$$

$$c_{nj}=c_{(n+1)j} \tag{5.30}$$

其中，M_j是j类中的训练样本数。

4. 计算聚类平方误差

$$\delta_n=\sum_{i=0}^{M-1}\sum_{k=0}^{K-1}(v_{ijk}-c_{(n+1)jk})^2\qquad j=0,1,2,\cdots,S-1 \tag{5.31}$$

5. 计算迭代误差率

$$\mathrm{e}_{n+1}=\frac{\delta_{n+1}-\delta_n}{\delta_{n+1}} \tag{5.32}$$

6. 如果 $\mathrm{e}_{n+1}>\mathrm{e}$，e 为预先设计的误差准则，并且 $n<N$，N 为预先设计的迭代次数，返回步骤 2，否则，结束计算。

计算结束后的码书矢量，就是用于矢量量化的码书矢量。

5.10 预测编码

预测编码（PC，Predictive Coding）是在数字音频信息处理中用得很多的一种编码方式。

预测编码是把一个数据信息用它的邻域信息来预测，对它和它的预测之间的残差进行量化和编码。因此，预测编码是一种流式的有损的变换编码。预测编码一般有两种类型：线性预测编码（LPC，Linear Predictive Coding）和非线性预测编码（NLPC，Nonlinear Predictive Coding）。一般情况下都采用线性预测编码。线性预测编码是 B. S. Atal 于 1967 年提出的一种语音编码方法。

数字音频信息数据流的线性预测编码是先把数据用它的邻域数据做线性预测，再把它和它的线性预测值相减得到残差，然后对残差进行量化后编码，形成码流输出。数字音频信息数据流的线性预测解码是先把码流解码后进行反量化，再把反量化后的数据进行线性预测，然后把它和线性预测值相加得到数据流输出。数字音频信息数据流的线性预测编码/解码的流程如图 5-7 所示。

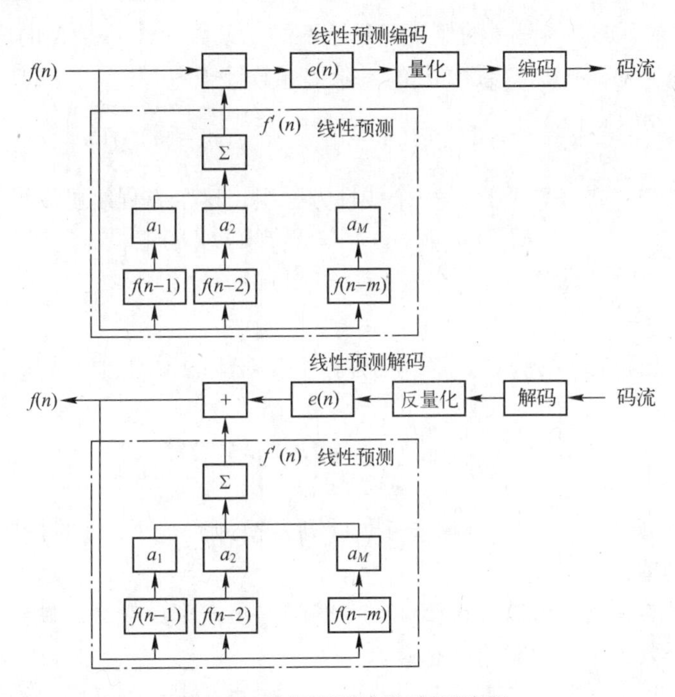

图 5-7 线性预测编码/解码流程

图中，$f(n)$是输入数字音频信息数据流，$n=0$，1，…，$N-1$，N 是数据流的长度。符号$\sum$表示求和。a_m表示存储器 m 存储的线性预测加权系数 a，$m=1$，2，…，M，M 是加权系数存储器的个数。$e(n)$是输入数据流与线性预测值的残差。一般情况下，$N \geqslant M$，M 根据计算机的容量和运算速度来设定。M 越大，预测精度越高，但运算速度就越慢。线性预测时，如果 $N=M$，输入数据流按顺序依次与存储器里的加权系数相乘。如果 $N>M$，超出存储器个数的数据流从头依次与存储器里的加权系数相乘。

数字音频信息数据流的线性预测编码/解码中的线性预测可以表示为：

$$f'(n)=\sum_{m=1}^{M} a_m f(n-m) \qquad n=0,1,\cdots,N-1 \tag{5.33}$$

编码时，输入数据流与线性预测值的残差 $e(n)$为：

$$e(n)=f(n)-f'(n) \tag{5.34}$$

解码时，残差与线性预测值的和 $f(n)$为：

$$f(n)=e(n)+f'(n) \tag{5.35}$$

线性预测最关键的问题是需要设计预测系数 a_m。预测系数 a_m 通常采用优化方法来确定。最常用的优化方法是最小均方误差（LMSE，Least Mean Square Error）准则的优化方法。最小均方误差准则优化方法如下：

线性预测的均方误差 ε 为：

$$\begin{aligned}\varepsilon &= E[e^2(n)] = E[(f(n)-f'(n))^2] \\ &= E[(f(n)-\sum_{m=1}^{M}a_m f(n-m))^2] \quad n=0,1,\cdots,N-1\end{aligned} \tag{5.36}$$

其中，$E[X]$表示 X 的数学期望：

$$E(X)=\sum_{i=1}^{K}x_i p_i=\frac{1}{M}\sum_{n=1}^{M}x(n) \tag{5.37}$$

其中，x_i是 X 的元素，p_i是 x_i的概率，K 是 X 的元素数，$x(n)$是 X 的序列，M 是序列的长度。当均方误差 ε 对预测加权系数 a_m的一阶偏导数等于零时：

$$\frac{\partial\varepsilon}{\partial a_m}=\frac{\partial E[\mathrm{e}^2(n)]}{\partial a_m}=2E[(f(n)-\sum_{m=1}^{M}a_m f(n-m))f(n-m)]=0 \tag{5.38}$$

均方误差 ε 最小。式（5.38）是一个线性方程组，这个方程组可以写成矩阵形式：

$$E[F(n)F^t(n)A]=E[f(n)F(n)] \tag{5.39}$$

$$F(n)=(f(n-1)f(n-2)\cdots f(n-M)) \tag{5.40}$$

$$A=(a_1\ a_2\cdots\ a_M) \tag{5.41}$$

其中，上标 t 表示矩阵的装置。解线性方程组，对应的预测加权系数 a_m就是最佳的线性预测加权系数。

$$a_m=\frac{|E(F(n)F^t(n))^m|}{|E(F(n)F^t(n))|} \tag{5.42}$$

其中，上标 M 表示 $E(F(n)F^t(n))$的第 m 列替换为$f(n)F(n)$的替换矩阵。符号$|X|$表示 X 的行列式的值。

线性预测编码的优点是可以进行流编码，编码的压缩率比较高。缺点是运算速度较慢，预测加权系数的个数越多，运算速度越慢。

在音频信息处理中，语音信息编码目前比较流行的方法是码激励线性预测 CELP（Code Excited Linear Prediction）算法。CELP 编码算法是先设计一个码本，该码本包含许多典型的激励矢量，这些矢量作为线性预测的激励参数。编码时，在码本中按照最小预测误差准则搜索一个最佳的激励矢量，这个矢量激励一个由线性预测控制的滤波器生成预测信息，输入信息与这个预测信息产生预测残差。再对预测残差进行量化，量化后进行编码。

5.11 PCM 编码

在音频信息处理中，PCM（Pulse Coding Modulation）脉冲编码也是一种常用的编码方法。PCM 编码是对连续模拟音频信息进行编码的。它首先对连续模拟音频信息进行滤波，再对滤波后的信息进行采样，然后对采样后的信息进行量化，再对量化后的数据进行编码。滤波通常采用低频滤波，目的是去除或降低连续模拟音频信息中的噪声，降低频带宽度，得到尽可能逼真的原始音频信息。采样的目的是把连续模拟音频信息离散化。采样一般采用线性采样，采样频率满足奈奎斯特（Nyquist）定律，以免信息重建时出现频率混叠，造成音频信息失真。也可以采用非线性采样，以降低数据量，提高数据压缩率。量化的目的是把模拟量转换成数字量以便进行数学处理和编码。量化一般采用线性量化，处理与运算简单快速。也可以采用非线性量化，以降低数据量，提高数据压缩率。编码一般采用自然二进制编码，也可以采用格雷码或其他无损编码方式。PCM 的解码是编码的逆过程，但比编码简单。它先对码流进行解码，再对解码后的数据进行反量化得到模拟量，然后对模拟量进行积分，得到连续的模拟信息。连续模拟音频信息数据流的 PCM 编码/解码流程如图 5-8 所示。

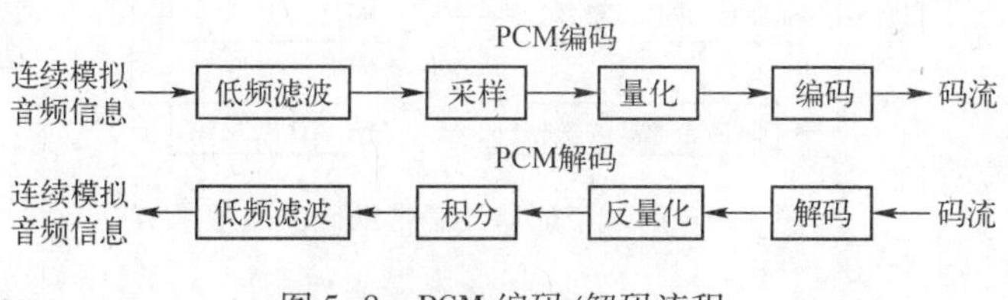

图 5-8　PCM 编码/解码流程

PCM 编码一般采用电子电路来实现。早先的 PCM 编码，采样采用采样保持电路，量化采用等间隔量化，编码采用计数器转换成自然二进制码或格雷码。PCM 解码，解码、反量化和积分综合采用译码电路。现代的 PCM 编码，采样、量化和编码综合采用 A - D 模/数转换器。PCM 解码，解码、反量化和积分综合采用 D - A 数/模转换器。

在音频信息处理中，音频信息编码也可以采用非线性 PCM 编码方法。非线性 PCM 编码的目的是提升小信息量化时的信噪比，压缩大信息量化时的信噪比，扩展信息量化的信噪比动态范围。与线性 PCM 编码的区别是，非线性 PCM 编码一般在线性 PCM 编码的采样与量化之间增加一个压缩电路，在译码电路后增加一个扩张电路。压缩电路采用非线性变换瞬时压缩技术，压缩大信息同时提升小信息的质量，使等间隔量化在不增加数码率的情况下信噪比比较一致。扩张电路采用非线性变换瞬时扩张技术，将之前压缩的信息进行提升，提升的信息进行压缩，恢复到压缩前的信息。

在音频信息处理中，音频信息编码也可以采用亚奈奎斯特采样 PCM 编码方法。亚奈奎斯特采样 PCM 编码的目的是降低采样频率，减少数据量，提高编码压缩率，而不增加信息重建时的失真。亚奈奎斯特采样 PCM 编码与线性 PCM 编码不同的是，在线性 PCM 编码的采样中，采样频率低于奈奎斯特频率，减少了数据量。在线性 PCM 解码的译码电路后增加一个梳状滤波器，滤除混叠的频率成分，使重建信息不造成失真。

在音频信息编码中，国际电联电信标准局定义了关于脉冲编码的一种压缩/解压缩算法，称为 A 律（A - Law）算法。世界上大部分国家采用 A 律压缩算法。美国采用 mu 律算法进行脉冲编码。A 律算法主要用于电话交换的一种编码格式，压缩背景音，提高话音质量。

5.12　子带编码

子带编码（SBC，Sub - Band Coding）是连续模拟音频信息编码的一种编码方式。这种编码方式也可从说成是一种变换编码。它主要考虑音频信息的频率特性，按照频率特性来编码。它可以在时域内编码，也可以在频域内编码。

时域编码是先采用一组时域带通滤波器对连续模拟音频信息进行时域滤波，把音频信息分解成几个频域子带的音频信息。然后对每个子带的音频信息采用自适应差分脉冲编码调制（AD PCM，Adaptive Differential PCM）编码。时域子带解码是编码的逆过程。先将每个子带的 PCM 码译码得到子带音频信息。然后再把所有子带音频信息合成，得到原始音频信息。时域带通滤波子带编码的流程如图 5-9 所示。

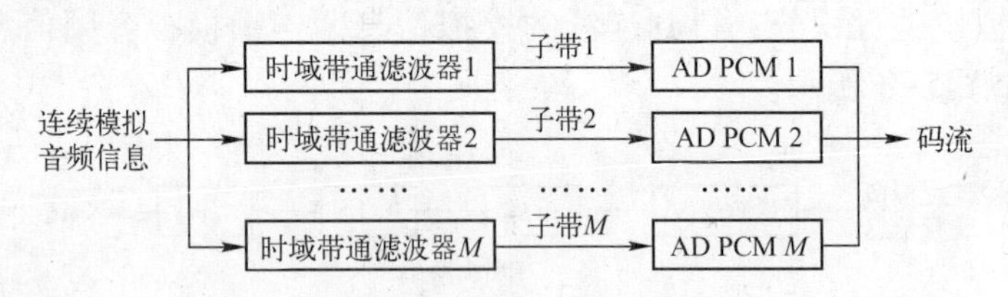

图 5-9　时域带通滤波子带编码的流程

时域子带编码也可以先采用时域子带变换的方式，例如小波变换，把音频信息分解成几个频域子带的音频信息。然后对每个子带的音频信息采用自适应差分脉冲编码调制 AD PCM 编码。这种编码可以认为是一种变换编码。这种编码的解码是编码的逆过程。先将每个子带的 PCM 码译码得到子带音频信息。然后再把这些子带音频信息进行子带反变换，得到原始音频信息。时域子带变换子带编码的流程如图 5-10 所示。

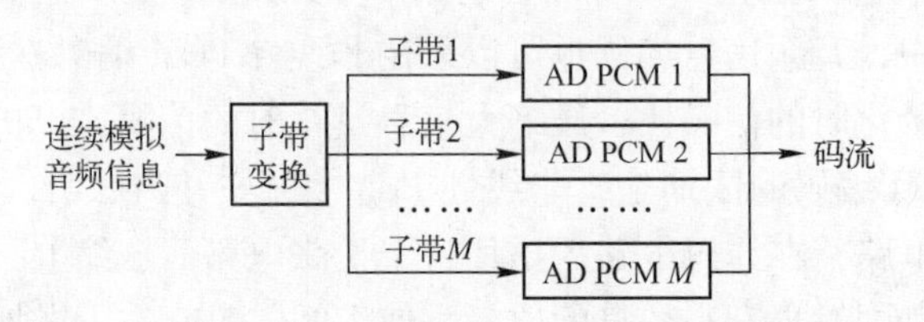

图 5-10　时域子带变换子带编码的流程

频域子带编码是先采用时频变换的方式，例如傅里叶变换，余弦变换等，把音频信息从时域变换到频域。再采用一组频域带通滤波器对音频信息的频谱进行频域滤波，把音频信息的频谱分解成几个频域子带。然后对每个子带的频谱采用自适应差分脉冲编码调制 AD PCM 编码。这种编码也可以认为是一种变换编码。这种编码的解码是编码的逆过程。先将每个子带的 PCM 码译码得到子带频谱。然后把这些子带频谱合成，再进行时频反变换，得到原始音频信息。频域带通滤波子带编码的流程如图 5-11 所示。

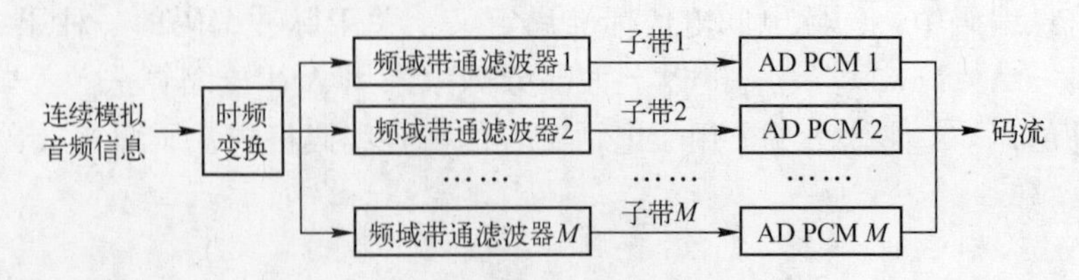

图 5-11　频域带通滤波子带编码的流程

子带编码的优点是各个子带按照自己的特点进行自适应的脉冲编码调制编码，可以降低数据量，提高数据压缩率。缺点是编码系统结构复杂，编码速度不够高。

5.13　国际编码标准

在音频信息处理中，音频信息编码有许多种编码方式方法，由此生成的编码文件格式可能不尽相同。为了各种音频信息编码/解码之间互相兼容，或者互相转换，需要有比较统一的公认的国际标准。为此，国际标准化组织已研究、制定、建议了一些音频编码/解码的国际标准。目前，国际上有三大研究、制定、建议国际标准的组织，一是国际电信联盟 ITU (International Telecommunication Union)，一个是国际标准化组织/国际电工委员会 ISO/IEC (International Organization for Standardization/International Electro technical Commission)。另一个是欧洲通信标准协会 ETSI（European Telecommunication Standards Institute）。国际电信联盟的远程通信标准局 ITU - T（ITU - Telecommunication）研究、制定、建议的比较主流的音视频编码/解码的国际标准有 G. 71x、G. 72x、H. 26x。国际标准化组织的运动图像专家组 ISO/IEC MPEG 研究、制定、建议的主流音视频编码/解码国际标准有 MPEG - x。ETSI 研究、制定、建议的主流音视频编码/解码国际标准有 CELP。当今，MPEG - 2、MPEG - 4 AVC/H. 264、VC - 1、AVS 是国际数字音视频编解码技术的四大标准。VC - 1（Video Coding - 1）是微软研究、制定的标准。AVS（Audio Video Coding Standard）是中国研究、制定的中国国家标准和国际标准。

1. G. 71x

G. 71x 包括 G. 711、G. 711A（PCMA）、G. 711U（PCMU）是国际电信联盟远程通信 ITU - T 标准局研究、制定、建议的音频信息编码国际标准。这种标准需要的带宽是 64 kbit/s。它们采用 PCM 编码方式，速率较高，信噪比较高，音质很好。其中 G. 711 是 ITU - T 的前身 CCITT（Consultative Committee of International Telegraph and Telephone）于 20 世纪 70 年代建议的国际标准。

2. G. 72x

G. 72x 包括 G. 721、G. 722、G. 723、G. 723. 1、G. 728、G. 729、G. 729A。它们也是国际电信联盟远程通信 ITU - T 标准局研究、制定、建议的国际标准。

G. 721 需要的带宽是 32 kbit/s，压缩比较高，采用 SB AD PCM 编码/解码技术。

G. 722 需要的带宽是 64 kbit/s，高保真度音频质量，采用 SB AD PCM 编码/解码技术。

G. 723 需要的带宽是 5. 3/6. 3 kbit/s。一般用于多媒体通信、IP 电话语音编码、语音高效压缩存储。5. 3 kbit/s 编码中采用多脉冲最大似然量化技术（MP MLQ），6. 3 kbit/s 编码中采用代数码激励线性预测技术。

G. 723. 1 需要的带宽是 5. 3 kbit/s。具有最优的语音音质。一般用于低速率音频信息和 IP 电话的编码压缩。

G. 728 需要的带宽是 16/8 kbit/s。一般用于 IP 电话、语音传输与存储、卫星通信等的编码压缩。它采用自适应后置滤波短延时码本激励线性预测编码（LD CELP，Low Delay CELP）。

G. 729 需要的带宽是 8 kbit/s。一般用于 IP 电话、语音传输与存储、卫星通信等的编码压缩。它采用共轭结构代数码本激励自适应线性预测编码（CS ACELP，Conjugate Structure

Algebra CELP）和矢量量化、合成分析、感知加权等技术。这个编码标准是由美国、法国、日本和加拿大几家国际著名电信公司合作研发的，是目前一种较新的语音压缩标准。

G.729A 是 G.729 的简化版，降低了计算复杂度，增加了编码压缩的实时性，目前主要使用 G.729A 版本。

3. ADPCM

ADPCM（Adaptive Differential PCM）自适应脉冲编码调整也是国际电信联盟远程通信 ITU－T 标准局研究、制定、建议的音频信息编码国际标准。这种标准需要的带宽是 32 kbit/s。它综合了 APCM（Adaptive PCM）自适应脉冲编码调制和 DPCM（Differential PCM）差分脉冲编码调制两种编码的优点，采用自适应量化和线性预测误差方法编码。它们的信噪比较高，音质较好。

4. MPEG－x

MPEG－x 包括 MPEG－1 audio layer 1、MPEG－1 audio layer 2（MP2）、MPEG－1 audio layer 3（MP3），MPEG－2 audio layer、MPEG－4、MPEG－7、MPEG－21。它们是国际标准化组织 ISO/IEC（International Organization for Standardization/International Electrotechnical Commission）的运动图像专家组 MPEG（Moving Pictures Eexperts Group）研究、制定、建议的国际标准。MPEG－1 audio 是第一个高保真度音频数据编码压缩的国际标准。它有三个层：layer 1，layer2，layer 3。它们主要采用预测、变换、熵编码等技术进行音视频编码/解码。

MPEG－1 audio layer 1，需要的带宽是 384 kbit/s。压缩率较高，可达 4 倍。一般用于数字盒式录音磁带、双声道、CD、VCD 等的音频编码压缩。

MPEG－1 audio layer 2 需要的带宽是 256 bps～192 kbit/s。压缩率高，可达 8 倍。它广泛应用于数字演播，数字音频广播 DAB（Digital Audio Broadcasting）、数字视频播放 DVB（Digital Video Broadcasting）、CD、VCD 等数字节目制作、存储、交换、传输，双声道等的编码压缩。

MPEG－1 audio layer 3 需要的带宽是 128 bps～112 kbit/s。它压缩率很高，可达 10 倍。一般用于互联网上的高质量声音的传输，音乐的编码压缩，双声道。

MPEG－2 audio 需要的带宽、编码压缩算法、压缩率、应用等与 MPEG－1 audio 相同，不同的是它支持 5.1 声道和 7.1 声道的环绕立体声系统。它特别用于数字广播电视、高清电视、DVD 等。

MPEG－4、MPEG－7、MPEG－21 中的音频编码是 MPEG audio 的升级版，主要应用于多媒体音频信息通信、播放、存储等的编码压缩。

5. AAC

AAC（Advanced Audio Coding）高级音频编码也是运动图像专家组 MPEG 研究、制定、建议的音频编码国际标准。它是 MPEG－2 audio 之后的新一代音频编码国际标准。它需要的带宽是 96 bps～128 kbit/s。AAC 采用熵编码，具有 48 个主要音频通道，16 个低频增强通道，16 个集成数据流，16 个配音，16 种编排。主要应用于因特网音频传输播放、数字音频广播，卫星直播和数字调幅 AM（Amplitude Modulation）、数字电视、数字影院系统等。

6. H.26x

H.26x 包括 H.261、H.262、H.263、H.264。它们是国际电信联盟远程通信 ITU－T 标

准局研究、制定、建议的音视频编码/解码国际标准。它们主要采用预测、变换、熵编码等技术进行音视频编码/解码。

H. 261 的数码率为 64 kbit/s ~ 19. 2 Mbit/s。它具有很好的实时性和低延时性，主要用于可视电话、会议电视、窄带综合数据网的音视频编码/解码标准。

H. 262 是 ITU - T 的 VCEG 和 ISO/IEC 的 MPEG 共同研究、制定、建议的标准。ITU - T 命名为 H. 262，ISO/IEC 命名为 MPEG - 2。MPEG - 2/H. 262 广泛应用于消费类电子视频设备、数字电视广播、直接卫星广播、DVD。

H. 263 是 H. 261 的升级版，性能和功能更优越。

H. 264 是国际电信联盟远程通信 ITU - T 标准局的视频编码专家组 VCEG（Video Coding Experts Grope）和国际标准化组织 ISO/IEC 的运动图像专家组 MPEG 的联合视频组 JVT（Joint Video Team）开发的新一代数字音视频编码标准。ITU - T 按 H. 26x 系列命名为 H. 264。ISO/IEC 把它放在 MPEG - 4 的第 10 部分，按 MPEG - x 系列命名为 MPEG - 4 AVC（Advanced Video Coding，高级视频编码），或 MPEG - 4 Part 10。H. 264 是继 MPEG - 4 之后由国际标准化组织（ISO）和国际电信联盟（ITU）共同提出的。H. 264 是 ITU - T 以 H. 26x 系列为名称命名的视频编解码技术标准之一。

7. CELP

CELP（Code Excited Linear Prediction）码激励线性预测编码，是欧洲通信标准协会 ETSI（European Telecommunication Standards Institute）研究、制定、建议的音频编码国际标准。它需要的带宽是 4 ~ 16kbit/s。这个标准采用预测误差的感知加权、基音预测的分数延迟、MSPE 准则的延迟优化等技术，提高音频质量。

8. AVS

AVS（Audio Video Coding Standard）音视频编码标准，是北京大学数字媒体研究所 AVS 工作组研究、制定，2006 年中国国家标准局批准的中国国家标准，2009 年 ITU 建议的国际标准。AVS 采用预测、变换、熵编码等先进技术进行音视频编码/解码，具有很高的压缩率、效率、音视频质量。效率是 MPEG - 2 的 2 ~ 3 倍，与 H. 264 相当。算法复杂度、软件成本、硬件成本比 H. 264 低。主要应用于高清电视、网络电视、数字媒体存储等。

AVS2 是 AVS 的高级版。2013 年美国电器电子工程师学会 IEEE（Institute of Electrical and Electronic Engineers）颁布为 IEEE 标准。

5.14　本章小结

本章介绍了音频信息的主要编码算法，包括霍夫曼（Huffman）编码、香农 - 范诺（Shannon - Fano）编码、算数编码（AC，Arithmetic Coding）、行程编码（RLE，Run - Length Encoding）、LZW 编码（Lempel - Ziv - Welch Encoding）、余弦变换编码、小波变换编码、矢量量化编码、预测编码（PC，Predictive Coding）、PCM（Pulse Coding Modulation）脉冲编码调制和子带编码（SBC，Sub - Band Coding），并对它们的基本编解码流程进行了描述。同时对目前广泛应用于音视频通信、广播、多媒体通信、传输、存储等的音视频编码/解码国际标准进行了介绍。

第6章　音频信息滤波

6.1　概述

在音频信息的采集、传输、接收、处理中，由于系统的降质作用和系统本身的噪声及环境噪声的干扰，系统输出的音频信息会被降质和被噪声污染。

音频信息被降质和被噪声污染可以用一个数学模型（如图6-1所示）来表示：

$$g(t)=s(t)*h(t)+n(t) \tag{6.1}$$

其中，$g(t)$是输出的音频信息，$s(t)$是输入的音频信息，$h(t)$是采集、传输、接收、处理等系统的点扩展函数或脉冲响应函数，$n(t)$是系统本身和环境干扰的加性噪声。符号（$*$）表示卷积运算。

音频信息被降质和被噪声污染也可以用一个电路模型来表示：

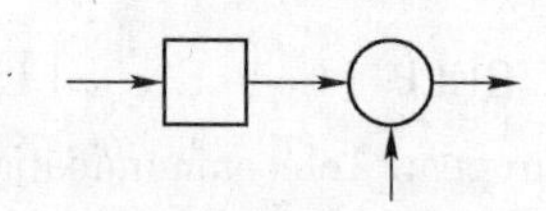

图6-1　音频信息被降质和被噪声污染的电路模型

在音频信息处理中，常常需要从被降质和被噪声污染的音频信息$g(t)$中复原或估计原始音频信息$s(t)$，称为音频信息复原或音频信息增强。在$g(t)$中，主要是降质和噪声。其中之一是低频噪声，之二是高频噪声，之三是系统的点扩展函数模糊。因此，复原或估计$s(t)$的一种方法就是滤波，滤除低频噪声或高频噪声。这种情况下，常常采用低通滤波、高通滤波、带通滤波、带阻滤波等。复原或估计$s(t)$的另一种方法就是复原，消除噪声和点扩展函数模糊的影响，从被降质和被噪声污染的音频信息$g(t)$中复原或恢复原始音频信息$s(t)$。这种情况下，常常采用复原滤波。

在音频信息的采集、传输、接收、处理中，有时还需要对音频信息分频，即频率划分，把频谱分成子带。例如前一章的子带编码，通信中的频分复用，电视、广播中的频率分配等。分频的一种方法就是滤波，滤除不需要的子带，保留需要的子带。这种情况下，常常采用低通滤波、高通滤波、带通滤波、带阻滤波、梳状滤波等。

音频信息滤波，可以在时域里进行，这类滤波被称为时域滤波：

$$s'(t)=f(t)*g(t) \tag{6.2}$$

这里，$s'(t)$是时域滤波后的音频信息，$f(t)$是时域滤波器，符号“$*$”表示卷积运算，$g(t)$是需要滤波的音频信息。音频信息滤波，也可以在频域里进行，这类滤波被称为频域滤波：

$$S'(\omega)=F(\omega)G(\omega) \tag{6.3}$$

这里，$S'(\omega)$是频域滤波后的音频信息的频谱，$F(\omega)$是频域滤波器，$G(\omega)$是需要滤波的音频信息的频谱。音频信息滤波，也可以在变换域里进行，这类滤波被称为变换域滤波：

$$S'(u)=F(u)G(u) \tag{6.4}$$

这里，$S'(u)$是变换域滤波后的变换域音频信息，$F(u)$是变换域滤波器，$G(u)$是需要滤波的变换域的音频信息。频域滤波，也是一种变换域滤波。

本章将介绍一些滤波的基本原理、方法、算法等。首先介绍一些频域滤波（6.2节~6.10节），再介绍一些时域滤波（6.11节~6.14节）。

6.2　低通滤波

音频信息低通滤波（LPF，Low Pass Filtering）是滤除音频信息中的高频分量，通过音频信息中的低频分量。音频信息低通滤波是一种频域滤波，或变换域滤波。音频信息低通滤波有许多种类型，典型的低通滤波有理想低通滤波、指数低通滤波、梯形低通滤波、高斯低通滤波、巴特沃尔斯低通滤波等。

6.2.1　理想低通滤波

音频信息的理想低通滤波（ILPF，Ideal LPF）有一个理想的截止频率，低于截止频率的音频信息完全通过，而高于截止频率的音频信息完全不通过或完全滤除。理想低通滤波可以用一个数学模型来表示：

$$S'(\omega)=F_{IL}(\omega)G(\omega) \tag{6.5}$$

$$F_{\mathrm{IL}}(\omega)=\begin{cases}1 & \text{if} \quad \omega<=\omega_u \\ 0 & \text{Otherwise}\end{cases} \tag{6.6}$$

其中，ω_u是上截止频率。理想低通滤波器的滤波函数如图6-2a所示。一个音频信息的频谱及其理想低通滤波结果如图6-2b、c所示。

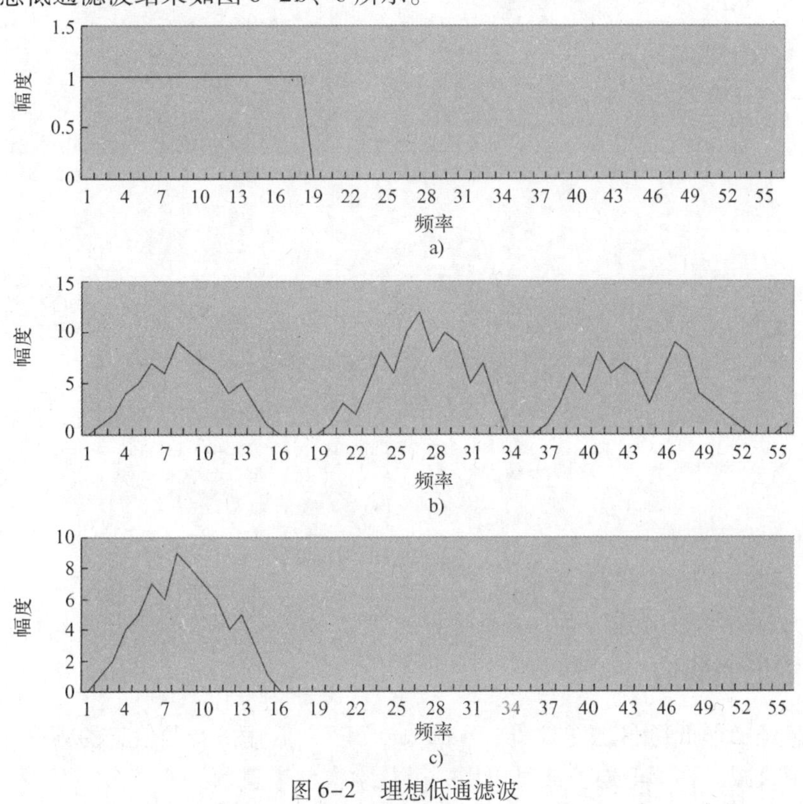

图6-2　理想低通滤波

a）滤波器函数　b）音频信息频谱　c）滤波结果

6.2.2 指数低通滤波

音频信息经指数低通滤波（ELPF, Exponential LPF）后输出音频信息的频率是输入音频信息频率的指数衰减。指数低通滤波可以用一个数学模型来表示：

$$S'(\omega)=F_{EL}(\omega)G(\omega) \tag{6.7}$$

$$F_{EL}(\omega)=e^{-\left(\frac{\omega}{\omega_u}\right)^n} \tag{6.8}$$

其中，ω_u是上截止频率，n是指数函数的阶。在截止频率$\omega=\omega_u$处，滤波函数$F_{EL}(\omega)$的值为e^{-1}。当$\omega<\omega_u$时，$F_{EL}(\omega)$的值为$(1\sim e^{-1})$。当$\omega>\omega_u$时，$F_{EL}(\omega)$的值为$(e^{-1}\sim 0)$。n决定$F_{EL}(\omega)$的衰减快慢。n越大，$F_{EL}(\omega)$的衰减越慢，反之越快。指数低通滤波器的滤波函数如图6-3a所示，其中，$\omega_u=16$，$n=4$。一个音频信息的频谱及其指数低通滤波结果如图6-3b、c所示。

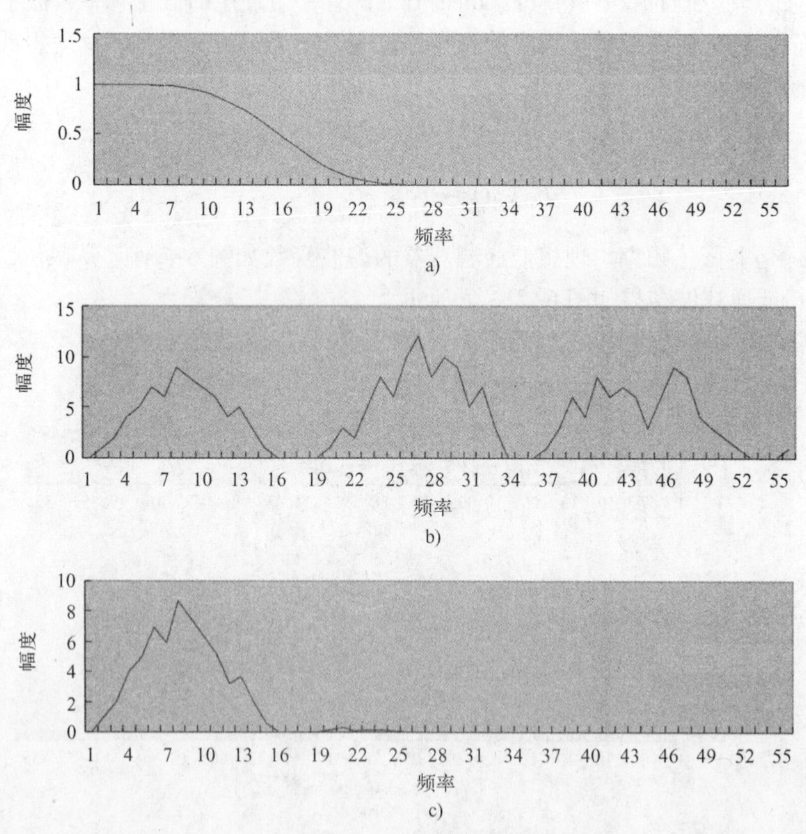

图6-3 指数低通滤波

a）滤波器函数 b）音频信息频谱 c）滤波结果

6.2.3 梯形低通滤波

音频信息经梯形低通滤波（TLPF, Trapezoid LPF）后输出音频信息的频率是输入音频信息频率的梯形衰减。梯形低通滤波可以用一个数学模型来表示：

$$S'(\omega)=F_{TL}(\omega)G(\omega) \tag{6.9}$$

$$F_{TL}(\omega)=\begin{cases}1 & \text{if} \quad \omega\leqslant\omega_1\\ \dfrac{\omega-\omega_2}{\omega_1-\omega_2} & \text{if} \quad \omega_1\leqslant\omega\leqslant\omega_2\\ 0 & \text{if} \quad \omega\geqslant\omega_2\end{cases} \tag{6.10}$$

其中，ω_1是通道频率，ω_2是截止频率。在通道频率和截止频率之间，滤波函数 $F_{TL}(\omega)$ 的值线性衰减。梯形低通滤波器的滤波函数如图 6-4 所示。

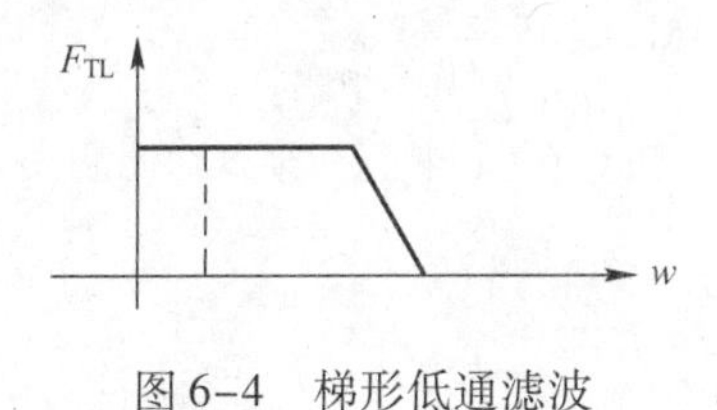

图 6-4　梯形低通滤波

6.2.4　高斯低通滤波

音频信息经高斯低通滤波（GLPF，Gaussian LPF）后输出音频信息的频率是输入音频信息频率的高斯衰减。高斯低通滤波可以用一个数学模型来表示：

$$S'(\omega)=F_{GL}(\omega)G(\omega) \tag{6.11}$$

$$F_{GL}(\omega)=e^{-\frac{\omega^{2n}}{2\omega_u^{2n}}} \tag{6.12}$$

其中，ω_u是上截止频率，n 是高斯函数的阶。在频率 $\omega=(\sqrt{2})\omega_u$处，滤波函数 $F_{GL}(\omega)$ 的值为 e^{-1}。n 决定 $F_{GL}(\omega)$的衰减快慢。n 越大，$F_{GL}(\omega)$的衰减越慢，反之越快。高斯低通滤波可以认为是一种指数低通滤波。高斯低通滤波器的滤波函数如图 6-5 所示，其中，$\omega_u=16$，$n=2$。

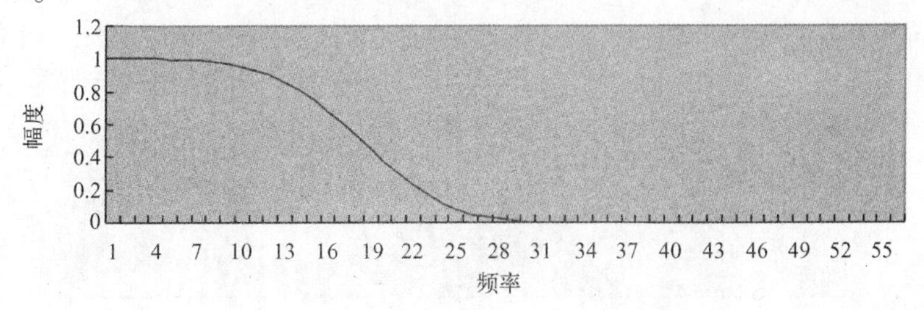

图 6-5　高斯低通滤波

6.2.5　巴特沃尔斯低通滤波

音频信息经巴特沃尔斯低通滤波（BLPF，Butterworth LPF）后输出音频信息的频率是输入音频信息频率的巴特沃尔斯衰减。巴特沃尔斯低通滤波可以用一个数学模型来表示：

$$S'(\omega)=F_{BL}(\omega)G(\omega) \tag{6.13}$$

$$F_{BL}(\omega)=\frac{1}{1+\left(\dfrac{\omega}{\omega_u}\right)^{2n}} \tag{6.14}$$

其中，ω_u是上截止频率，n 是巴特沃尔斯函数的阶。在频率 $\omega=\omega_u$处，滤波函数$F_{BL}(\omega)$

的值为1/2。n 决定 $F_{BL}(\omega)$ 的衰减快慢。n 越大，$F_{BL}(\omega)$ 的衰减越慢，反之越快。巴特沃尔斯低通滤波器的滤波函数如图 6-6 所示，其中，$\omega_u=16$，$n=2$。

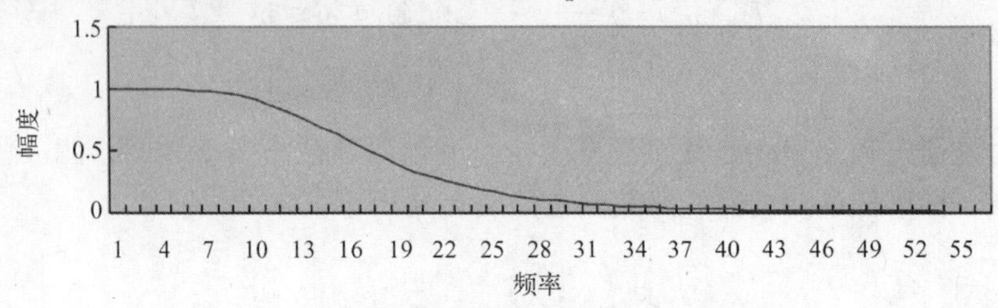

图 6-6　巴特沃尔斯低通滤波

6.3　高通滤波

音频信息高通滤波（HPF, High Pass Filtering），是滤除音频信息中的低频分量，通过音频信息中的高频分量。音频信息高通滤波是一种频域滤波或变换域滤波。音频信息高通滤波有许多种类型，典型的高通滤波有理想高通滤波、指数高通滤波、梯形高通滤波、高斯高通滤波、巴特沃尔斯高通滤波等。

6.3.1　理想高通滤波

音频信息的理想高通滤波（IHPF, Ideal HPF）有一个理想的截止频率，高于截止频率的音频信息完全通过，而低于截止频率的音频信息被完全滤除。理想高通滤波可以用一个数学模型来表示：

$$S'(\omega)=F_{IH}(\omega)G(\omega) \tag{6.15}$$

$$F_{IH}(\omega)=\begin{cases}1 & \text{if} \quad \omega \geqslant \omega_l \\ 0 & \text{Otherwise}\end{cases} \tag{6.16}$$

其中，ω_l 是下截止频率。理想高通滤波器的滤波函数如图 6-7a 所示。一个音频信息的频谱及其理想高通滤波结果如图 6-7b、c 所示。

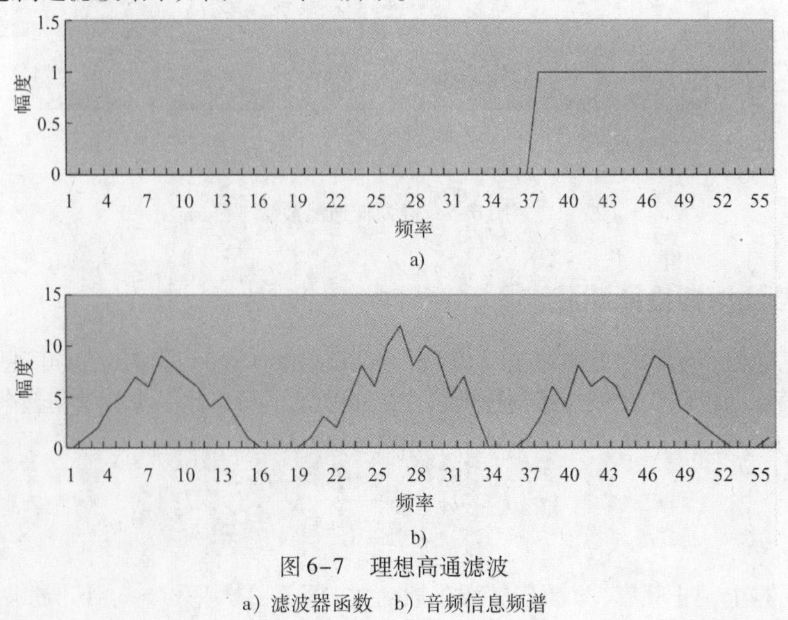

图 6-7　理想高通滤波

a）滤波器函数　b）音频信息频谱

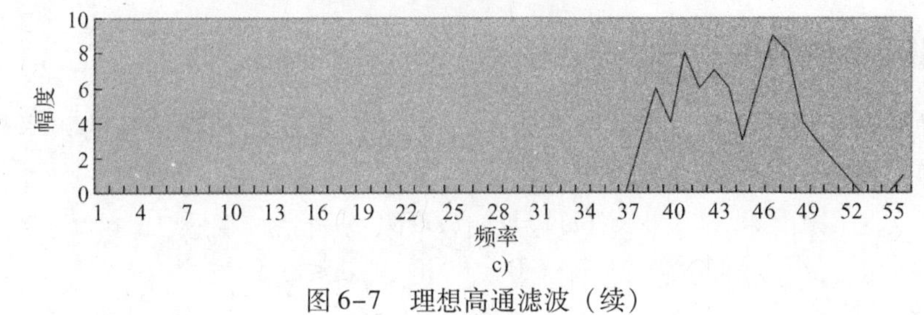

图 6-7　理想高通滤波（续）

c）滤波结果

6.3.2　指数高通滤波

音频信息经指数高通滤波（EHPF，Exponential HPF）后输出音频信息的频率是输入音频信息频率的指数增长。指数高通滤波可以用一个数学模型来表示：

$$S'(\omega)=F_{\mathrm{EH}}(\omega)G(\omega) \tag{6.17}$$

$$F_{\mathrm{EH}}(\omega)=\begin{cases}\mathrm{e}^{-\left(\frac{\omega_l}{\omega}\right)^n} & \omega\neq 0\\ 0 & \omega=0\end{cases} \tag{6.18}$$

其中，ω_l是下截止频率，n是指数函数的阶。在截止频率$\omega=\omega_l$处，滤波函数$F_{\mathrm{EH}}(\omega)$的值为$1-\mathrm{e}^{-1}$。当$\omega<\omega_l$时，$F_{\mathrm{EH}}(\omega)$的值为$(0\sim 1-\mathrm{e}^{-1})$。当$\omega>\omega_l$时，$F_{\mathrm{EH}}(\omega)$的值为$(1-\mathrm{e}^{-1}\sim 1)$。$n$决定$F_{\mathrm{EH}}(\omega)$的增长快慢。$n$越大，$F_{\mathrm{EH}}(\omega)$的增长越快，反之越慢。指数高通滤波器的滤波函数如图 6-8a 所示，其中，$\omega_l=40$，$n=6$。一个音频信息的频谱及其指数高通滤波结果如图 6-8b、c 所示。

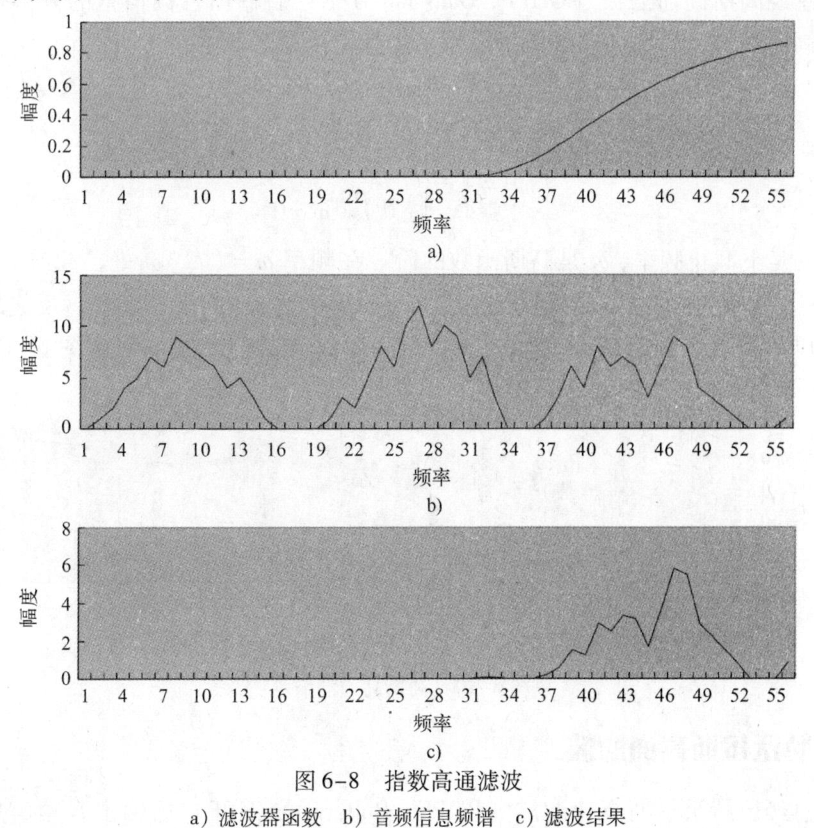

图 6-8　指数高通滤波

a）滤波器函数　b）音频信息频谱　c）滤波结果

6.3.3 梯形高通滤波

音频信息经梯形高通滤波（THPF, Trapezoid HPF）后输出音频信息的频率是输入音频信息频率的梯形增长。梯形高通滤波可以用一个数学模型来表示：

$$S'(\omega)=F_{\mathrm{TH}}(\omega)G(\omega) \tag{6.19}$$

$$F_{\mathrm{TH}}(\omega)=\begin{cases}0 & \text{if} \quad \omega\leqslant\omega_1 \\ \dfrac{\omega-\omega_1}{\omega_2-\omega_1} & \text{if} \quad \omega_1\leqslant\omega\leqslant\omega_2 \\ 1 & \text{if} \quad \omega\geqslant\omega_2\end{cases} \tag{6.20}$$

其中，ω_1是截止频率，ω_2是通道频率。在截止频率和通道频率之间，滤波函数$F_{\mathrm{TH}}(\omega)$的值线性增长。梯形高通滤波器的滤波函数如图6-9所示。

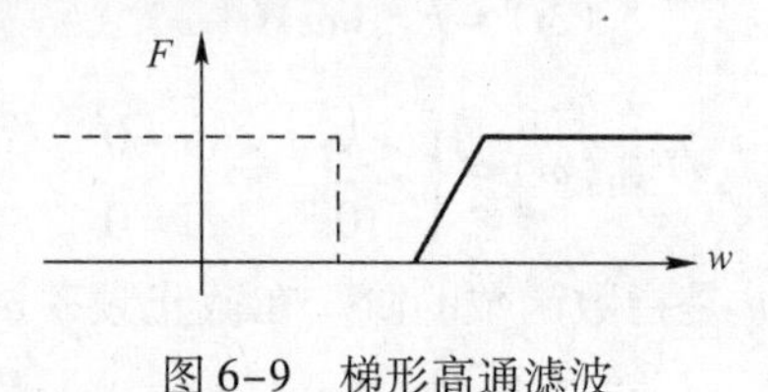

图6-9　梯形高通滤波

6.3.4 高斯高通滤波

音频信息经高斯高通滤波（GHPF, Gaussian HPF）后输出音频信息的频率是输入音频信息频率的高斯增长。高斯高通滤波可以用一个数学模型来表示：

$$S'(\omega)=F_{\mathrm{GH}}(\omega)G(\omega) \tag{6.21}$$

$$F_{\mathrm{GH}}(\omega)=\begin{cases}\mathrm{e}^{-\frac{\omega_l^{2n}}{2\omega^{2n}}} & \omega\neq 0 \\ 0 & \omega=0\end{cases} \tag{6.22}$$

其中，ω_l是下截止频率，n是高斯函数的阶。在频率$\omega=(\sqrt{2})\omega_l$处，滤波函数$F_{\mathrm{GH}}(\omega)$的值为$1-\mathrm{e}^{-1}$。$n$决定$F_{\mathrm{GH}}(\omega)$的增长快慢。$n$越大，$F_{\mathrm{GH}}(\omega)$的增长越快，反之越慢。高斯高通滤波可以认为是一种指数高通滤波。高斯高通滤波器的滤波函数如图6-10所示，其中，$\omega_l=40$，$n=3$。

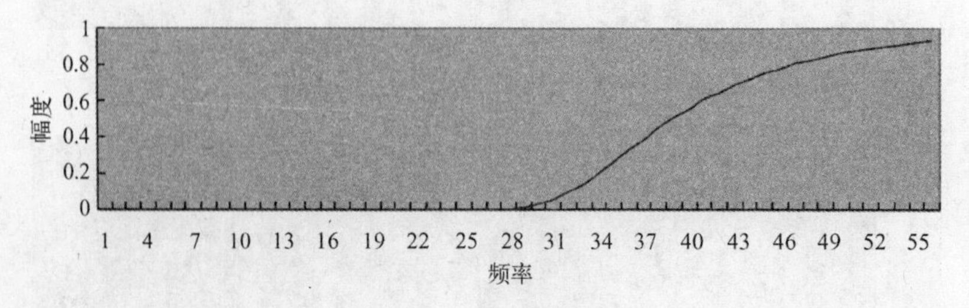

图6-10　高斯高通滤波

6.3.5 巴特沃尔斯高通滤波

音频信息经巴特沃尔斯高通滤波（BHPF, Butterworth HPF）后输出音频信息的频率是输入音频信息频率的巴特沃尔斯增长。巴特沃尔斯高通滤波可以用一个数学模型来表示：

$$S'(\omega)=F_{\mathrm{BH}}(\omega)G(\omega) \tag{6.23}$$

$$F_{\mathrm{BH}}(\omega)=\begin{cases}\dfrac{1}{1+\left(\dfrac{\omega_l}{\omega}\right)^{2n}} & \omega\neq 0\\ 0 & \omega=0\end{cases} \tag{6.24}$$

其中，ω_l是下截止频率，n是巴特沃尔斯函数的阶。在频率$\omega=\omega_l$处，滤波函数$F_{\mathrm{BH}}(\omega)$的值为1/2。n决定$F_{\mathrm{BH}}(\omega)$的增长快慢。n越大，$F_{\mathrm{BH}}(\omega)$的增长越快，反之越慢。巴特沃尔斯高通滤波器的滤波函数如图6-11所示，其中，$\omega_l=40$，$n=3$。

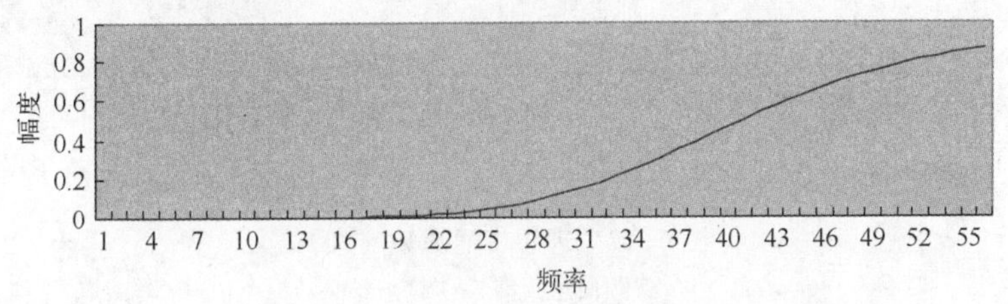

图6-11　巴特沃尔斯高通滤波

6.4　带通滤波

音频信息带通滤波（BPF，Band Pass Filtering），是滤除音频信息中的低频分量和高频分量，通过音频信息的中频分量。音频信息带通滤波是一种频域滤波或变换域滤波。音频信息带通滤波有许多种类型，典型的带通滤波有理想带通滤波、指数带通滤波、梯形带通滤波、高斯带通滤波、巴特沃尔斯带通滤波等。

6.4.1　理想带通滤波

音频信息的理想带通滤波（IBPF，Ideal BPF）有一个理想的下截止频率和一个理想的上截止频率。在这两个截止频率之间的音频信息完全通过，而低于下截止频率和高于上截止频率的音频信息被完全滤除。理想带通滤波可以用一个数学模型来表示：

$$S'(\omega)=F_{\mathrm{IB}}(\omega)G(\omega) \tag{6.25}$$

$$F_{\mathrm{IB}}(\omega)=\begin{cases}1 & \text{if}\quad \omega_l\leqslant\omega\leqslant\omega_u\\ 0 & \text{Otherwise}\end{cases} \tag{6.26}$$

其中，ω_l是下截止频率，ω_u是上截止频率。理想带通滤波器的滤波函数如图6-12a所示。一个音频信息的频谱及其理想带通滤波结果如图6-12b、c所示。

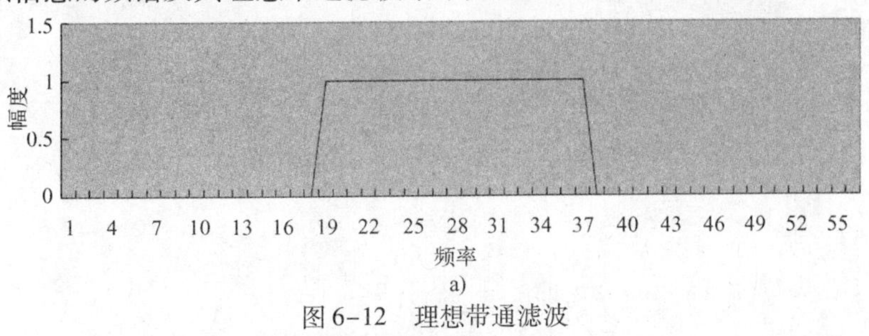

a)

图6-12　理想带通滤波

a）滤波器函数

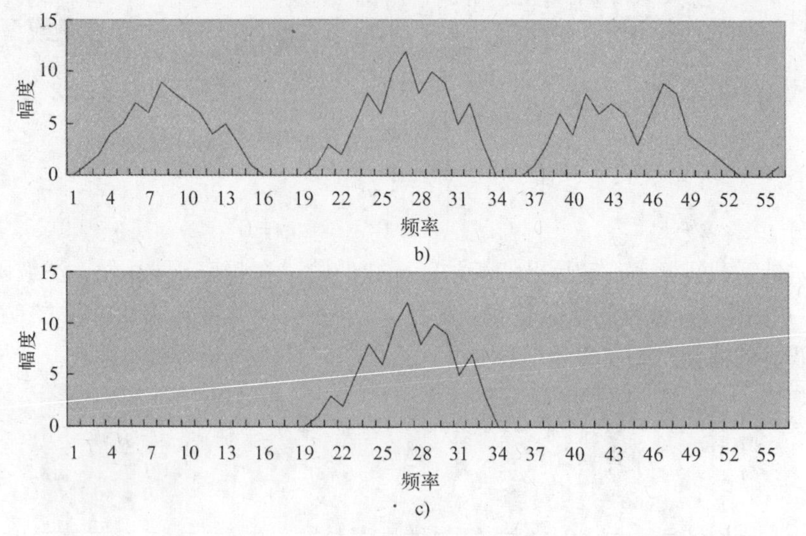

图 6-12　理想带通滤波（续）

b）音频信息频谱　c）滤波结果

6.4.2　指数带通滤波

音频信息经指数带通滤波（EBPF，Exponential BPF）后输出音频信息的频率是输入音频信息在低频率部分指数增长而在高频部分指数衰减。指数带通滤波可以用一个数学模型来表示：

$$S'(\omega)=F_{EB}(\omega)G(\omega) \tag{6.27}$$

$$F_{EB}(\omega)=\mathrm{e}^{-\left|\frac{(\omega-\omega_0)^n}{\sigma^n}\right|} \tag{6.28}$$

其中，ω_0是中心频率，σ 是带宽指数，n 是指数函数的阶，$|x|$ 表示取 x 的绝对值。在频率 $\omega=\omega_0$处，滤波函数 $F_{EB}(\omega)$的值为 1。σ 决定带宽，σ 越大，带越宽，反之越窄。n 决定 $F_{EB}(\omega)$的变化快慢。n 越大，$F_{EB}(\omega)$的变化越快，反之越慢。指数带通滤波器的滤波函数如图 6-13a 所示，其中，$\omega_0=27,\sigma=8,n=4$。一个音频信息的频谱及其指数带通滤波结果如图 6-13b、c 所示。

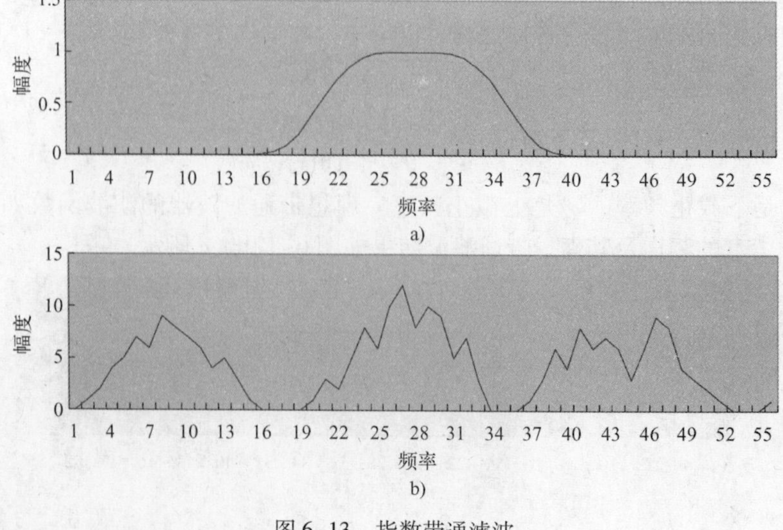

图 6-13　指数带通滤波

a）滤波器函数　b）音频信息频谱

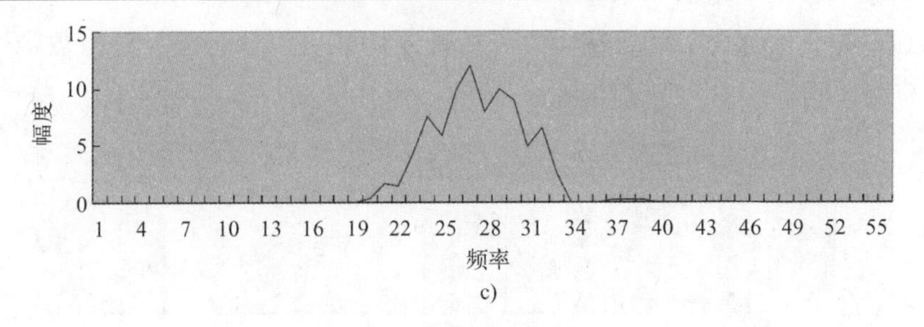

图 6-13　指数带通滤波（续）
c）滤波结果

6.4.3　梯形带通滤波

音频信息经梯形带通滤波（TBPF，Trapezoid BPF）后输出音频信息的频率是输入音频信息在低频率部分梯形增长、高频部分梯形衰减、中频部分呈梯形。梯形带通滤波可以用一个数学模型来表示：

$$S'(\omega)=F_{TB}(\omega)G(\omega) \tag{6.29}$$

$$F_{TB}(\omega)=\begin{cases}1 & \text{if} \quad \omega_2\leqslant\omega\leqslant\omega_3\\ \dfrac{\omega-\omega_1}{\omega_2-\omega_1} & \text{if} \quad \omega_1\leqslant\omega\leqslant\omega_2\\ \dfrac{\omega-\omega_4}{\omega_3-\omega_4} & \text{if} \quad \omega_3\leqslant\omega\leqslant\omega_4\\ 0 & \text{Otherwise}\end{cases} \tag{6.30}$$

其中，ω_1是下截止频率，ω_2是下通道频率，ω_3是上通道频率，ω_4是上截止频率。在下截止频率和下通道频率之间，滤波函数 $F_{TB}(\omega)$的值线性增长。在上通道频率和上截止频率之间，滤波函数 $F_{TB}(\omega)$的值线性衰减。梯形带通滤波器的滤波函数如图 6-14 所示。

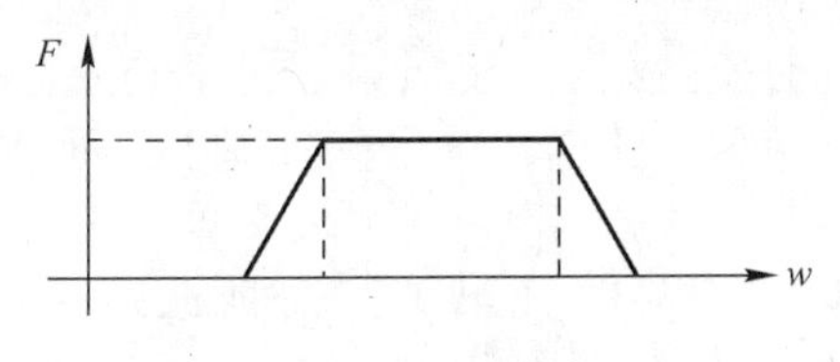

图 6-14　梯形带通滤波

6.4.4　高斯带通滤波

音频信息经高斯带通滤波（GBPF，Gaussian BPF）后输出音频信息的频率是输入音频信息频率的高斯变化。高斯带通滤波可以用一个数学模型来表示：

$$S'(\omega)=F_{GB}(\omega)G(\omega) \tag{6.31}$$

$$F_{GB}(\omega)=\mathrm{e}^{-\frac{(\omega-\omega_0)^{2n}}{2\sigma^{2n}}} \tag{6.32}$$

其中，ω_0是中心频率，σ 是带宽指数，n 是高斯函数的阶。在频率 $\omega=\omega_0$处，滤波函数 $F_{GB}(\omega)$的值为 1。σ 决定带宽，σ 越大，带宽越宽，反之越窄。n 决定 $F_{GB}(\omega)$的变化快慢。

n越大，$F_{GB}(\omega)$的变化越快，反之越慢。高斯带通滤波可以认为是一种指数带通滤波。高斯带通滤波器的滤波函数如图 6-15 所示，其中，$\omega_0=27$，$\sigma=8$，$n=2$。

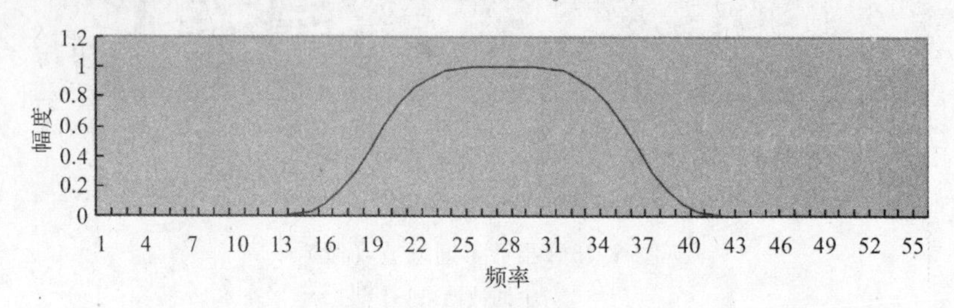

图 6-15　高斯带通滤波

6.4.5　巴特沃尔斯带通滤波

音频信息经巴特沃尔斯带通滤波（BBPF，Butterworth BPF）后输出音频信息的频率是输入音频信息频率的巴特沃尔斯变化。巴特沃尔斯带通滤波可以用一个数学模型来表示：

$$S'(\omega)=F_{BB}(\omega)G(\omega) \tag{6.33}$$

$$F_{BB}(\omega)=\frac{1}{1+\left(\frac{\omega-\omega_0}{\sigma}\right)^{2n}} \tag{6.34}$$

其中，ω_0是中心频率，σ是带宽指数，n是巴特沃尔斯函数的阶。在频率$\omega=\omega_0$处，滤波函数$F_{BB}(\omega)$的值为 1。σ决定带宽，σ越大，带宽越宽，反之越窄。n决定$F_{BB}(\omega)$的变化快慢。n越大，$F_{BB}(\omega)$的变化越快，反之越慢。巴特沃尔斯带通滤波器的滤波函数如图 6-16 所示，其中，$\omega_0=27$，$\sigma=8$，$n=2$。

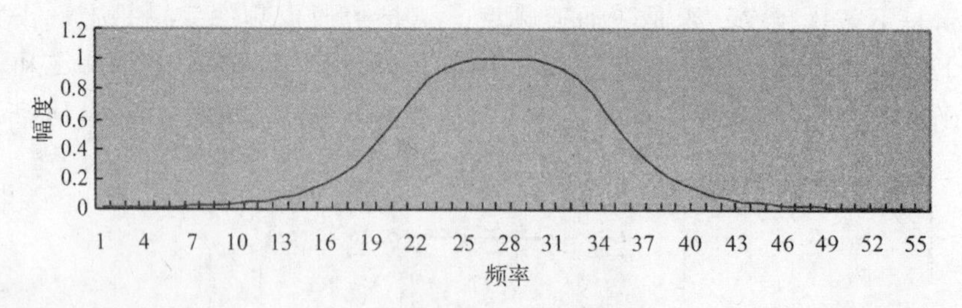

图 6-16　巴特沃尔斯带通滤波

6.5　带阻滤波

音频信息带阻滤波（BSF，Band Stop Filtering），是通过音频信息中的低频分量和高频分量，滤除音频信息的中频分量。音频信息带阻滤波是一种频域滤波，或变换域滤波。音频信息带阻滤波有许多种类型，典型的带阻滤波有理想带阻滤波、指数带阻滤波、梯形带阻滤波、高斯带阻滤波、巴特沃尔斯带阻滤波等。

6.5.1　理想带阻滤波

音频信息的理想带阻滤波（IBSF，Ideal BSF）有一个理想的下截止频率和一个理想的上截止频率。在这两个截止频率之间的音频信息被完全滤除，而低于下截止频率和高于上截止频率的音频信息完全通过。理想带阻滤波可以用一个数学模型来表示：

$$S'(\omega)=F_{\mathrm{IS}}(\omega)G(\omega) \tag{6.35}$$

$$F_{\mathrm{IS}}(\omega)=\begin{cases}0 & \text{if} \quad \omega_{\mathrm{l}}\leqslant\omega\leqslant\omega_{\mathrm{u}} \\ 1 & \text{Otherwise}\end{cases} \tag{6.36}$$

其中，ω_{l}是下截止频率，ω_{u}是上截止频率。理想带阻滤波器的滤波函数如图 6-17a 所示。一个音频信息的频谱及其理想带阻滤波结果如图 6-17b、c 所示。

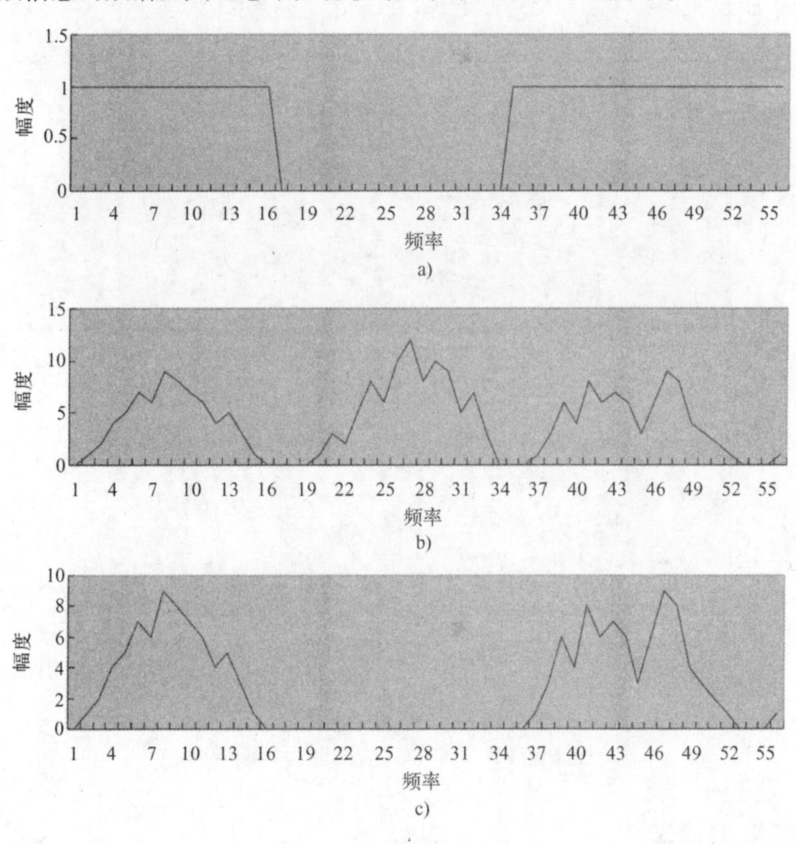

图 6-17　理想带阻滤波

a）滤波器函数　b）音频信息频谱　c）滤波结果

6.5.2　指数带阻滤波

音频信息经指数带阻滤波（ESPF，Exponential BSF）后输出音频信息的频率是输入音频信息在低频率部分指数衰减而在高频部分指数增长。指数带阻滤波可以用一个数学模型来表示：

$$S'(\omega)=F_{\mathrm{ES}}(\omega)G(\omega) \tag{6.37}$$

$$F_{\mathrm{ES}}(\omega)=\begin{cases}\mathrm{e}^{-\left|\frac{\sigma^n}{(\omega-\omega_0)^n}\right|} & \omega\neq\omega_0 \\ 0 & \omega=\omega_0\end{cases} \tag{6.38}$$

其中，ω_0是中心频率，σ 是带宽指数，n 是指数函数的阶，$|x|$ 表示取 x 的绝对值。在

频率 $\omega=\omega_0$ 处，滤波函数 $F_{ES}(\omega)$ 的值为 0。σ 决定带宽，σ 越大，带宽越宽，反之越窄。n 决定 $F_{ES}(\omega)$ 的变化快慢。n 越大，$F_{ES}(\omega)$ 的变化越快，反之越慢。指数带阻滤波器的滤波函数如图 6-18a 所示，其中，$\omega_0=27$，$\sigma=8$，$n=4$。一个音频信息的频谱及其指数带阻滤波结果如图 6-18b、c 所示。

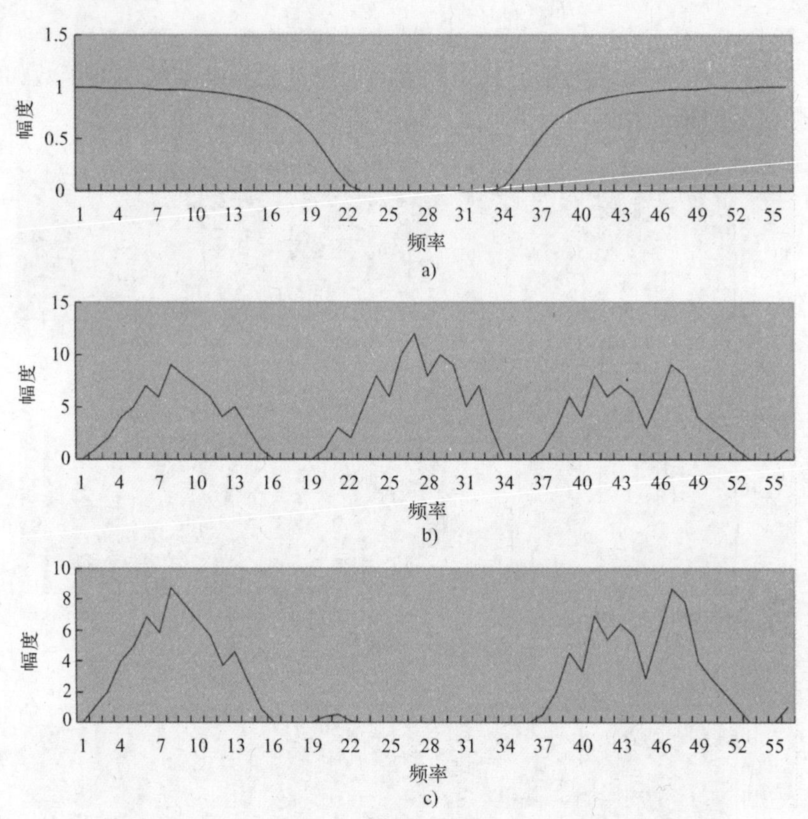

图 6-18　指数带阻滤波

a）滤波器函数　b）音频信息频谱　c）滤波结果

6.5.3　梯形带阻滤波

音频信息经梯形带阻滤波（TSPF，Trapezoid BSF）后输出音频信息的频率是输入音频信息在低频率部分梯形衰减、高频部分梯形增长、中频部分呈倒梯形。梯形带阻滤波可以用一个数学模型来表示：

$$S'(\omega)=F_{TS}(\omega)G(\omega) \tag{6.39}$$

$$F_{TS}(\omega)=\begin{cases}0 & \text{if} \quad \omega_2\leqslant\omega\leqslant\omega_3\\ \dfrac{\omega-\omega_2}{\omega_1-\omega_2} & \text{if} \quad \omega_1\leqslant\omega\leqslant\omega_2\\ \dfrac{\omega-\omega_3}{\omega_4-\omega_3} & \text{if} \quad \omega_3\leqslant\omega\leqslant\omega_4\\ 1 & \text{Otherwise}\end{cases} \tag{6.40}$$

其中，ω_1 是下通道频率，ω_2 是下截止频率，ω_3 是上截止频率，ω_4 是上通道频率。在下通道频率和下截止频率之间，滤波函数 $F_{TS}(\omega)$ 的值线性衰减。在上截止频率和上通道频率之间，滤波函数 $F_{TS}(\omega)$ 的值线性增长。梯形带阻滤波器的滤波函数如图 6-19 所示。

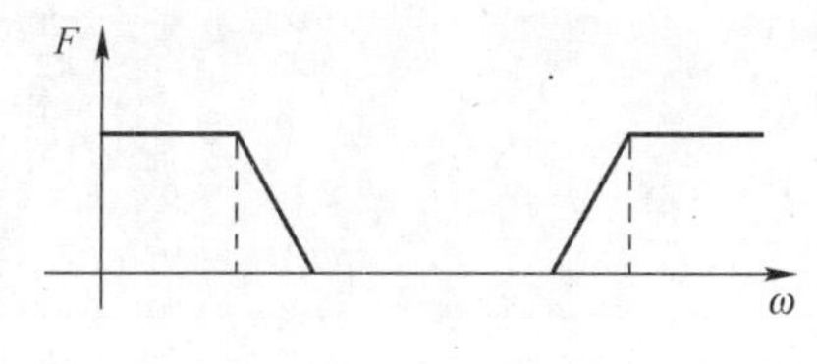

图 6-19　梯形带阻滤波

6.5.4　高斯带阻滤波

音频信息经高斯带阻滤波（GBSF，Gaussian BSF）后输出音频信息的频率是输入音频信息频率的高斯变化。高斯带阻滤波可以用一个数学模型来表示：

$$S'(\omega)=F_{GS}(\omega)G(\omega) \tag{6.41}$$

$$F_{GS}(\omega)=\begin{cases} e^{-\frac{\sigma^{2n}}{2(\omega-\omega_0)^{2n}}} & \omega\neq\omega_0 \\ 0 & \omega=\omega_0 \end{cases} \tag{6.42}$$

其中，ω_0 是中心频率，σ 是带宽指数，n 是高斯函数的阶。在频率 $\omega=\omega_0$ 处，滤波函数 $F_{GS}(\omega)$ 的值为 0。σ 决定带宽，σ 越大，带宽越宽，反之越窄。n 决定 $F_{GS}(\omega)$ 的变化快慢。n 越大，$F_{GS}(\omega)$ 的变化越快，反之越慢。高斯带阻滤波可以认为是一种指数带阻滤波。高斯带阻滤波器的滤波函数如图 6-20 所示，其中，$\omega_0=27$，$\sigma=8$，$n=2$。

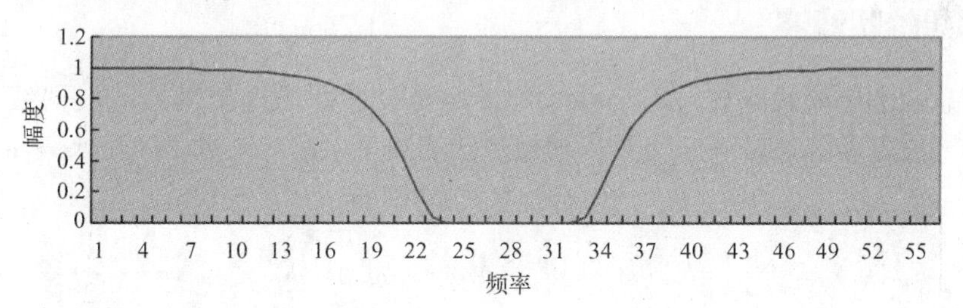

图 6-20　高斯带阻滤波

6.5.5　巴特沃尔斯带阻滤波

音频信息经巴特沃尔斯带阻滤波（BBSF，Butterworth BSF）后输出音频信息的频率是输入音频信息频率的巴特沃尔斯变化。巴特沃尔斯带阻滤波可以用一个数学模型来表示：

$$S'(\omega)=F_{BS}(\omega)G(\omega) \tag{6.43}$$

$$F_{BS}(\omega)=\begin{cases} \dfrac{1}{1+\left(\dfrac{\sigma}{\omega-\omega_0}\right)^{2n}} & \omega\neq\omega_0 \\ 0 & \omega=\omega_0 \end{cases} \tag{6.44}$$

其中，ω_0 是中心频率，σ 是带宽指数，n 是巴特沃尔斯函数的阶。在频率 $\omega=\omega_0$ 处，滤波函数 $F_{BS}(\omega)$ 的值为 0。σ 决定带宽，σ 越大，带宽越宽，反之越窄。n 决定 $F_{BS}(\omega)$ 的变

化快慢。n 越大，$F_{BS}(\omega)$ 的变化越快，反之越慢。巴特沃尔斯带阻滤波器的滤波函数如图 6-21 所示，其中，$\omega_0=27$，$\sigma=8$，$n=2$。

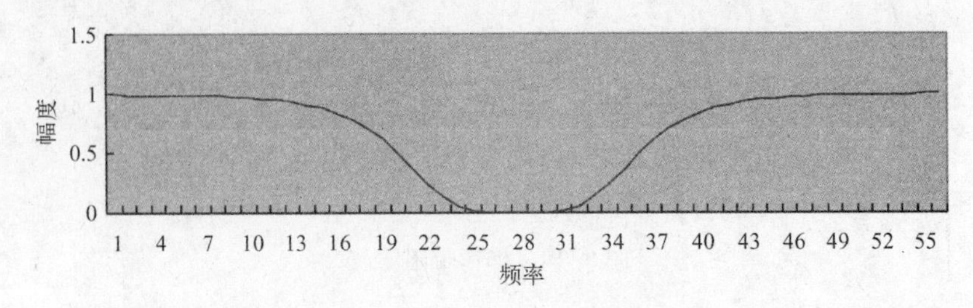

图 6-21 巴特沃尔斯带阻滤波

6.6 梳状滤波

音频信息梳状滤波（CF，Comb Filtering）是利用梳状滤波器，通过音频信息中一些频带分量，滤除音频信息中其余的频率分量。梳状滤波器的频谱像梳子一样，一颗梳齿就是一个带通或者一个频带通道。一个梳状滤波器就是一个不同频带的多通道滤波器。梳状滤波器除了用于滤波外，还可以用于子频带划分，例如广播电视、子带编码；多路通信，例如无线通信、电话通信；宽带通信，例如频分复用等。音频信息梳状滤波是一种频域滤波或变换域滤波。音频信息梳状滤波有许多种类型，典型的梳状滤波有理想梳状滤波、指数梳状滤波、梯形梳状滤波、高斯梳状滤波、巴特沃尔斯梳状滤波等。

6.6.1 理想梳状滤波

音频信息的理想梳状滤波（ICF，Ideal CF）是一系列的理想带通滤波的线性叠加。这些理想带通滤波器相邻通带互不交叠。理想梳状滤波可以用一个数学模型来表示：

$$S'(\omega)=F_{IC}(\omega)G(\omega) \tag{6.45}$$

$$F_{IC}(\omega)=\sum_{i=0}^{N-1}F_{IB}^{i}(\omega) \quad \omega_u^{i-1}<\omega_l^{i}<\omega_u^{i}<\omega_l^{i+1} \quad \omega_0^{i}=\frac{\omega_l^{i}+\omega_u^{i}}{2} \tag{6.46}$$

其中，ω_l是下截止频率，ω_u是上截止频率，ω_0是通带的中心频率，上标 i 表示第 i 个理想带通滤波器，N 是带通滤波器的个数。理想梳状滤波器的滤波函数如图 6-22 所示。

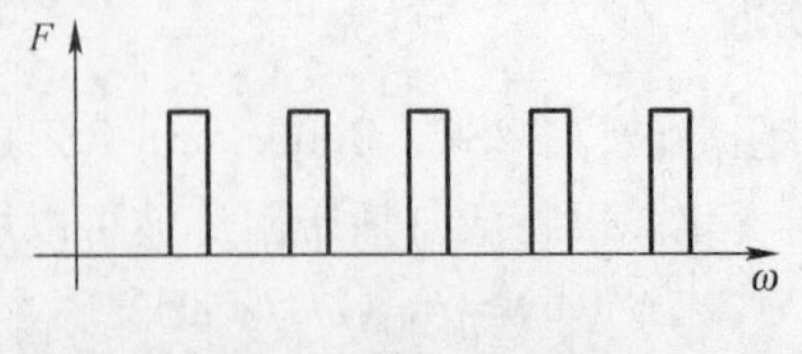

图 6-22 理想梳状滤波

6.6.2 指数梳状滤波

音频信息的指数梳状滤波（ECF，Exponential CF）是一系列的指数带通滤波的线性叠加。这些指数带通滤波器相邻通带互不交叠。指数梳状滤波可以用一个数学模型来表示：

$$S'(\omega) = F_{EC}(\omega)G(\omega) \tag{6.47}$$

$$F_{EC}(\omega) = \sum_{i=0}^{N-1} F_{EB}^{i}(\omega) \quad \omega_u^{i-1} < \omega_l^i < \omega_u^i < \omega_l^{i+1} \quad \omega_0^i = \frac{\omega_l^i + \omega_u^i}{2} \tag{6.48}$$

其中，ω_l是下截止频率，ω_u是上截止频率，ω_0是通带的中心频率，上标 i 表示第 i 个指数带通滤波器，N 是带通滤波器的个数。指数梳状滤波器的滤波函数如图 6-23 所示。

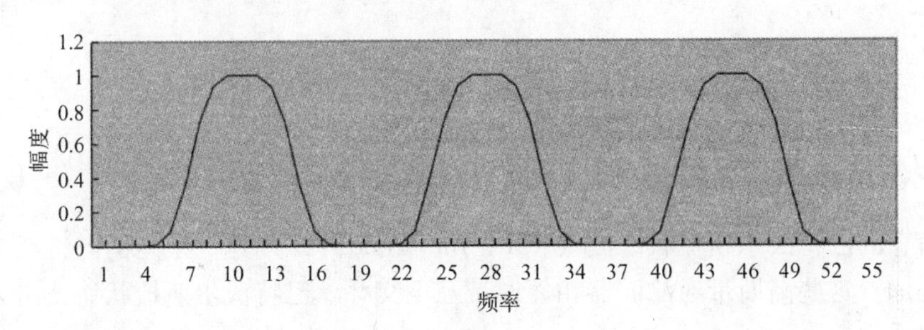

图 6-23　指数梳状滤波

6.6.3　梯形梳状滤波

音频信息的梯形梳状滤波（TCF，Trapezoid CF）是一系列的梯形带通滤波的线性叠加。这些梯形带通滤波器相邻通带互不交叠。梯形梳状滤波可以用一个数学模型来表示：

$$S'(\omega) = F_{TC}(\omega)G(\omega) \tag{6.49}$$

$$F_{TC}(\omega) = \sum_{i=0}^{N-1} F_{TB}^{i}(\omega) \quad \omega_u^{i-1} < \omega_l^i < \omega_u^i < \omega_l^{i+1} \quad \omega_0^i = \frac{\omega_l^i + \omega_u^i}{2} \tag{6.50}$$

其中，ω_l是下截止频率，ω_u是上截止频率，ω_0是通带的中心频率，上标 i 表示第 i 个指数带通滤波器，N 是带通滤波器的个数。梯形梳状滤波器的滤波函数如图 6-24 所示。

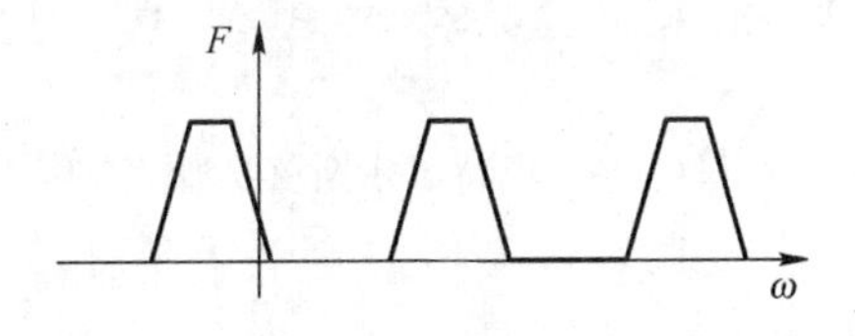

图 6-24　梯形梳状滤波

6.6.4　高斯梳状滤波

音频信息的高斯梳状滤波（GCF，Gaussian CF）是一系列的高斯带通滤波的线性叠加。这些高斯带通滤波器相邻通带互不交叠。高斯梳状滤波可以用一个数学模型来表示：

$$S'(\omega) = F_{GC}(\omega)G(\omega) \tag{6.51}$$

$$F_{GC}(\omega) = \sum_{i=0}^{N-1} F_{GB}^{i}(\omega) \quad \omega_u^{i-1} < \omega_l^i < \omega_u^i < \omega_l^{i+1} \quad \omega_0^i = \frac{\omega_l^i + \omega_u^i}{2} \tag{6.52}$$

其中，ω_l是下截止频率，ω_u是上截止频率，ω_0是通带的中心频率，上标 i 表示第 i 个指数带通滤波器，N 是带通滤波器的个数。高斯梳状滤波器的滤波函数如图 6-25 所示。

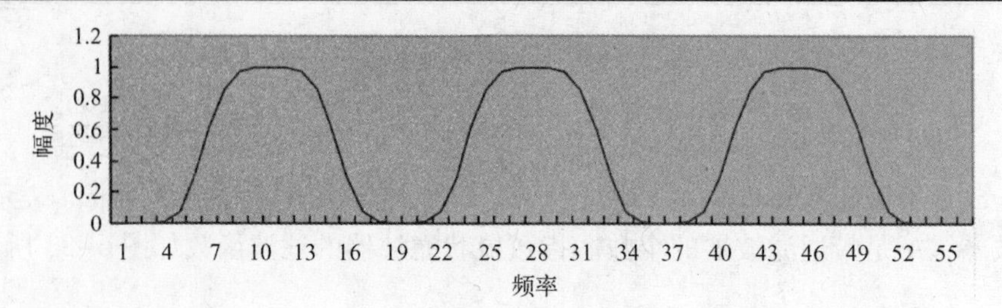

图 6-25　高斯梳状滤波

6.6.5　巴特沃尔斯梳状滤波

音频信息的巴特沃尔斯梳状滤波（BCF，Butterworth CF）是一系列的巴特沃尔斯带通滤波的线性叠加。这些高斯带通滤波器相邻通带互不交叠。巴特沃尔斯梳状滤波可以用一个数学模型来表示：

$$S'(\omega) = F_{\mathrm{BC}}(\omega) G(\omega) \tag{6.53}$$

$$F_{\mathrm{BC}}(\omega) = \sum_{i=0}^{N-1} F_{\mathrm{BB}}^{i}(\omega) \quad \omega_u^{i-1} < \omega_l^i < \omega_u^i < \omega_l^{i+1} \quad \omega_0^i = \frac{\omega_l^i + \omega_u^i}{2} \tag{6.54}$$

其中，ω_l是下截止频率，ω_u是上截止频率，ω_0是通带的中心频率，上标 i 表示第 i 个指数带通滤波器，N 是带通滤波器的个数。巴特沃尔斯梳状滤波器的滤波函数如图 6-26 所示。

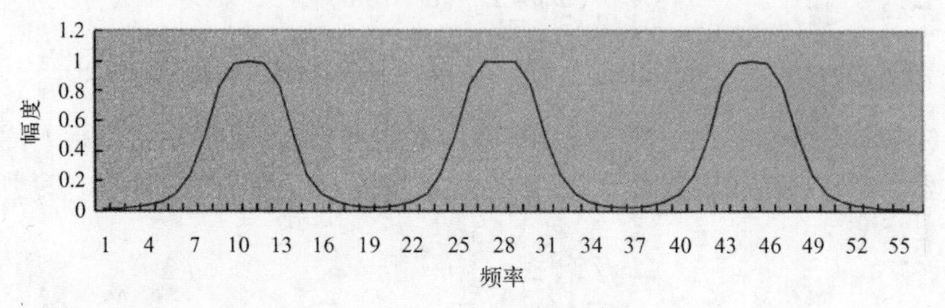

图 6-26　巴特沃尔斯梳状滤波

6.7　频域滤波器的参数

在频域滤波中，低通、高通、带通、带阻、梳状滤波器常常用一些参数来描述他们的性能。频域滤波器的参数主要有通道频率、截止频率，中心频率、通带宽度、阻带宽度、过度带宽度、矩形系数、带内波动、带外抑制、插入损耗等。

1. 通道频率 ω_{lp}，ω_{up}

滤波器的通道频率是指滤波器通带的起始频率或终止频率。起始频率又称为下通道频率，终止频率又称为上通道频率，如图 6-27 所示。通道频率一般定义为滤波器的幅度值由最大值下降到最大值的 $1/\sqrt{2}$ 或离最大值 -3 分贝（dB）的频率，即

$$\omega_{\mathrm{lp}}, \omega_{\mathrm{up}} = \omega \mid_{F(\omega)=F_{\mathrm{pm}}/\sqrt{2}} \quad 或 \quad \omega_{\mathrm{lp}}, \omega_{\mathrm{up}} = \omega \mid_{F(\omega)/F_{\mathrm{pm}}=-3\,\mathrm{dB}} \tag{6.55}$$

其中，F_{pm}是通带内的最大幅度值。

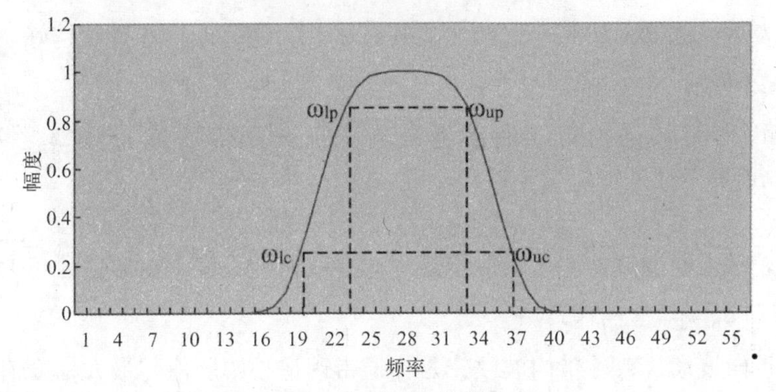

图 6-27　频域滤波器的参数

2. 截止频率 ω_{lc}，ω_{uc}

滤波器的截止频率是指滤波器阻带的起始频率或终止频率。起始频率高于上通道频率，又称为上截止频率，终止频率低于下通道频率，又称为下截止频率，如图 6-27 所示。截止频率一般定义为滤波器的幅度值由最大值下降到最大值的 x 倍，例如 $x=1/100$ 或离最大值 x 分贝，例如 $x=-40\text{ dB}$ 的频率，即

$$\omega_{lc},\omega_{uc}=\omega\big|_{F(\omega)=F_{pm}/100}\quad 或\quad \omega_{lc},\omega_{uc}=\omega\big|_{F(\omega)/F_{pm}=-40\text{ dB}} \tag{6.56}$$

3. 中心频率 ω_0

滤波器的中心频率是指滤波器通带的中点频率。中心频率一般定义为滤波器的通道频率的平均值，即

$$\omega_0=(\omega_{lp}+\omega_{up})/2 \tag{6.57}$$

4. 通带宽度 W_p

滤波器的通带宽度是指滤波器通带的频率宽度，如图 6-27 所示。通带宽度一般定义为滤波器的通道频率的差值，即

$$W_p=\omega_{up}-\omega_{lp} \tag{6.58}$$

5. 阻带宽度 W_s

滤波器的阻带宽度是指滤波器阻带的频率宽度，如图 6-27 所示。阻带宽度一般定义为滤波器的截止频率的差值，即

$$W_s=\omega_{lc}-0\ 和\ B_s=\infty-\omega_{uc}或\ B_s=\omega_{lc}^{i+1}-\omega_{uc}^{i} \tag{6.59}$$

其中，i 是第 i 个带通滤波器。

6. 过度带宽度 W_{tl}，W_{tu}

滤波器的过度带宽度是指滤波器通带和阻带之间的频率宽度，如图 6-27 所示。过度带宽度一般定义为滤波器的通道频率与截止频率的差值，即

$$W_{tl}=\omega_{lp}-\omega_{lc}或\ W_{tu}=\omega_{uc}-\omega_{up} \tag{6.60}$$

过度带宽度表示滤波器通过和滤除性能的理想程度。过度带宽度越窄越好。

7. 品质因数 Q_p

滤波器的品质因数是指带通滤波器通带中心频率与通带宽度之比。品质因数一般定义为

$$Q_p=\omega_0/W_p \tag{6.61}$$

品质因数表示滤波器滤波频率选择性能的好坏。Q_p越高频率选择性越好。

8. 矩形系数 R_r

滤波器的矩形系数是指带通滤波器通带宽度与通带内截止频率之差的比值，如图6-27所示。矩形系数一般定义为

$$R_r = (\omega_{up} - \omega_{lp})/(\omega_{uc} - \omega_{lc}) \tag{6.62}$$

矩形系数表示带通滤波器滤波性能接近理想滤波器的程度。矩形系数越大越好。

9. 带内波动 d_p

滤波器的带内波动，或称带内波纹，是指通带内最小幅度值与最大幅度值的相对值。带内波动一般定义为

$$d_p = (F_{pm} - F_{pn})/F_{pm}(\% \text{或 dB}) \tag{6.63}$$

其中，F_{pm}是通带内的最大幅度值，F_{pn}是通带内的最小幅度值。带内波动表示滤波器通过信息能力的好坏。带内波动越小越好。

10. 带外抑制 d_s

滤波器的带外抑制，是指通带外阻带内的最大幅度值与通带内最大幅度值的相对值。带外抑制一般定义为

$$d_s = (F_{pm} - F_{sm})/F_{pm}(\% \text{或 dB}) \tag{6.64}$$

其中，F_{pm}是通带内的最大幅度值，F_{sm}是阻带内的最大幅度值。带外抑制表示滤波器滤出信息能力的大小。带外抑制越大越好。

11. 插入损耗

滤波器的插入损耗，是指带通滤波器插入之后带内最大幅度频率处系统的输出值与插入前在该频率处系统的输出值的相对值。插入损耗一般定义为

$$L_{il} = (P_0(\omega_m) - P(\omega_m))/P_0(\omega_m)(\% \text{或 dB}) \tag{6.65}$$

其中，ω_m是带通滤波器通带内最大幅度处的频率，$P_0(\omega_m)$是带通滤波器插入之前在ω_m处系统的输出功率，$P(\omega_m)$是带通滤波器插入之后在ω_m处系统的输出功率。插入损耗表示带通滤波器对信息的损失大小。插入损耗越小越好。

6.8 复原滤波

音频信息复原滤波（RF，Restoration Filtering），是消除音频信息中噪声污染和系统点扩展函数模糊的影响。音频信息复原滤波是一种频域滤波或变换域滤波。音频信息复原滤波有许多种类型，典型的复原滤波有逆滤波、维纳滤波、广义复原滤波等。

1. 逆滤波

逆滤波（IvF，Inverse Filtering），又被称为倒数滤波。在音频信息滤波中，逆滤波只考虑音频信息被音频信息系统点扩展函数模糊引起的退化，而忽略音频信息被噪声污染的影响。音频信息的逆滤波可以恢复或增强原始音频信息。逆滤波可以用一个数学模型来表示：

$$S'(\omega) = F_{Iv}(\omega)G(\omega) \tag{6.66}$$

$$F_{Iv}(\omega) = 1/H(\omega) = H^{-1}(\omega) \tag{6.67}$$

其中，$H(\omega)$是音频信息系统点扩展函数$h(t)$的频谱。因为$1/H(\omega)$是$H(\omega)$的倒数，或$H(\omega)$的逆，故式（6.67）被称为倒数滤波或逆滤波。由此看出，逆滤波就是音频系统的点扩展函数的倒数。一般情况下，音频信息系统的点扩展函数可以认为是高斯函数：

$$H(\omega)=\mathrm{e}^{-\frac{(\omega-\omega_0)^2}{2\sigma^2}} \tag{6.68}$$

其中，ω_0是中心频率，σ是带宽指数。如果点扩展函数不是高斯函数，则需要采用估值理论对音频信息的点扩展函数进行估计。

例如：一个音频信息的退化与逆滤波如图6-28所示。图6-28a是音频信息系统中输入音频信息的频谱。图6-28b是音频信息系统的点扩展函数，许多情况下是高斯函数。图6-28c是系统的输出，退化了的音频信息的频谱。图6-28d是逆滤波器，高斯函数的倒数。图6-28e是逆滤波后的音频信息的频谱。对比图6-28a、c、e，可以看出，逆滤波能够在一定程度上复原原始音频信息。

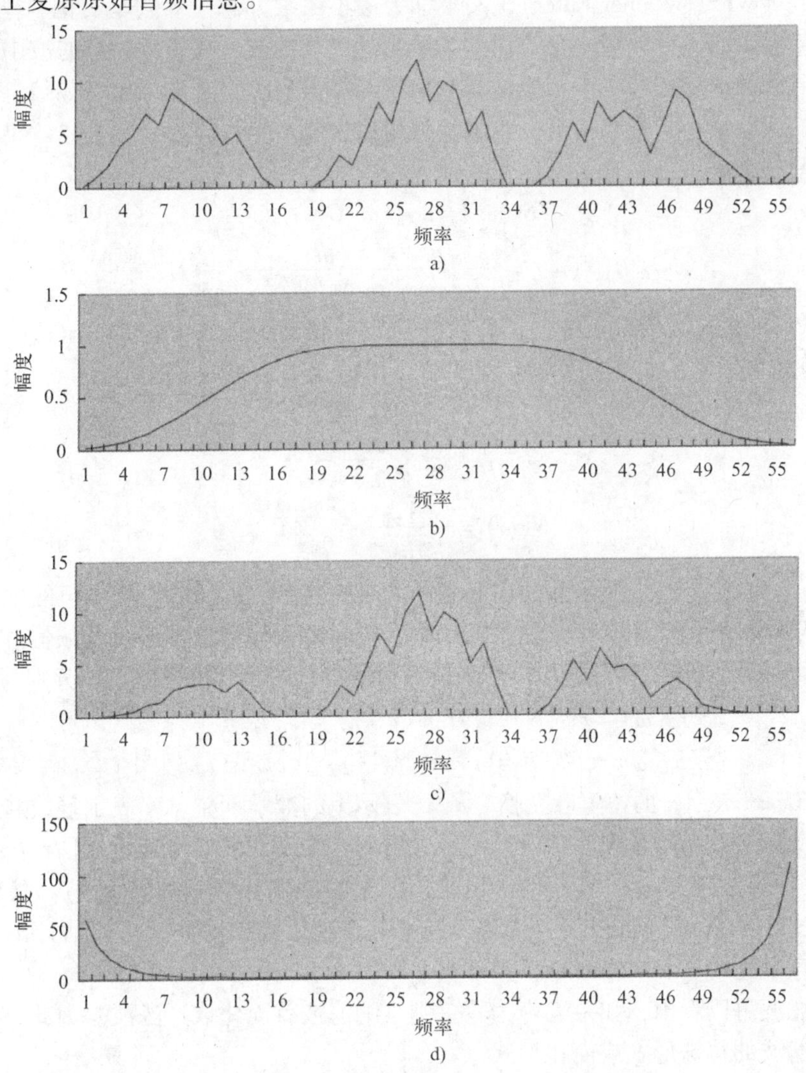

图6-28　音频信息的退化与逆滤波

a）音频信息频谱　b）高斯函数　c）退化的音频信息　d）高斯函数的逆滤波器

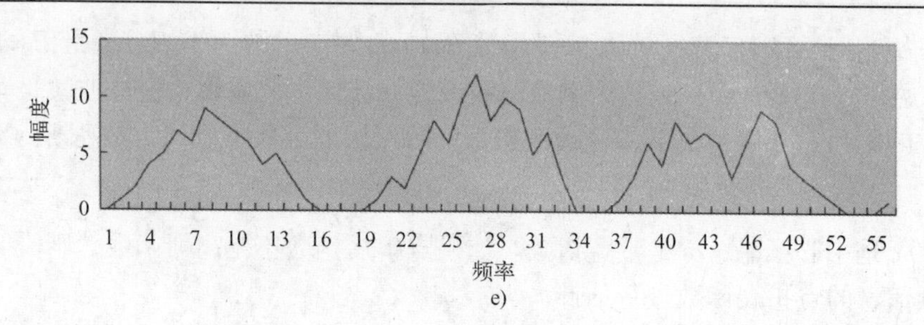

图6-28 音频信息的退化与逆滤波（续）

e）退化的逆滤波

2. 维纳滤波

维纳滤波（WnF，Wiener Filter），又被称为最小二乘方滤波。它是美国科学家 N. Wiener 于 1942 年提出的一种以最小平方误差为准则的优化滤波。在音频信息滤波中，维纳滤波是使被点扩展函数退化和被噪声污染的音频信息经滤波后，得到的原始音频信息的估计与原始音频信息的误差最小。音频信息的维纳滤波可以恢复或增强原始音频信息。维纳滤波可以用一个数学模型来表示：

$$S'(\omega)=F_{\mathrm{Wn}}(\omega)G(\omega) \tag{6.69}$$

$$F_{\mathrm{Wn}}(\omega)=\frac{H*(\omega)}{|H(\omega)|^2+N_n(\omega)/S_s(\omega)} \tag{6.70}$$

其中，$H(\omega)$是音频信息系统点扩展函数$h(t)$的频谱，$N_n(\omega)$是噪声$n(t)$的自相关功率谱，$S_s(\omega)$是信号$s(t)$的自相功率谱。$N_n(\omega)/S_s(\omega)$又可以被叫做噪信比。一般情况下，音频信息系统的点扩展函数和噪声可以认为是高斯函数：

$$H(\omega)=\mathrm{e}^{-\frac{(\omega-\omega_{\mathrm{H0}})^2}{2\sigma_{\mathrm{H}}^2}} \tag{6.71}$$

$$N(\omega)=\frac{1}{\sqrt{2\pi}\sigma_{\mathrm{N}}}\mathrm{e}^{-\frac{(\omega-\omega_{\mathrm{N0}})^2}{2\sigma_{\mathrm{N}}^2}} \tag{6.72}$$

其中，ω_{H0}和σ_{H}是点扩展函数的中心频率和带宽指数，ω_{N0}和σ_{N}是噪声的中心频率和带宽指数。如果点扩展函数和噪声不是高斯函数，则需要采用估值理论对音频信息的点扩展函数和噪声进行估计。噪声自相关功率谱$N_n(\omega)$和信号自相关功率谱$S_{\mathrm{s}}(\omega)$分别为：

$$N_n(\omega)=FT\{E[n(t)n*(t-\tau)]-|E[n(t)]|^2\} \tag{6.73}$$

$$S_n(\omega)=FT\{E[s(t)s*(t-\tau)]-|E[s(t)]|^2\} \tag{6.74}$$

其中，$FT\{x\}$表示x的傅里叶变换，$E[x]$表示x的数学期望，$*$表示复数共轭，$|x|$表示x的模。实际上，原始音频信息$s(t)$是不知道的，维纳滤波本身就是在估计原始音频信息$s(t)$。因此，维纳滤波是无法实现的。但是，如果根据实际音频信息$g(t)$，估计或测量得到一个噪信比$\alpha(\omega)$，或者给出一个常数α，那么，利用维纳滤波就可以估计出一个优化的原始音频信息$s'(t)$。

由维纳滤波可以看出，如果噪声为零，则维纳滤波就简化成逆滤波。因此，可以认为逆滤波是维纳滤波的特殊形式或简化形式。

3. 广义复原滤波

广义复原滤波（GRF，General Restoration Filter），又被称为几何平均滤波。在音频信息滤波中，广义复原滤波也是使被点扩展函数退化和被噪声污染的音频信息经滤波后，得到的原始音频信息的估计与原始音频信息的误差最小。音频信息的广义复原滤波可以恢复或增强原始音频信息。广义复原滤波可以用一个数学模型来表示：

$$S'(\omega)=F_{\mathrm{GR}}(\omega)G(\omega) \tag{6.75}$$

$$F_{\mathrm{GR}}(\omega)=(H(\omega))^{-s}\left(\frac{H*(\omega)}{|H(\omega)|^{2}+N_{n}(\omega)/S_{s}(\omega)}\right)^{1-s} \tag{6.76}$$

其中，$H(\omega)$是音频信息系统点扩展函数$h(t)$的频谱，$N_n(\omega)$是噪声$n(t)$的自相关功率谱，$S_s(\omega)$是信号$s(t)$的自相功率谱，$0\leqslant s\leqslant 1$是控制参数。一般情况下，音频信息系统的点扩展函数和噪声可以认为是高斯函数，如式（6.71）和式（6.72）所述。噪声自相关功率谱$N_n(\omega)$和信号自相关功率谱$S_s(\omega)$分别如式（6.73）和式（6.74）所述。

实际上，原始音频信息$s(t)$是不知道的，广义复原滤波本身就是在估计原始音频信息$s(t)$。因此，广义复原滤波也是无法实现的。但是，如果根据实际音频信息$g(t)$，估计或测量得到一个噪信比$\alpha(\omega)$，或者给出一个常数α，那么，利用广义复原滤波就可以估计出一个优化的原始音频信息$s'(t)$。

由广义复原滤波可以看出，如果$n(t)=0$，$s=0$，或者$s=1$，则广义复原滤波就简化成逆滤波。因此，可以认为逆滤波是广义复原滤波的特殊形式或简化形式。如果$s=0$，则广义复原滤波就简化成维纳滤波。因此，可以认为维纳滤波是广义复原滤波的特殊形式或简化形式。

6.9 时域滤波

前面几节介绍的是数字音频信息的频域滤波。数字音频信息的频谱滤波往往需要先把数字音频信息从时域变换到频域，再在频域进行滤波。所以，频域滤波也可以被称为变换域滤波。如果数字音频信息不从时域变换到频域，也可以直接在时域进行滤波。

时域滤波（TDF，Time Domain Filtering），就是在时间域对数字音频信息进行滤波，滤除由低频噪声、高频噪声、限带噪声、白噪声等的污染导致的数字音频信息在时间域的变化；滤除由音频信息系统的点扩展函数降质导致的数字音频信息在时间域的模糊。

时域滤波有许多种类型，典型的时域滤波有均值滤波、中值滤波、微分滤波、积分滤波、微分积分滤波、线性组合滤波、高斯-拉普拉斯滤波、Gabor 滤波等。

6.9.1 均值滤波

音频信息的均值滤波（MnF，Mean Filtering），在时刻t输出输入音频信息该时刻t的邻域平均值。均值滤波降低了音频信息在时间域的剧烈变化，使音频信息在时间域变得平滑，故又被称为平滑滤波。它也相当于滤除由高频噪声污染导致的音频信息在时域的剧烈变化，等效于频域中的低通滤波。均值滤波一般有两种类型：一种是简单均值滤波，常常简称为均值滤波；另一种是加权均值滤波。加权均值滤波一般采用高斯加权的高斯加权均值滤波。

1. 均值滤波

均值滤波可以用一个数学模型来描述：

$$s'(t) = f_{Mn}(t) * g(t) \tag{6.77}$$

$$f_{Mn}(t) = \begin{cases} \dfrac{1}{2t_0+1} & \text{if} \quad t-t_0 \leqslant t \leqslant t+t_0 \\ 0 & \text{Otherwise} \end{cases} \tag{6.78}$$

其中，$f_{Mn}(t)$是均值滤波器，$*$表示卷积运算，t_0是邻域半径。$f_{Mn}(t)$的函数是一个方波，中心在t，宽度为$2t_0+1$，高度为$1/(2t_0+1)$。均值滤波可以写成求和形式：

$$s'(t) = f_{Mn}(t) * g(t) = \sum_{\tau=-t_0}^{t_0} f_{Mn}(\tau) g(t+\tau) \tag{6.79}$$

或者简化的求和形式：

$$s'(t) = f_{Mn}(t) * g(t) = \frac{1}{2t_0+1} \sum_{\tau=-t_0}^{t_0} g(t+\tau) \tag{6.80}$$

均值滤波也可以写成矢量形式或模板形式：

$$s'(t) = f_{Mn}(\tau)^{T} g(t-\tau) \quad -t_0 \leqslant \tau \leqslant t_0 \tag{6.81}$$

$$f_{Mn}(\tau)^{T} = (1\ 1 \cdots 1)/(2t_0+1) \tag{6.82}$$

其中，$s'(t)$、$f_{Mn}(\tau)^{T}$、$g(t-\tau)$都是一维矢量形式。$f_{Mn}(\tau)^{T}$也被叫做横模板或算子，式（6.81）被称为模板运算或算子运算。

2. 高斯加权均值滤波

高斯加权均值滤波（GWMF，Gaussian Weighted Mean Filtering）的滤波器元素是高斯函数分布，或被称为高斯滤波（GF，Gaussian Filtering）。高斯加权均值滤波可以用一个数学模型来描述：

$$s'(t) = f_{GW}(t) * g(t) \tag{6.83}$$

$$f_{GM}(t) = \frac{1}{\sqrt{2\pi\sigma}} e^{-\frac{(t-\mu)2}{2\sigma^2}} \tag{6.84}$$

其中，μ是均值，σ是方差。均值和方差可以预先设定，也可以由时刻t的邻域来确定。高斯加权均值滤波也可以采用求和形式、矢量形式或模板形式运算。在这些运算中，t的范围为$t-\tau$，$-t_0 \leqslant \tau \leqslant t_0$。

6.9.2 中值滤波

音频信息的中值滤波，在时刻t输出输入音频信息该时刻t的邻域值的中值。中值滤波，与均值滤波类似，降低了音频信息在时间域的剧烈变化，使音频信息在时间域变得平滑，故也被称为平滑滤波。它也相当于滤除由高频噪声污染导致的音频信息在时域的剧烈变化，等效于频域中的低通滤波。

中值滤波（MdF，Medial Filtering）可以用一个数学模型来描述：

$$s'(t) = f_{Md}(t) * g(t) \tag{6.85}$$

$$f_{Md}(\tau) = \text{middle}\{g(t+\tau)\} \quad -t_0 \leqslant \tau \leqslant t_0 \tag{6.86}$$

其中，$f_{Md}(t)$是中值滤波器，$\text{middle}\{g(t)\}$是$g(t)$按大小排序后中间位置的值。例如：$g(t) = (1\ 2\ 10\ 9\ 3\ 10\ 1)$，$\text{middle}\{g(t)\} = \text{middle}\{1\ 1\ 2\ 3\ 9\ 10\ 10\} = 3$，$f_{Md}(t) * g(t) = 3$。显然，中值滤波输出的值是排序的中间位置的音频信息的值。在数字音频信息处理中，排序通常采用冒泡法或二分法等优化算法，也可采用其他排序算法。

6.9.3 微分滤波

音频信息的微分滤波（Derivative Filtering），在时刻 t 输出输入音频信息该时刻 t 的邻域值的微分值。微分滤波，提取了音频信息在时间域的剧烈变化。它也相当于滤除由低频噪声污染导致的音频信息在时域的模糊，等效于频域中的高通滤波。微分滤波一般有一阶微分滤波、二阶微分滤波、高阶微分滤波等。

1. 一阶微分滤波

一阶微分滤波（First Order Derivative Filtering）可以用一个数学模型来描述：

$$s'(t)=f_{D1}(t)*g(t) \tag{6.87}$$

$$f_{D1}(t)=\frac{d}{dt}=\nabla_t \quad t-1\leqslant t\leqslant t+1 \tag{6.88}$$

其中，$f_{D1}(t)$是一阶微分滤波器。一阶微分滤波也可以写成矢量形式或模板形式：

$$s'(t)=f_{D1}(\tau)^T g(t-\tau) \quad -1\leqslant\tau\leqslant 1 \tag{6.89}$$

$$f_{D1}(\tau)^T=(-1\ 0\ 1) \tag{6.90}$$

其中，$s'(t)$、$f_{D1}(\tau)^T$、$g(t-\tau)$都是一维矢量形式。$F_{D1}(\tau)^T$也被叫做横模板或算子，式（6.89）被称为模板运算或算子运算。式（6.89）也可以写成简化形式：

$$s'(t)=f_{D1}(\tau)^T g(t-\tau)=g(t+1)-g(t-1) \tag{6.91}$$

2. 二阶微分滤波

二阶微分滤波（Second Order Derivative Filtering），或被称为拉普拉斯滤波（LF，Laplacian Filtering）可以用一个数学模型来描述：

$$s'(t)=f_{D2}(t)*g(t) \tag{6.92}$$

$$f_{D2}(t)=\frac{d^2}{dt^2}=\nabla_t^2 \quad t-1\leqslant t\leqslant t+1 \tag{6.93}$$

其中，$f_{D2}(t)$是二阶微分滤波器。二阶微分滤波也可以写成矢量形式或模板形式：

$$s'(t)=f_{D2}(\tau)^T g(t-\tau) \quad -1\leqslant\tau\leqslant 1 \tag{6.94}$$

$$f_{D2}(\tau)^T=(1\ \ -2\ 1) \tag{6.95}$$

其中，$s'(t)$、$f_{D2}(\tau)^T$、$g(t-\tau)$都是一维矢量形式。$F_{D2}(\tau)^T$也被叫做横模板或拉普拉斯算子，式（6.94）被称为模板运算或算子运算。式（6.94）也可以写成简化形式：

$$s'(t)=f_{D2}(\tau)^T g(t-\tau)=g(t-1)-2\,g(t)+g(t+1) \tag{6.96}$$

3. 高阶微分滤波

高阶微分滤波（High Order Derivative Filtering）可以用一个数学模型来描述：

$$s'(t)=f_{Dn}(t)*g(t) \tag{6.97}$$

$$f_{Dn}(t)=\frac{d^n}{dt^n}=\nabla_t^n \quad t-t_0\leqslant t\leqslant t+t_0 \tag{6.98}$$

其中，$f_{Dn}(t)$是高阶微分滤波器。高阶微分滤波也可以写成矢量形式或模板形式：

$$s'(t)=f_{Dn}(\tau)^T g(t-\tau) \quad -t_0\leqslant\tau\leqslant t_0 \tag{6.99}$$

$$f_{Dn}(\tau)=[(-1)^{n+\tau+t_0}C_n^{\tau+t_0}] \quad t_0=\frac{n}{2} \tag{6.100}$$

其中，$s'(t)$、$f_{Dn}(\tau)^T$、$g(t-\tau)$都是一维矢量形式。$F_{Dn}(\tau)^T$也被叫做横模板或拉普拉斯算子，式（6.99）被称为模板运算或算子运算。式（6.94）也可以写成求和形式：

$$s'(t) = f_{Dn}(\tau)^T g(t-\tau) = \sum_{\tau=-t_0}^{t_0} (-1)^{n+\tau+t_0} C_n^{\tau+t_0} g(t+\tau) \tag{6.101}$$

6.9.4 积分滤波

音频信息的积分滤波（Integral Filtering），在时刻 t 输出输入音频信息该时刻 t 的邻域值的积分值。积分滤波，提取了音频信息在时间域的总和值。它也相当于滤除由高频噪声污染导致的音频信息在时域的剧烈变化，等效于频域中的低通滤波和时域中的均值滤波。积分滤波可以用一个数学模型来描述：

$$s'(t) = f_{In}(t) * g(t) \tag{6.102}$$

$$f_{In}(t) = \int_{-t_0}^{t_0} dt = \begin{cases} 1 & \text{if} \quad t - t_0 \leqslant t \leqslant t + t_0 \\ 0 & \text{Otherwise} \end{cases} \tag{6.103}$$

其中，$f_{In}(t)$是积分滤波器。积分滤波也可以写成矢量形式或模板形式：

$$s'(t) = f_{In}(\tau)^T g(t-\tau) \quad -t_0 \leqslant \tau \leqslant t_0 \tag{6.104}$$

$$f_{In}(\tau)^T = (1\ 1\ \cdots\ 1) \tag{6.105}$$

其中，$s'(t)$、$f_{In}(\tau)^T$、$g(t-\tau)$都是一维矢量形式。$F_{In}(\tau)^T$也被叫做横模板或算子，式（6.104）被称为模板运算或算子运算。式（6.104）也可以写成求和形式：

$$s'(t) = f_{In}(\tau)^T g(t-\tau) = \sum_{\tau=-t_0}^{t_0} g(t+\tau) \tag{6.106}$$

6.9.5 微分积分滤波

音频信息的微分积分滤波（Derivative - Integral Filtering）是综合微分和积分于一体的滤波。它可以先微分后积分，也可以先积分后微分。微分积分滤波既滤除时域上的模糊，又滤除时域上的剧烈变化。它相当于频域上滤除低频噪声的污染，也滤除高频噪声的污染，等效于一个带通滤波。微分积分滤波可以用一个数学模型来描述：

$$s'(t) = f_{DI}(t) * g(t) \tag{6.107}$$

$$f_{DI}(t) = \int_{-t_0}^{t_0} \left(\frac{d}{dt}\right) dt = \frac{d}{dt}\left(\int_{-t_0}^{t_0} dt\right) = \begin{cases} -1 & \text{if} \quad t - t_0 < t \\ 0 & \text{Otherwise} \\ 1 & \text{if} \quad t < t + t_0 \end{cases} \tag{6.108}$$

其中，$f_{DI}(t)$是积分滤波器。积分滤波也可以写成矢量形式或模板形式：

$$s'(t) = f_{DI}(\tau)^T g(t-\tau) \quad -t_0 \leqslant \tau \leqslant t_0 \tag{6.109}$$

$$f_{DI}(\tau)^T = (-1\ \ -1\ \cdots\ \ -1\ 0\ 1 \cdots 1\ 1) \tag{6.110}$$

其中，$s'(t)$、$f_{DI}(\tau)^T$、$g(t-\tau)$都是一维矢量形式。$F_{DI}(\tau)^T$也被叫做横模板或算子，式（6.109）被称为模板运算或算子运算。式（6.109）也可以写成求和形式：

$$\begin{aligned} s'(t) &= f_{DI}(\tau)^T g(t-\tau) \\ &= \sum_{\tau=1}^{t_0} g(t+\tau) - \sum_{\tau=-1}^{-t_0} g(t+\tau) \\ &= \sum_{\tau=1}^{t_0} (g(t+\tau) - g(t-\tau)) \end{aligned} \tag{6.111}$$

式（6.111）的第二行相当于先积分后微分，第三行相当于先微分后积分。

6.9.6 线性组合滤波

音频信息的线性组合滤波（LCF，Linear Combination Filtering）是把两个或多个时域滤波器线性组合成一个滤波器的滤波。比较常用的线性组合滤波是均值线性组合滤波（LC-MF，Linear Combinational Mean Filtering）。它由两个均值滤波器线性组合而成。均值线性组合滤波可以既滤除时域上的模糊，特别是滤除海浪背景模糊，又滤除时域上的剧烈变化。它相当于在频域上不仅滤除低频海浪噪声的污染，也滤除高频噪声的污染，等效于一个带通滤波。均值线性组合滤波可以用一个数学模型来描述：

$$s'(t) = f_{\mathrm{LCM}}(t) * g(t) \tag{6.112}$$

$$f_{\mathrm{LCM}}(t) = af_{\mathrm{Mn1}} - bf_{\mathrm{Mn2}} \tag{6.113}$$

其中，$f_{\mathrm{LCM}}(t)$是线性组合均值滤波器，$0<a$，$b\leqslant 1$ 是加权系数。均值滤波器f_{Mn2}的邻域半径t_{02}远远大于均值滤波器f_{Mn1}的邻域半径t_{01}，即$t_{02}\gg t_{01}$。线性组合均值滤波也可以写成求和形式：

$$\begin{aligned} s'(t) &= f_{\mathrm{LCM}}(t) * g(t-\tau) \\ &= \frac{1}{2t_{01}+1}\sum_{\tau=-t_{01}}^{t_{01}} g(t+\tau) - \frac{1}{2t_{02}+1}\sum_{\tau=-t_{02}}^{t_{02}} g(t+\tau) \end{aligned} \tag{6.114}$$

6.9.7 高斯 - 拉普拉斯滤波

音频信息的高斯 - 拉普拉斯滤波（LoGF，Laplacian of Gaussian Filtering）是把拉普拉斯滤波器和高斯滤波器复合起来组成的一个滤波器的滤波。这个滤波器先对音频信息进行高斯滤波（高斯加权均值滤波），再对滤波后的音频信息进行拉普拉斯滤波（二阶微分滤波）。高斯 - 拉普拉斯滤波可以既滤除时域上的模糊，又滤除时域上的剧烈变化。它相当于在频域上不仅滤除低频噪声的污染，也滤除高频噪声的污染，等效于一个带通滤波。高斯 - 拉普拉斯滤波可以用一个数学模型来描述：

$$s'(t) = f_{\mathrm{LoG}}(t) * g(t) \tag{6.115}$$

$$f_{\mathrm{LoG}}(t) = \nabla_t^2 G_{\mathrm{a}}\left(t\right) = \nabla_t^2\left(\frac{1}{\sqrt{2\pi\sigma}}\mathrm{e}^{-\frac{t^2}{2\sigma^2}}\right) = \frac{1}{\sqrt{2\pi\sigma^3}}\left(\frac{t^2}{\sigma^2}-1\right)\mathrm{e}^{-\frac{t^2}{2\sigma^2}} \tag{6.116}$$

其中，$f_{\mathrm{LoG}}(t)$是高斯 - 拉普拉斯滤波器，$G_{\mathrm{a}}(t)$是高斯函数。

6.9.8 Gabor 滤波

音频信息的 Gabor 滤波（GbF，Gabor Filtering）是时间域上的短时滤波，它滤除时刻 t 之前和之后的音频信息，通过时刻 t 及其邻域的音频信息。Gabor 滤波主要提取一个时间段内、或短时内、或瞬时的音频信息，用于音频信息，特别是语音信息的目标检测、目标分割、目标特征提取、目标频谱分析、目标识别等。Gabor 滤波可以用一个数学模型来描述：

$$s'(t,\tau) = f_{\mathrm{Gb}}(t-\tau)g(t) \tag{6.117}$$

$$f_{\mathrm{Gb}}(t) = \frac{1}{2\sqrt{\pi\sigma}}\mathrm{e}^{-\frac{t^2}{4\sigma}} \tag{6.118}$$

其中，$f_{\mathrm{Gb}}(t)$是 Gabor 滤波器，σ 是 Gabor 函数（也是高斯函数）的参数。

6.10 卡尔曼滤波

卡尔曼滤波（KF，Kalman Filtering）是 Kalman 于 1960 年提出的一种优化滤波器方法。这种滤波方法根据预测值和预测误差由观测值和观测误差来迭代估计实际的值和实际误差。卡尔曼滤波是目前应用非常多的一种优化滤波，它广泛应用于航空航天、导航制导、目标跟踪、遥控、通信、控制、信号与信息处理、视频信息处理、音频信息处理等许多领域。在音频信息处理中，卡尔曼滤波可以用于音频信息的增强、复原、控制、跟踪、编码等。与前述的时域滤波不同，卡尔曼滤波是一种数据流滤波，它由前一数据来估计当前数据，或者由当前数据估计下一数据。卡尔曼滤波由一组方程构成。这些方程根据最小均方误差准则迭代估计过程的真实状态或者数据的实际值。卡尔曼滤波主要有两种类型，一种是基本卡尔曼滤波，简称为卡尔曼滤波。另一种是扩展的或发展的卡尔曼滤波。

6.10.1 基本卡尔曼滤波

音频信息的卡尔曼滤波，根据音频信息的预测值和预测误差，由采集的或音频信息系统输出的音频信息值和误差来迭代估计实际的音频信息值和实际误差。音频信息系统可以用一个线性随机微分系统的状态方程（Linear Stochastic Difference State Equation）来表示：

$$s(t)=As(t-1)+Bc(t-1)+n_s(t-1) \tag{6.119}$$

这里，$s(t)$和$s(t-1)$分别表示t时刻和$t-1$时刻的音频信息系统的输出值，A和B是系统参数，用矢量或矩阵表示，$c(t)$是时刻t的控制量，$n_s(t)$是时刻t的噪声。音频信息系统在t时刻的测量值$g(t)$表示为：

$$g(t)=Hs(t)+n_g(t) \tag{6.120}$$

其中，H是测量系统参数，用矢量或矩阵表示，$n_g(t)$是测量系统的噪声。假设音频信息系统和测量系统的噪声都是高斯白噪声（White Gaussian Noise），噪声的均值为0，协方差（covariance）分别为σ_s和σ_g，并假设σ_s和σ_g是彼此独立的，不随系统状态变化而变化。则卡尔曼滤波由 5 个方程组成：

1）音频信息当前时刻t的预测值$s(t|t-1)$，由音频信息上一时刻的最优估计值$s(t-1|t-1)$预测：

$$s(t|t-1)=As(t-1|t-1)+Bc(t-1) \tag{6.121}$$

2）音频信息当前时刻t的最优估计值$s(t|t)$，由当前时刻t的预测值$s(t|t-1)$和系统的当前时刻t的测量值$g(t)$估计：

$$s(t|t)=s(t|t-1)+k_g(t)(g(t)-Hs(t|t-1)) \tag{6.122}$$

3）式（6.122）中的$k_g(t)$是时刻t的卡尔曼滤波增益（Kalmah Gain）：

$$k_g(t)=\sigma(t|t-1)H^T/(H\sigma(t|t-1)H^T+\sigma_g) \tag{6.123}$$

其中，H^T表示H的转置。

4）式（6.123）中的$\sigma(t|t-1)$是当前时刻t的预测值$s(t|t-1)$的协方差，它由前一时刻的音频信息系统最优估计值的协方差$\sigma(t-1|t-1)$预测：

$$\sigma(t|t-1)=A\sigma(t-1|t-1)A^T+\sigma_s \tag{6.124}$$

其中，A^T表示A的转置。

5）当前时刻 t 的最优估计值的协方差 $\sigma(t|t)$，由当前时刻 t 的预测值的协方差 $\sigma(t|t-1)$ 估计：

$$\sigma(t|t)=(I-k_g(t)H)\sigma(t|t-1) \tag{6.125}$$

其中，I 表示单位矩阵。

于是，卡尔曼滤波由5个步骤组成：

1）计算式（6.121），由音频信息上一时刻的最优估计值 $s(t-1|t-1)$ 预测音频信息当前时刻 t 的预测值 $s(t|t-1)$：

$$s(t|t-1)=As(t-1|t-1)+Bc(t-1)$$

2）计算式（6.124），由前一时刻的音频信息系统最优估计值的协方差 $\sigma(t-1|t-1)$ 预测当前时刻 t 的预测值的协方差 $\sigma(t|t-1)$：

$$\sigma(t|t-1)=A\sigma(t-1|t-1)A^{\mathrm{T}}+\sigma_s$$

3）计算式（6.123），由当前时刻 t 的预测值的协方差 $\sigma(t|t-1)$ 估计当前时刻 t 的卡尔曼滤波增益 $k_g(t)$：

$$k_g(t)=\sigma(t|t-1)H^{\mathrm{T}}/(H\sigma(t|t-1)H^{\mathrm{T}}+\sigma_g)$$

4）计算式（6.122），由当前时刻t的预测值 $s(t|t-1)$ 和系统的当前时刻 t 的测量值 $g(t)$ 估计音频信息当前时刻 t 的最优估计值 $s(t|t)$：

$$s(t|t)=s(t|t-1)+k_g(t)(g(t)-Hs(t|t-1))$$

5）计算式（6.125），由当前时刻t的预测值的协方差 $\sigma(t|t-1)$ 估计当前时刻 t 的最优估计值的协方差 $\sigma(t|t)$：

$$\sigma(t|t)=(I-k_g(t)H)\sigma(t|t-1)$$

重复当前的预测值、最优估计值和测量值，进行迭代（Recursive）运算，估计下一个最优估计值，直到完成数据的最后一个最优估计。

在音频信息滤波中，卡尔曼滤波器的音频信息系统参数 A 和 B 是一维参数 a 和 b，可以设为常数。$c(t)$ 可以设为 $s(t)$ 的线性函数或0。H 是测量系统的一维点扩展函数 h，可以假设为高斯函数或常数。音频信息的初始最优估计值 $s(0|0)$ 可以设为当前的测量值 $g(1)$，初始最优估计值 $s(0|0)$ 的协方差 $\sigma(0|0)$ 可以设为0，σ_s 和 σ_g 可以假设为常数。

6.10.2 扩展的卡尔曼滤波

基本卡尔曼滤波是在假设音频信息系统和音频信息测量系统是线性随机微分系统的基础上导出的滤波器，但实际上音频信息系统和音频信息测量系统往往是非线性的。在这种情况下，基本卡尔曼滤波不一定能取得很好的滤波效果。为解决非线性问题，Julier 等人提出了一种扩展的卡尔曼滤波器（EKF，Extended Kalman Filtering）。类似于其他线性处理非线性问题的方法，扩展的卡尔曼滤波采用偏微分方法把音频信息系统当前的状态估计和测量的非线性微分线性化。

假设音频信息系统的非线性随机微分系统的状态方程为：

$$s(t)=f(s(t-1),c(t-1),n_s(t-1)) \tag{6.126}$$

音频信息系统在 t 时刻的测量值 $g(t)$ 表示为：

$$g(t)=h(s(t),n_g(t)) \tag{6.127}$$

在实际中，噪声 $n_s(t)$ 和 $n_g(t)$ 可以归并到非线性函数 f 和 h 中，所以不考虑它们而认为它们是0。则音频信息系统在 t 时刻的真实值 $s(t)$ 可以近似为：

$$s'(t)=f(s(t-1\mid t-1),c(t-1),0) \tag{6.128}$$

音频信息系统在 t 时刻的测量值 $g(t)$ 可以近似为：

$$g'(t)=h(s'(t),0) \tag{6.129}$$

用 $s'(t)$ 和 $g'(t)$ 的线性方程来近似表示 $s(t)$ 和 $g(t)$ 的非线性方程：

$$s(t)\approx s'(t)+A(s(t-1)-s(t-1\mid t-1))+N_s n_s(t-1) \tag{6.130}$$

$$g(t)\approx g'(t)+H(s(t)-s'(t))+N_g n_g(t) \tag{6.131}$$

其中，A 是音频信息系统非线性函数 $f(s(t-1\mid t-1),c(t-1),0)$ 对 s 的偏导数的雅可比矩阵（Jacobian matrix）：

$$A_{ij}=\frac{\partial}{\partial s_j}f_i(s(t-1\mid t-1),c(t-1),0) \tag{6.132}$$

N_s 是音频信息系统非线性函数 $f(s(t-1\mid t-1),c(t-1),0)$ 对 n_s 的偏导数的雅可比矩阵（Jacobian matrix）：

$$N_{sij}=\frac{\partial}{\partial n_{sj}}f_i(s(t-1\mid t-1),c(t-1),0) \tag{6.133}$$

H 是音频信息测量系统非线性函数 $h(s'(t),0)$ 对 s 的偏导数的雅可比矩阵（Jacobian matrix）：

$$H_{ij}=\frac{\partial}{\partial s_j}h_i(s'(t),0) \tag{6.134}$$

N_g 是音频信息测量系统非线性函数 $h(s'(t),0)$ 对 n_g 的偏导数的雅可比矩阵（Jacobian matrix）：

$$N_{gij}=\frac{\partial}{\partial n_{gj}}h_i(s'(t),0) \tag{6.135}$$

式（6.132）~式（6.135）中的下标 i 和 j 是矩阵元素的行列号。

于是，扩展的卡尔曼滤波的步骤是：

1）由音频信息上一时刻的最优估计值 $s(t-1\mid t-1)$ 预测音频信息当前时刻 t 的预测值 $s(t\mid t-1)$。

$$s(t\mid t-1)=f(s(t-1\mid t-1),c(t-1),0) \tag{6.136}$$

2）由前一时刻的音频信息系统最优估计值的协方差 $\sigma(t-1\mid t-1)$ 预测当前时刻 t 的预测值的协方差 $\sigma(t\mid t-1)$。

$$\sigma(t\mid t-1)=A_t\sigma(t-1\mid t-1)A_t^{T}+N_{st}\sigma_s(t-1)N_{st}^{T} \tag{6.137}$$

3）由当前时刻 t 的预测值的协方差 $\sigma(t\mid t-1)$ 估计当前时刻 t 的卡尔曼滤波增益 $k_g(t)$。

$$k_g(t)=\sigma(t\mid t-1)H_t^{T}/(H_t\sigma(t\mid t-1)H_t^{T}+N_{gt}\sigma_g(t)N_{gt}^{T}) \tag{6.138}$$

4）由当前时刻 t 的预测值 $s(t\mid t-1)$ 和系统的当前时刻 t 的测量值 $g(t)$ 估计音频信息当前时刻 t 的最优估计值 $s(t\mid t)$。

$$s(t\mid t)=s(t\mid t-1)+k_g(t)(g(t)-h(s(t\mid t-1),0)) \tag{6.139}$$

5）由当前时刻 t 的预测值的协方差 $\sigma(t\mid t-1)$ 估计当前时刻 t 的最优估计值的协方差 $\sigma(t\mid t)$。

$$\sigma(t\mid t)=(I-k_g(t)H_k)\sigma(t\mid t-1) \tag{6.140}$$

扩展卡尔曼滤波器的音频信息系统参数 A、噪声参数 N_s、测量系统参数 H、噪声参数 N_s取一维导数。与基本卡尔曼滤波类似，音频信息控制 $c(t)$ 可以设为 $s(t)$ 的线性函数或 0。音频信息的初始最优估计值 $s(0|0)$ 可以设为当前的测量值 $g(1)$，初始最优估计值 $s(0|0)$ 的协方差 $\sigma(0|0)$ 可以设为 0，σ_s 和 σ_g 可以假设为常数。

6.11　本章小结

本章主要介绍了音频信息的滤波，用于增强或复原原始音频信息，或者用于音频信息的频带划分。音频信息滤波主要分为频域滤波和时域滤波两大类。频域滤波包括低通滤波、高通滤波、带通滤波、带阻滤波、梳状滤波、逆滤波、维纳滤波。前 5 种频域滤波中介绍了理想滤波、指数滤波、梯形滤波、高斯滤波、巴特沃尔斯滤波。时域滤波包括均值滤波、高斯加权均值滤波、中值滤波、微分滤波、拉普拉斯二阶微分滤波、积分滤波、微分积分滤波、线性组合滤波、高斯 - 拉普拉斯滤波、Gabor 滤波。最后介绍了卡尔曼滤波和扩展的卡尔曼滤波，它们是一种特殊的应用非常广泛的数据流滤波。

第7章 音频信息增强

7.1 概述

在音频信息采集、传输、处理中，系统输出的音频信息与系统的输入音频信息，或者说采集的与原始音频信息不一样。输入音频信息被系统的点扩展函数模糊，被系统和环境的加性噪声污染，导致输出音频信息质量降低，被称为降质音频信息。第6章介绍了音频信息滤波，滤波的目的之一是滤除降质音频信息中被系统点扩展函数的模糊或滤除被系统和环境加性噪声的污染，复原或估计输入系统的原始音频信息。在实际音频信息处理与识别中，有时不需要从降质音频信息中复原或估计输入系统的原始音频信息，而是需要从降质音频信息中获得或提取有用的音频信息。为此，需要先在降质音频信息中增强或突出感兴趣或有用的音频信息，降低、抑制或去除不感兴趣或无用的音频信息，这就是音频信息增强（AE，Audio Enhancement）。

音频信息增强一般有时间域增强、频率域增强、变换域增强、混合增强四大类型。时间域增强主要是音频信息的幅度或幅度变化的增强。频率域增强主要是音频信息的频谱或频谱变化的增强。变换域增强主要是音频信息的特征增强，主要包括直方图增强、自适应增强、模式增强。混合增强是综合时间域、频率域、变换域的音频信息增强，主要包括延时和回声、混响和调制。

7.2 时间域增强

音频信息的时间域增强主要是音频信息的幅度或幅度变化的增强。它主要包括音频信息的加减增强、乘除增强、线性增强、指数增强、对数增强、幂函数增强、高斯增强、巴特沃尔斯增强、平滑增强、锐化增强。

7.2.1 加减增强

音频信息加减运算增强（Addition and Subtraction Enhancement）用于增强需要的音频信息，或用于抑制、去除不需要的信息。音频信息加减运算可以用一个数学模型来表示：

$$s'(t)=g(t)+x(t) \tag{7.1}$$

$$s'(t)=g(t)-x(t) \tag{7.2}$$

其中，$s'(t)$是加减运算增强后的音频信息，$g(t)$是退化的音频信息，$x(t)$是用于增强的音频信息。例如，$g(t)$是火车站里录制的音频信息，其中语音对话被淹没在火车轰鸣的噪声中，很难听清。如果$x(t)$是单独录制的火车轰鸣声，利用音频信息的减法运算式（7.2），进行时移相减，可能对消火车轰鸣的噪声，获得比较清晰的语音对话信息$s'(t)$。如果$x(t)$是单独录制的语音对话，利用音频信息的加法运算式（7.1），进行时移相加，可能增强语音对话，获得比较好的火车站场景里的语音对话信息 $s'(t)$。

7.2.2 乘除增强

与音频信息加减运算增强类似，音频信息乘除运算增强用于（Multiplication and Division Enhancement）增强需要的音频信息，或用于抑制、去除不需要的信息。音频信息乘除运算可以用一个数学模型来表示：

$$s'(t)=g(t)x(t) \tag{7.3}$$

$$s'(t)=g(t)/x(t) \tag{7.4}$$

其中，$s'(t)$是乘除运算增强后的音频信息，$g(t)$是退化的音频信息，$x(t)$是用于增强的音频信息。如上例，$g(t)$是火车站里录制的音频信息，其中语音对话被淹没在火车轰鸣的噪声中，很难听清。如果 $x(t)$ 是单独录制的火车轰鸣声，利用音频信息的除法运算式(7.4)，进行时移相除，可能抑制火车轰鸣的噪声，获得比较清晰的语音对话信息 $s'(t)$。如果 $x(t)$是单独录制的语音对话，利用音频信息的乘法运算式（7.3），进行时移相乘，可能增强语音对话，获得比较好的火车站场景里的语音对话信息 $s'(t)$。

7.2.3 线性增强

与音频信息加减运算、乘除运算增强类似，音频信息线性运算增强（Linear Enhancement）用于增强需要的音频信息，或用于抑制、去除不需要的信息。音频信息线性运算可以用一个数学模型来表示：

$$s'(t)=ag(t)+b \tag{7.5}$$

其中，$s'(t)$是线性运算增强后的音频信息，$g(t)$是退化的音频信息，a 和 b 是用于增强音频信息的参数，一般设为常数。例如，$g(t)$是灵敏度较低且在很远距离录制的音频信息，其音量很小，难于听清。如果适当选择 $a>1$ 和 b，利用音频信息的线性运算式（7.5），可能放大音频信息的音量，获得听觉效果比较好的音频信息 $s'(t)$。相反，如果 $g(t)$是灵敏度很高且在很近距离录制的音频信息，其音量太大，难于听清。如果适当选择 $a<1$ 和 b，利用音频信息的线性运算式（7.5），可能缩小音频信息的音量，获得听觉效果比较好的音频信息 $s'(t)$。

7.2.4 指数增强

音频信息指数函数增强（Exponential Enhancement）用于增强需要的音频信息，或用于抑制、去除不需要的信息。音频信息指数函数增强可以用一个数学模型来表示：

$$s'(t)=ae^{-g(t)}+b \tag{7.6}$$

其中，$s'(t)$是指数函数增强后的音频信息，$g(t)$是退化的音频信息，a 和 b 是用于控制音频信息增强的参数，一般设为常数。指数函数增强主要是大幅度减小或降低较强的音频信息，相对增强较弱的音频信息，大大增加有用信息与无用信息之间的差距。如前例，$g(t)$是火车站里录制的音频信息，其中语音对话被淹没在火车轰鸣的噪声中，很难听清。如果适当选择 $a>1$ 和 b，利用音频信息的指数函数增强式（7.6），可能增强语音对话，降低火车轰鸣的噪声，获得比较大声的语音对话信息 $s'(t)$。

7.2.5 对数增强

音频信息对数函数增强（Logarithm Enhancement）用于增强需要的音频信息，或用于抑制、去除不需要的信息。音频信息对数函数增强可以用一个数学模型来表示：

$$s'(t)=a\log(g(t)+1)+b \tag{7.7}$$

其中，$s'(t)$是对数函数增强后的音频信息，$g(t)$是退化的音频信息，a和b是用于控制音频信息增强的参数，一般设为常数。与指数函数增强类似，对数函数增强主要缩小较强音频信息与较弱音频信息之间的差距，相对凸显较弱的音频信息。如前例，$g(t)$是火车站里录制的音频信息，其中语音对话被淹没在火车轰鸣的噪声中，很难听清。如果适当选择$a>1$和b，利用音频信息的对数函数增强式（7.7），可能增强语音对话，降低火车轰鸣的噪声，获得比较大声的语音对话信息$s'(t)$。

7.2.6 幂函数增强

音频信息幂函数增强（Power Function Enhancement）用于增强需要的音频信息，或用于抑制、去除不需要的信息。音频信息幂函数增强可以用一个数学模型来表示：

$$s'(t)=ag^{x}(t) \tag{7.8}$$

其中，$s'(t)$是幂函数增强后的音频信息，$g(t)$是退化的音频信息，a和x是用于控制音频信息增强的参数，一般设为常数。与指数函数增强类似，幂函数增强主要缩小较强音频信息与较弱音频信息之间的差距，相对凸显较弱的音频信息。如前例，$g(t)$是火车站里录制的音频信息，其中语音对话被淹没在火车轰鸣的噪声中，很难听清。如果适当选择$a>1$和$x=-2$，利用音频信息的幂函数增强式（7.8），可能增强语音对话，降低火车轰鸣的噪声，获得比较大声的语音对话信息$s'(t)$。

7.2.7 高斯增强

音频信息高斯函数增强（Gaussian Enhancement）用于增强需要的音频信息，或用于抑制、去除不需要的信息。音频信息高斯函数增强可以用一个数学模型来表示：

$$s'(t)=a\exp(-(g(t)-\mu)^{2n}/(2\sigma^{2n})) \tag{7.9}$$

其中，$s'(t)$是高斯函数增强后的音频信息，$g(t)$是退化的音频信息，a、μ、σ和n是用于控制音频信息增强的参数，一般设为常数。高斯函数增强主要缩小某部分音频信息与其他音频信息之间的差距，相对凸显该部分的音频信息。如前例，$g(t)$是火车站里录制的音频信息，其中语音对话被淹没在火车轰鸣的噪声中，很难听清。如果适当选择$a>1$、$\mu\geqslant0$、$\sigma>1$和$n\geqslant2$，利用音频信息的高斯函数增强式（7.9），可能增强语音对话，降低火车轰鸣的噪声，获得比较大声的语音对话信息$s'(t)$。

7.2.8 巴特沃尔斯增强

音频信息巴特沃尔斯函数增强（Butterworth Enhancement）用于增强需要的音频信息，或用于抑制、去除不需要的信息。音频信息巴特沃尔斯函数增强可以用一个数学模型来表示：

$$s'(t)=a\exp(1/(1+(g(t)-\mu)^{2n}/\sigma^{2n})) \tag{7.10}$$

其中，$s'(t)$是巴特沃尔斯函数增强后的音频信息，$g(t)$是退化的音频信息，a、μ、σ 和 n 是用于控制音频信息增强的参数，一般设为常数。巴特沃尔斯函数增强主要缩小某部分音频信息与其他音频信息之间的差距，相对凸显该部分的音频信息。如前例，$g(t)$是火车站里录制的音频信息，其中语音对话被淹没在火车轰鸣的噪声中，很难听清。如果适当选择 $a>1$、$\mu\geqslant0$、$\sigma>1$ 和 $n\geqslant2$，利用音频信息的巴特沃尔斯函数增强式（7.10），可能增强语音对话，降低火车轰鸣的噪声，获得比较大声的语音对话信息 $s'(t)$。

7.2.9　平滑增强

音频信息平滑增强（Smoothening Enhancement）用于增强平滑的音频信息，或用于抑制、降低剧烈变化的音频信息。例如使尖叫声音变得柔和，使高频声音变得低沉等。音频信息平滑增强算法主要有均值平滑增强和加权均值平滑增强。

均值平滑增强

音频信息均值平滑增强可以用一个数学模型来表示：

$$s'(t)=\frac{1}{2t_0+1}\sum_{\tau=-t_0}^{t_0}g(t+\tau) \tag{7.11}$$

其中，$s'(t)$是均值平滑增强后的音频信息，$g(t)$是退化的音频信息，t_0是平滑的邻域半径，用于控制音频信息增强的参数，一般设为常数。

加权均值平滑增强

音频信息加权均值平滑增强可以用一个数学模型来表示：

$$s'(t)=\frac{1}{\sum\limits_{\tau=-t_0}^{t_0}a_\tau}\sum_{\tau=-t_0}^{t_0}a_\tau g(t+\tau) \tag{7.12}$$

其中，$s'(t)$是加权均值平滑增强后的音频信息，a_τ是加权系数，用于控制音频信息增强的参数，一般设为函数，例如高斯函数。

7.2.10　锐化增强

音频信息锐化增强（Sharpening Enhancement）用于增强变化较大的音频信息，保持平滑的的音频信息。例如使比较模糊的声音变得比较清晰，使比较低沉的声音变得比较高亢等。音频信息锐化增强算法主要有微分锐化增强和微分积分锐化增强。

1. 微分锐化增强

音频信息微分锐化增强可以用一个数学模型来表示：

$$s'(t)=g(t)+(g(t-1)-g(t+1)) \tag{7.13}$$

其中，$s'(t)$是微分锐化增强后的音频信息，$g(t)$是退化的音频信息，右边第二项是微分运算。很明显，音频信息的变化部分得到增强，平滑部分基本不变。

2. 微分积分锐化增强

音频信息微分积分锐化增强可以用一个数学模型来表示：

$$s'(t) = g(t) + \frac{1}{t_0} \sum_{\tau=1}^{t_0} ((g(t+\tau) - g(t-\tau)) \tag{7.14}$$

其中，$s'(t)$是微分积分锐化增强后的音频信息，t_0是积分的邻域半径，用于控制音频信息增强的参数，一般设为常数。式（7.14）中右边第二项的减法运算是微分运算，求和运算是积分运算。很明显，微分积分锐化增强，既增强了音频信息的变化，又保持了音频信息的平滑，还降低或抑制了音频信息的剧烈变化。

7.3 频率域增强

与音频信息的时间域增强类似，音频信息的频率域增强，主要是音频信息的频谱幅度或频谱幅度变化的增强。它也主要包括音频信息频谱的加减增强、乘除增强、线性增强、指数增强、对数增强、幂函数增强、高斯增强、巴特沃尔斯增强、平滑增强、锐化增强。

7.3.1 加减增强

音频信息频谱加减运算用于增强需要的音频信息频谱，或用于抑制、去除不需要的频谱。音频信息频谱加减运算可以用一个数学模型来表示：

$$S'(\omega) = G(\omega) + X(\omega) \tag{7.15}$$

$$S'(\omega) = G(\omega) - X(\omega) \tag{7.16}$$

其中，$S'(\omega)$是频谱加减运算增强后的音频信息频谱，$G(\omega)$是退化的音频信息频谱，$X(\omega)$是用于增强的音频信息频谱。例如，$g(t)$是火车站里录制的音频信息，其中语音对话被淹没在火车轰鸣的噪声中，很难听清。如果$X(\omega)$是单独录制的火车轰鸣声的频谱，利用音频信息频谱的减法运算（又被称为谱减法）式（7.16），进行频移相减，可能对消火车轰鸣的噪声频谱，获得比较清晰的语音对话信息$s'(t)$。如果$X(\omega)$是单独录制的语音对话的频谱，利用音频信息频谱的加法运算式（7.15），进行频移相加，可能增强语音对话，获得比较好的火车站场景里的语音对话信息$s'(t)$。

7.3.2 乘除增强

与音频信息频谱加减运算增强类似，音频信息频谱乘除运算用于增强需要的音频信息，或用于抑制、去除不需要的信息。音频信息频谱乘除运算可以用一个数学模型来表示：

$$S'(\omega) = G(\omega)\ X(\omega) \tag{7.17}$$

$$S'(\omega) = G(\omega)/X(\omega) \tag{7.18}$$

其中，$S'(\omega)$是频谱乘除运算增强后的音频信息频谱，$G(\omega)$是退化的音频信息的频谱，$X(\omega)$是用于增强的音频信息的频谱。如上例，$g(t)$是火车站里录制的音频信息，其中语音对话被淹没在火车轰鸣的噪声中，很难听清。如果$X(\omega)$是单独录制的火车轰鸣声频谱，利用音频信息的频谱除法运算式（7.18），进行频移相除，可能抑制火车轰鸣的噪声，获得比较清晰的语音对话信息$s'(t)$。如果$X(\omega)$是单独录制的语音对话，利用音频信息的频谱乘法运算式（7.17），进行频移相乘，可能增强语音对话，获得比较好的火车站场景里的语音对话信息$s'(t)$。

7.3.3 线性增强

与音频信息频谱加减运算、频谱乘除运算增强类似，音频信息频谱线性运算用于增强需要的音频信息，或用于抑制、去除不需要的信息。音频信息频谱线性运算可以用一个数学模型来表示：

$$S'(\omega)=a\,G(\omega)+b \tag{7.19}$$

其中，$S'(\omega)$是频谱线性运算增强后的音频信息频谱，$G(\omega)$是退化的音频信息频谱，a和b是用于增强音频信息的参数，一般设为常数。例如，$g(t)$是灵敏度较低且在很远距离录制的音频信息，其音量很小，难于听清。如果适当选择$a>1$和b，利用音频信息的频谱线性运算式（7.19），可能放大音频信息的音量，获得听觉效果比较好的音频信息$s'(t)$。相反，如果$g(t)$是灵敏度很高且在很近距离录制的音频信息，其音量太大，难于听清。如果适当选择$a<1$和b，利用音频信息的频谱线性运算式（7.19），可能缩小音频信息的音量，获得听觉效果比较好的音频信息$s'(t)$。

7.3.4 指数增强

音频信息频谱指数函数用于增强需要的音频信息，或用于抑制、去除不需要的信息。音频信息频谱指数函数增强可以用一个数学模型来表示：

$$S'(\omega)=a\mathrm{e}^{-G(\omega)}+b \tag{7.20}$$

其中，$S'(\omega)$是指数函数增强后的音频信息频谱，$G(\omega)$是退化的音频信息频谱，a和b是用于控制音频信息增强的参数，一般设为常数。频谱指数函数增强主要是大幅度减小或降低较强的音频信息，相对增强较弱的音频信息，大大增加有用信息与无用信息之间的差距。如前例，$g(t)$是火车站里录制的音频信息，其中语音对话被淹没在火车轰鸣的噪声中，很难听清。如果适当选择$a>1$和b，利用音频信息的频谱指数函数增强式（7.20），可能增强语音对话，降低火车轰鸣的噪声，获得比较理想的语音对话信息$s'(t)$。

7.3.5 对数增强

音频信息频谱对数函数用于增强需要的音频信息，或用于抑制、去除不需要的信息。音频信息频谱对数函数增强可以用一个数学模型来表示：

$$S'(\omega)=a\log(G(\omega)+1)+b \tag{7.21}$$

其中，$S'(\omega)$是对数函数增强后的音频信息频谱，$G(\omega)$是退化的音频信息频谱，a和b是用于控制音频信息增强的参数，一般设为常数。与频谱指数函数增强类似，频谱对数函数增强主要缩小较强音频信息与较弱音频信息之间的差距，相对凸显较弱的音频信息。如前例，$g(t)$是火车站里录制的音频信息，其中语音对话被淹没在火车轰鸣的噪声中，很难听清。如果适当选择$a>1$和b，利用音频信息的对数函数增强式（7.21），可能增强语音对话，降低火车轰鸣的噪声，获得比较理想的语音对话信息$s'(t)$。

7.3.6 幂函数增强

音频信息频谱幂函数用于增强需要的音频信息，或用于抑制、去除不需要的信息。音频信息频谱幂函数增强可以用一个数学模型来表示：

$$S'(\omega) = aG^{x}(\omega) \tag{7.22}$$

其中，$S'(\omega)$是幂函数增强后的音频信息频谱，$G(\omega)$是退化的音频信息频谱，a 和 x 是用于控制音频信息增强的参数，一般设为常数。与频谱指数函数增强类似，频谱幂函数增强主要缩小较强音频信息与较弱音频信息之间的差距，相对凸显较弱的音频信息。如前例，$g(t)$是火车站里录制的音频信息，其中语音对话被淹没在火车轰鸣的噪声中，很难听清。如果适当选择 $a>1$ 和 $x=-2$，利用音频信息的频谱幂函数增强式（7.22），可能增强语音对话，降低火车轰鸣的噪声，获得比较理想的语音对话信息 $s'(t)$。

7.3.7 高斯增强

音频信息频谱高斯函数用于增强需要的音频信息，或用于抑制、去除不需要的信息。音频信息频谱高斯函数增强可以用一个数学模型来表示：

$$S'(\omega) = a\exp(-(G(\omega)-\mu)^{2n}/(2\sigma^{2n})) \tag{7.23}$$

其中，$S'(\omega)$是高斯函数增强后的音频信息频谱，$G(\omega)$是退化的音频信息频谱，a、μ、σ 和 n 是用于控制音频信息增强的参数，一般设为常数。频谱高斯函数增强主要缩小某部分音频信息与其他音频信息之间的差距，相对凸显该部分的音频信息。如前例，$g(t)$是火车站里录制的音频信息，其中语音对话被淹没在火车轰鸣的噪声中，很难听清。如果适当选择 $a>1$、$\mu\geqslant 0$、$\sigma>1$ 和 $n\geqslant 2$，利用音频信息的频谱高斯函数增强式（7.23），可能增强语音对话，降低火车轰鸣的噪声，获得比较理想的语音对话信息 $s'(t)$。

7.3.8 巴特沃尔斯增强

音频信息频谱巴特沃尔斯函数用于增强需要的音频信息，或用于抑制、去除不需要的信息。音频信息频谱巴特沃尔斯函数增强可以用一个数学模型来表示：

$$S'(\omega) = a\exp(1/(1+(G(\omega)-\mu)^{2n}/\sigma^{2n})) \tag{7.24}$$

其中，$S'(\omega)$是巴特沃尔斯函数增强后的音频信息频谱，$G(\omega)$是退化的音频信息频谱，a、μ、σ 和 n 是用于控制音频信息增强的参数，一般设为常数。频谱巴特沃尔斯函数增强主要缩小某部分音频信息与其他音频信息之间的差距，相对凸显该部分的音频信息。如前例，$g(t)$是火车站里录制的音频信息，其中语音对话被淹没在火车轰鸣的噪声中，很难听清。如果适当选择 $a>1$、$\mu\geqslant 0$、$\sigma>1$ 和 $n\geqslant 2$，利用音频信息的频谱巴特沃尔斯函数增强式（7.24），可能增强语音对话，降低火车轰鸣的噪声，获得比较理想的语音对话信息 $s'(t)$。

7.3.9 平滑增强

音频信息频谱平滑运算用于增强平滑的音频信息，或用于抑制、降低剧烈变化的音频信息。例如使尖叫声音变得柔和，使高频声音变得低沉等。音频信息频谱平滑增强算法主要有频谱均值平滑增强和频谱加权均值平滑增强。

1. 均值平滑增强

音频信息频谱均值平滑增强可以用一个数学模型来表示：

$$S'(\omega) = \frac{1}{2\omega_0+1}\sum_{\varpi=-\omega_0}^{\omega_0} G(\omega+\varpi) \tag{7.25}$$

其中，$S'(\omega)$是均值平滑增强后的音频信息频谱，$G(\omega)$是退化的音频信息频谱，ω_0是平滑的邻域半径，用于控制音频信息增强的参数，一般设为常数。

2. 加权均值平滑增强

音频信息频谱加权均值平滑增强可以用一个数学模型来表示：

$$S'(\omega)=\frac{1}{\sum_{\varpi=-\omega_0}^{\omega_0} a_{\varpi}}\sum_{\varpi=-\omega_0}^{\omega_0} a_{\varpi}\,G(\omega+\varpi) \tag{7.26}$$

其中，$S'(\omega)$是加权均值平滑增强后的音频信息频谱，$G(\omega)$是退化的音频信息频谱，ω_0是平滑的邻域半径，a_{ϖ}是加权系数，用于控制音频信息增强的参数。ω_0一般设为常数，a_{ϖ}一般设为函数，例如高斯函数。

锐化增强

音频信息频谱锐化运算用于增强变化较大的音频信息，保持平滑的音频信息。例如使比较模糊的声音变得比较清晰，使比较低沉的声音变得比较高亢等。音频信息频谱锐化增强算法主要有频谱微分锐化增强和频谱微分积分锐化增强。

微分锐化增强

音频信息频谱微分锐化增强可以用一个数学模型来表示：

$$S'(\omega)=G(\omega)+(G(\omega-1)-G(\omega+1)) \tag{7.27}$$

其中，$S'(\omega)$是微分锐化增强后的音频信息频谱，$G(\omega)$是退化的音频信息频谱，式（7.27）中右边第二项是频谱微分运算。很明显，音频信息的变化部分得到增强，平滑部分则基本不变。

微分积分锐化增强

音频信息频谱微分积分锐化增强可以用一个数学模型来表示：

$$S'(\omega)=G(\omega)+\frac{1}{\omega_0}\sum_{\varpi=1}^{\omega_0}((G(\omega+\varpi)-G(\omega-\varpi))) \tag{7.28}$$

其中，$S'(\omega)$是微分积分锐化增强后的音频信息频谱，$G(\omega)$是退化的音频信息频谱，ω_0是积分的邻域半径，用于控制音频信息增强的参数，一般设为常数。式（7.28）中右边第二项的减法运算是微分运算，求和运算是积分运算。很明显，频谱微分积分锐化增强，既增强了音频信息的变化，又保持了音频信息的平滑，还降低或抑制了音频信息的剧烈变化。

7.4　直方图增强

直方图增强（Histogram Enhancement）是音频信息增强中一种比较简单但是又比较重要的增强方式。与前述的增强方式不同，这种增强方式主要是基于音频信息的概率统计特性，用于增加需要的音频信息的概率，或用于降低、去除不需要的音频信息的概率，从而达到增强目标音频信息的目的。音频信息的直方图增强是对音频信息的概率统计直方图进行修改或变换，增强成所需要的概率统计直方图或概率分布。音频信息的概率统计直方图可以是时间域的幅度概率统计，也可以是频率域的频谱幅度概率统计，还可以是变换域的音频信息特征概率统计。因此，音频信息的直方图增强可以分成三大类：时域幅度直方图增强，频域幅度直方图增强和变换域特征直方图增强。频域幅度直方图增强也是一种变换域特征直方图增强。

7.4.1 概率统计直方图

概率统计直方图（Statistical Histogram）是随机变量的概率分布图，常常用曲线或垂直线段高度描述。假设一个随机变量为 y，这个随机变量的函数为 $y(x)$，则这个随机变量 y 在它的函数 $y(x)$ 中的概率 $p(y)$ 为：

$$p(y)=n(y\mid y(x))/N(x) \tag{7.29}$$

其中，$n(y\mid y(x))$是随机变量 y 在它的函数 $y(x)$ 中出现的次数，$N(x)$ 是变量 x 的长度或总次数。例如，一个随机函数 $y(x)$ 为：

$$y(x)=(2,2,0,1,2,3,7,7,7,7)$$

则随机变量 y 的概率为 $p(2)=0.3$，$p(7)=0.4$ 等。

式（7.29）的概率实际上就是概率分布，一般可以写成直方图的函数形式：

$$h(y)=p(y)=\frac{\frac{1}{y}\sum_{x=x_1}^{x_2}y(x)\mid_{y(x)=y}}{x_2-x_1}\quad y\neq 0 \tag{7.30}$$

其中，x_1 和 x_2 是变量 x 的范围。例如上例的随机变量 y 的概率分布为：

$h(0)=0.1,h(1)=0.1,h(2)=0.3,h(3)=0.1,h(4)=0,h(5)=0,h(6)=0,h(7)=0.4$

概率分布直方图一般采用曲线或垂直线段描述，如图 7-1 所示。

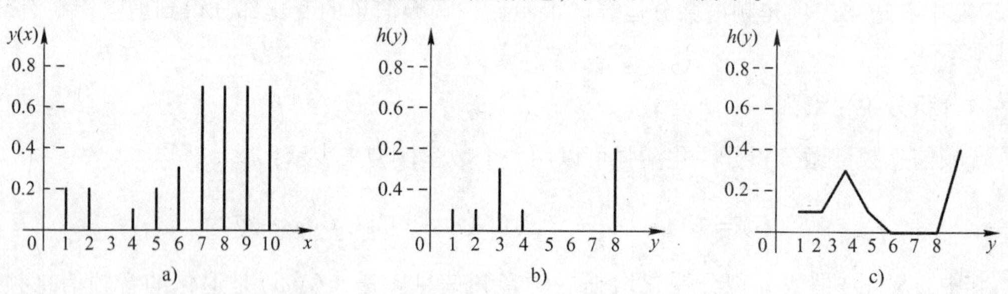

图 7-1 随机变量及其直方图

a）随机函数 b）垂直线段的直方图 c）曲线的直方图

7.4.2 时域幅度直方图增强

设一段音频信息为 $g(t)$，它被看做是一个 t 的随机函数。在 t 时刻，它的幅度值是 g，被看做是一个随机变量。于是，这段音频信息的时域幅度概率统计直方图 $h(g)$ 被定义为：

$$h(g)=\frac{\frac{1}{g}\sum_{t=t_1}^{t_2}g(t)\mid_{g(t)=g}}{t_2-t_1}\quad g\neq 0 \tag{7.31}$$

其中，t_1 和 t_2 是变量 t 的范围。

音频信息时域幅度直方图增强方法一般有直方图变换、直方图均衡、直方图匹配。

1. 直方图变换

直方图变换是把一种概率分布变换成另一种概率分布。直方图变换常常有线性变换和非线性变换两种。

直方图线性变换是把一种概率分布线性变换为另一种概率分布。设原始音频信息的时域幅度随机变量为 g，线性变换后的音频信息时域幅度随机变量为 s，则直方图线性变换定义为：

$$s = ag + b \tag{7.32}$$

$$h(s) = h(g) \quad \text{and} \quad s(t) = ag(t) + b \tag{7.33}$$

其中，a 和 b 是控制变换的参数，$a \neq 0$，一般选为常数。直方图线性变换函数曲线如图 7-2 所示。当 $a>1$ 时，随机变量的范围被扩展或拉伸，声音强度的层次感、对比度、平滑度增强。当 $a<1$ 时，随机变量的范围被压缩，声音强度的层次感、对比度、平滑度减弱。例如，一个音频信息直方图线性变换函数为：

$$s = 2g + 1$$

假设上例是一段音频信息 $g(t) = (2,2,0,1,2,3,7,7,7,7)$，则它的直方图 $h(g)$ 线性变换后成为直方图 $h(s)$，如图 7-3a 所示。变换后的音频信息如图 7-3b 所示。

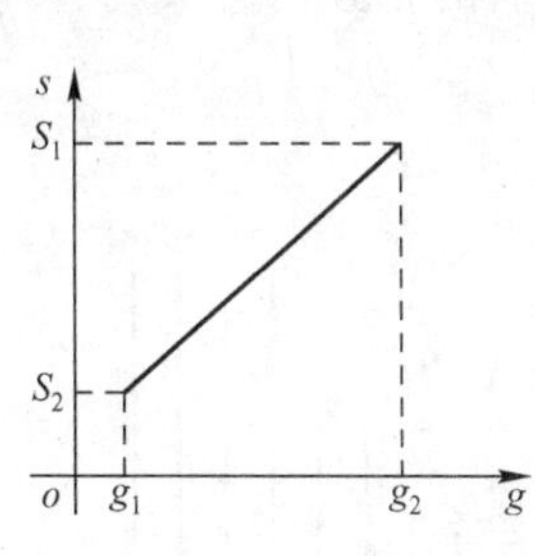

图 7-2　直方图线性变换

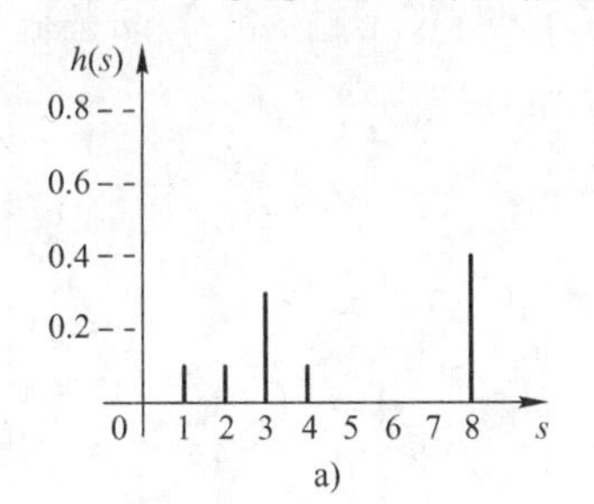

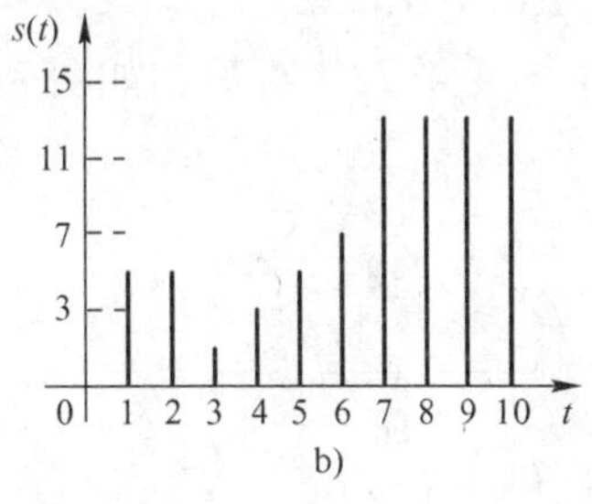

图 7-3　例子的直方图线性变换

a）变换后的直方图　b）变换后的音频信息

直方图非线性变换是把一种概率分布非线性变换为另一种概率分布。直方图非线性变换主要有直方图分段线性变换、直方图指数变换、直方图高斯变换、直方图 Butterworth 变换等。

直方图分段线性变换定义为：

$$s = \sum_{k=1}^{K} a_k g + b_k \tag{7.34}$$

$$h(s) = h(g) \quad \text{and} \quad s(t) = \sum_{k=1}^{K} a_k g(t) + b_k \tag{7.35}$$

其中 K 是分段线性的段数，a 和 b 是分段线性的参数。

直方图指数变换定义为：

$$s = a\mathrm{e}^{-g} + b \quad \text{and} \quad s(t) = a\,\mathrm{e}^{-g(t)} + b \tag{7.36}$$

直方图高斯变换定义为：

$$s = a\exp(-(g-\mu)^{2n}/(2\sigma^{2n})) \quad \text{and} \quad s(t) = a\exp(-(g(t)-\mu)^{2n}/(2\sigma^{2n})) \tag{7.37}$$

直方图 Butterworth 变换：

$$s = a\exp(1/(1+(g-\mu)^{2n}/\sigma^{2n})) \quad \text{and} \quad s(t) = a\exp(1/(1+(g(t)-\mu)^{2n}/\sigma^{2n})) \tag{7.38}$$

2. 直方图均衡

直方图均衡是使大概率降低，小概率升高，概率分布比较均匀。理想的直方图均衡化是使概率分布等于一个常数，即：

$$h(s)=C \tag{7.39}$$

$$\sum_{s=0}^{s_m} h(s)=Cs_m=1 \tag{7.40}$$

其中，C 是常数，s_m是直方图均衡化后的最大值。因此，音频信息的直方图均衡定义为：

$$s=s_m\sum_{k=0}^{g} h(k) \tag{7.41}$$

$$H(s)=\sum_{k=0}^{s} h(k) \qquad s=0,1,\cdots,s_m \tag{7.42}$$

$$h(s)=H(s)-H(s-1) \quad \text{and} \quad s(t)=s_m\sum_{k=0}^{g(t)} h(k) \tag{7.43}$$

例如，上例的音频信息 $g(t)$，它的直方图 $h(g)$ 经过均衡化后，随机变量 g 变换成 s：$s=(0.7,1.4,3.5,4.2,4.2,4.2,4.2,7)$，四舍五入取整后 s 成为：$s=(1,1,4,4,4,4,4,7)$，如图7-4a 所示，其中，$s_m=7$。直方图均衡化前的直方图 $h(g)$ 为：$h(g)=(0.1,0.1,0.3,0.1,0,0,0,0.4)$。因为 s 只有三个值 1,4,7，按照式（7.41），均衡化后的直方图是：$h(s)=(0,0.2,0,0,0.4,0,0,0.4)$，如图 7-4b 所示。于是，直方图均衡化后的音频信息成为：$s(t)=(4,4,1,1,4,4,7,7,7,7)$，如图 7-4c 所示。

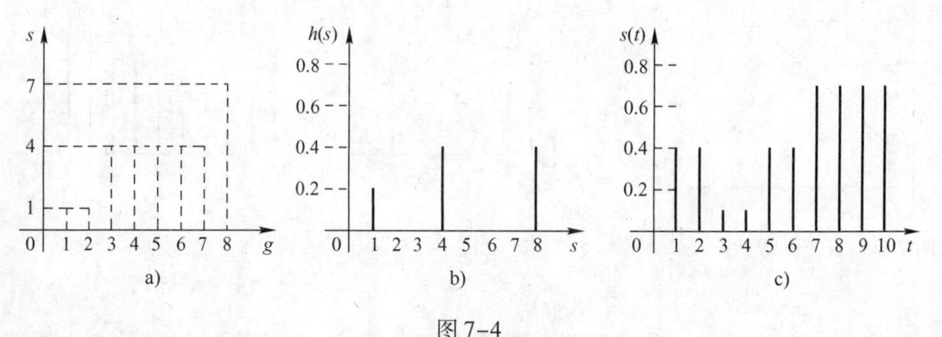

图 7-4
a）直方图均衡化　b）均衡化后的直方图　c）均衡化后音频信息

3. 直方图匹配

音频信息直方图匹配是把一段音频信息 $g_1(t)$ 的直方图 $h(g_1)$ 与另一段音频信息 $g_2(t)$ 的直方图 $h(g_2)$ 匹配，使 $g_1(t)$ 与 $g_2(t)$ 相似。$g_1(t)$ 可能是不太期望的音频信息或者质量不太好的音频信息。$g_2(t)$ 可能是一段给定的样本音频信息、参考音频信息或者模板音频信息。直方图匹配的目的是期望把 $g_1(t)$ 增强得与 $g_2(t)$ 相似。直方图匹配的方法是：

对直方图 $h(g_1)$ 均衡化变换：

$$s_1=T_1(g_1)=s_m\sum_{k=0}^{g_1} h(k) \tag{7.44}$$

对直方图 $h(g_2)$ 均衡化变换：

$$s_2=T_2(g_2)=s_m\sum_{k=0}^{g_2} h(k) \tag{7.45}$$

建立 s_2 和 s_1 之间的映射关系：

$$H_1(s_1)=H_2(s_2) \tag{7.46}$$

$$s_2 = T_3(s_1)$$

建立 s_2 和 g_1 之间的映射关系：

$$s_2 = T_3(T_1(g_1)) \tag{7.47}$$

计算匹配后的音频信息 $s(t)$：

$$s_1(t) = T_3(T_1(g_1(t))) \tag{7.48}$$

与时域幅度直方图增强类似，设一段音频信息为 $g(t)$，它被看做是一个 t 的随机函数。对应于 $g(t)$ 的频谱 $G(\omega)$，它的幅度值是 G，也被看做是一个随机变量。于是，这段音频信息的频域幅度概率统计直方图 $h(G)$ 被定义为：

$$h(G) = \frac{\frac{1}{G}\sum_{\omega=\omega_1}^{\omega_2} G(\omega) \mid_{G(\omega)=G}}{\omega_2 - \omega_1} \quad G \neq 0 \tag{7.49}$$

其中，ω_1 和 ω_2 是变量 ω 的范围。

与时域幅度直方图变换类似，音频信息频域幅度直方图增强方法一般也有直方图变换、直方图均衡、直方图匹配等。

1. 直方图变换

频域幅度直方图变换，与时域幅度直方图变换类似，也有线性变换和非线性变换两种。

频域幅度直方图线性变换，与时域幅度直方图线性变换类似。设原始音频信息的频域幅度随机变量为 G，线性变换后的音频信息频域幅度随机变量为 S，则频域幅度直方图线性变换定义为：

$$S = aG + b \tag{7.50}$$

$$h(S) = h(G) \quad \text{and} \quad S(\omega) = aG(\omega) + b \tag{7.51}$$

其中，a 和 b 是控制变换的参数，$a \neq 0$，一般选为常数。当 $a > 1$ 时，随机变量的范围被扩展或拉伸，声音频率的范围被扩展，层次感、对比度、平滑度增强。当 $a < 1$ 时，随机变量的范围被压缩，声音频率的范围被压缩，层次感、对比度、平滑度减弱。

频域幅度直方图非线性变换，与时域幅度直方图非线性变换类似，也有直方图分段线性变换、直方图指数变换、直方图高斯变换、直方图 Butterworth 变换等。

直方图分段线性变换为：

$$S = \sum_{k=1}^{K} a_k G + b_k \tag{7.52}$$

$$h(S) = h(G) \quad \text{and} \quad S(\omega) = \sum_{k=1}^{K} a_k G(\omega) + b_k \tag{7.53}$$

其中 K 是分段线性的段数，a 和 b 是分段线性的参数。

直方图指数变换为：

$$S = a\mathrm{e}^{-G} + b \quad \text{and} \quad S(\omega) = a\mathrm{e}^{-G(\omega)} + b \tag{7.54}$$

直方图高斯变换定义为：

$$S = a\exp(-(G-\mu)^{2n}/(2\sigma^{2n})) \quad \text{and} \quad S(\omega) = a\exp(-(G(\omega)-\mu)^{2n}/(2\sigma^{2n})) \tag{7.55}$$

直方图 Butterworth 变换：

$$S = a\exp(1/(1+(G-\mu)^{2n}/\sigma^{2n})) \quad \text{and} \quad S(\omega) = a\exp(1/(1+(G(\omega)-\mu)^{2n}/\sigma^{2n})) \tag{7.56}$$

2. 直方图均衡

频域幅度直方图均衡，与时域幅度直方图均衡类似。理想的直方图均衡化是使概率分布等于一个常数，即：

$$h(S)=C \tag{7.57}$$

$$\sum_{S=0}^{S_m} h(S)=CS_m=1 \tag{7.58}$$

其中，C 是常数，S_m是直方图均衡化后的最大值。因此，音频信息频域幅度的直方图均衡为：

$$S=S_m\sum_{k=0}^{G} h(k) \tag{7.59}$$

$$H(S)=\sum_{k=0}^{S} h(k) \quad S=0,1,\cdots,S_m \tag{7.60}$$

$$h(S)=H(S)-H(S-1) \quad \text{and} \quad S(\omega)=S_m\sum_{k=0}^{G(\omega)} h(k) \tag{7.61}$$

3. 直方图匹配

频域幅度直方图匹配，与时域幅度直方图匹配类似。设 $G_1(\omega)$是不太期望的音频信息或者质量不太好的音频信息频谱，$G_2(\omega)$是一段给定的样本音频信息、参考音频信息或者模板音频信息的频谱，则频域幅度直方图匹配的方法是：

对直方图 $h(G_1)$均衡化变换：

$$S_1=T_1(G_1)=S_m\sum_{k=0}^{G_1} h(k) \tag{7.62}$$

对直方图 $h(G_2)$均衡化变换：

$$S_2=T_2(G_2)=S_m\sum_{k=0}^{G_2} h(k) \tag{7.63}$$

建立 S_2和 S_1之间的映射关系：

$$H_1(S_1)=H_2(S_2) \tag{7.64}$$

$$S_2=T_3(S_1)$$

建立 S_2和 G_1之间的映射关系：

$$S_2=T_3(T_1(G_1)) \tag{7.65}$$

计算匹配后的音频信息 $S(\omega)$：

$$S_1(\omega)=T_3(T_1(G_1(\omega))) \tag{7.66}$$

变换域特征直方图增强

音频信息变换域特征直方图增强，是把音频信息变换到特征空间，在特征空间中进行特征的直方图增强。设一段音频信息为 $g(t)$，则音频信息 $g(t)$的变换可以表示为：

$$G(U)=T(g(t)) \tag{7.67}$$

其中，$U=(u_1,u_2,\cdots,u_n)$是变换空间的 n 维特征矢量。例如音频信息的傅里叶变换、余弦变换等是一维矢量变换。Gabor 变换、小波变换等是二维矢量变换。音频信息的 n 维特征提取就是 n 维矢量变换。

音频信息变换域的特征直方图可以是特征矢量的直方图，也可以是特征分量的直方图。

音频信息变换域的特征矢量直方图，与时域幅度直方图和频域幅度直方图类似。设一段音频信息为 $g(t)$，它的变换域特征矢量为 $G(U)$，特征矢量的幅度值是 G，也是一个随机变量。于是，这段音频信息的变换域特征矢量幅度概率统计直方图 $h(G)$ 被定义为：

$$h(G)=\frac{\frac{1}{G}\sum_{i=0}^{n-1}\sum_{u_i=u_{i1}}^{u_{i2}}G(U)\mid_{G(U)=G}}{\prod_{i=0}^{n-1}(u_{i2}-u_{i1})}\quad G\neq 0 \tag{7.68}$$

其中，u_{i1} 和 u_{i2} 是变量 u_i 的范围，$i=0,1,2,\cdots,n-1$ 是变换域特征分量，n 是维数。

音频信息变换域的特征分量直方图，与时域幅度直方图和频域幅度直方图类似。变换域特征分量幅度概率统计直方图 $h_i(G)$ 被定义为：

$$h_i(G)=\frac{\frac{1}{G}\sum_{u_i=u_{i1}}^{u_{i2}}G(u_i)\mid_{G(u_i)=G}}{u_{i2}-u_{i1}}\quad G\neq 0\quad i=0,1,2,\cdots,n-1 \tag{7.69}$$

与时域幅度直方图增强和频域幅度直方图增强类似，音频信息变换域特征矢量幅度直方图增强方法一般也有直方图变换、直方图均衡、直方图匹配等。

1. 直方图变换

变换域特征直方图变换，与时域幅度直方图变换和频域幅度直方图变换类似，也有线性变换和非线性变换两种。

变换域特征直方图线性变换定义为：

$$S=aG+b \tag{7.70}$$

$$h(S)=h(G)\quad \text{and}\quad S(U)=aG(U)+b \tag{7.71}$$

变换域特征直方图非线性变换，也有直方图分段线性变换、直方图指数变换、直方图高斯变换、直方图 Butterworth 变换等。

直方图分段线性变换为：

$$S=\sum_{k=1}^{K}a_kG+b_k \tag{7.72}$$

$$h(S)=h(G)\quad \text{and}\quad S(U)=\sum_{k=1}^{K}a_kG(U)+b_k \tag{7.73}$$

直方图指数变换为：

$$S=a\mathrm{e}^{-G}+b\quad \text{and}\quad S(U)=a\mathrm{e}^{-G(U)}+b \tag{7.74}$$

直方图高斯变换定义为：

$$S=a\exp(-(G-\mu)^{2n}/(2\sigma^{2n}))\quad \text{and}\quad S(U)=a\exp(-(G(U)-\mu)^{2n}/(2\sigma^{2n})) \tag{7.75}$$

直方图 Butterworth 变换：

$$S=a\exp(1/(1+(G-\mu)^{2n}/\sigma^{2n}))\quad \text{and}\quad S(U)=a\exp(1/(1+(G(U)-\mu)^{2n}/\sigma^{2n})) \tag{7.76}$$

2. 直方图均衡

$$h(S)=C \tag{7.77}$$

$$\sum_{S=0}^{S_{\mathrm{m}}}h(S)=CS_{\mathrm{m}}=1 \tag{7.78}$$

$$S=S_{\mathrm{m}}\sum_{k=0}^{G}h(k) \tag{7.79}$$

$$H(S)=\sum_{k=0}^{S}h(k)\quad S=0,1,\cdots,S_{\mathrm{m}} \tag{7.80}$$

$$h(S)=H(S)-H(S-1)\quad \text{and}\quad S(U)=S_{\mathrm{m}}\sum_{k=0}^{G(U)}h(k) \tag{7.81}$$

3. 直方图匹配

设 $G_1(U)$ 是不太期望的音频信息或者质量不太好的音频信息特征矢量，$G_2(U)$ 是一段给定的样本音频信息、参考音频信息或者模板音频信息的特征矢量，则变换域特征直方图匹配的方法是：

对直方图 $h(G_1)$ 均衡化变换：

$$S_1 = T_1(G_1) = S_m \sum_{k=0}^{G_1} h(k) \tag{7.82}$$

对直方图 $h(G_2)$ 均衡化变换：

$$S_2 = T_2(G_2) = S_m \sum_{k=0}^{G_2} h(k) \tag{7.83}$$

建立 S_2 和 S_1 之间的映射关系：

$$H_1(S_1) = H_2(S_2) \tag{7.84}$$

$$S_2 = T_3(S_1)$$

建立 S_2 和 G_1 之间的映射关系：

$$S_2 = T_3(T_1(G_1)) \tag{7.85}$$

计算匹配后的音频信息 $S(U)$：

$$S_1(U) = T_3(T_1(G_1(U))) \tag{7.86}$$

7.5 模式增强

音频信息的模式增强，与音频信息的时域增强和频域增强类似，就是音频信息的变换域特征矢量增强。一段音频信息 $g(t)$，可以用一个模式 P 来表示：

$$P = (f_0, f_1, \cdots, f_{D-1}) \tag{7.87}$$

这里，$f_i(i=0,1,\cdots,D-1)$ 是模式 P 的特征，D 是模式 P 的维数，也是特征的个数。音频信息的模式 P 是由变换函数变换得到。在音频信息的模式识别中，这种变换也叫特征提取。变换函数可以是单个变换函数，也可以是多个变换函数。特征可以是单值特征，也可以是多值特征。单个变换函数为：

$$P = T(g(t)) = (f_0, f_1, \cdots, f_{D-1}) \tag{7.88}$$

其中，T 表示对 $g(t)$ 的一种变换，例如 Gabor 变换、小波变换是一个变换函数，得到二维特征矢量，特征是多值特征。多个变换函数为：

$$P = (T_0(g(t)), T_1(g(t)), \cdots, T_{D-1}(g(t))) = (f_0, f_1, \cdots, f_{D-1}) \tag{7.89}$$

$$f_i = T_i(g(t)) \tag{7.90}$$

例如傅里叶变换、余弦变换是一个变换函数，得到一维特征矢量，特征是多维特征。均值、方差、矩等变换是一个变换函数，得到一个特征标量，特征是单值特征。

音频信息的模式增强，与音频信息的时域增强和频域增强类似，也主要包括音频信息变换的加减增强、乘除增强、线性增强、指数增强、对数增强、幂函数增强、高斯增强、巴特沃尔斯增强、平滑增强、锐化增强等。只不过这些增强是针对音频信息的模式或特征进行的。

7.5.1　加减增强

音频信息的模式加减运算，用于增强需要的音频信息的特征，或用于抑制、去除不需要的特征。音频信息模式加减运算可以用一个数学模型来表示：

$$S'(P) = G(P) + X(P) \tag{7.91}$$

$$S'(P) = G(P) - X(P) \tag{7.92}$$

其中，$S'(P)$是模式加减运算增强后的音频信息的模式，$G(P)$是退化的音频信息的模式，$X(P)$是用于增强的音频信息的模式。例如，$g(t)$是火车站里录制的音频信息，其中语音对话被淹没在火车轰鸣的噪声中，很难听清。如果$X(P)$是单独录制的火车轰鸣声的特征，例如频谱幅度，利用音频信息模式的减法运算式（7.92），进行模式相减，可能对消火车轰鸣的噪声特征，获得比较清晰的语音对话信息$s'(t)$。如果$X(P)$是单独录制的语音对话的特征，例如频谱幅度，利用音频信息模式的加法运算式（7.91），进行模式相加，可能增强语音对话，获得比较好的火车站场景里的语音对话信息$s'(t)$。

7.5.2　乘除增强

与音频信息模式加减运算增强类似，音频信息模式乘除运算用于增强需要的音频信息特征，或用于抑制、去除不需要的信息特征。音频信息模式乘除运算可以用一个数学模型来表示：

$$S'(P) = G(P)\ X(P) \tag{7.93}$$

$$S'(P) = G(P)/X(P) \tag{7.94}$$

其中，$S'(P)$是模式乘除运算增强后的音频信息模式，$G(P)$是退化的音频信息的模式，$X(P)$是用于增强的音频信息的模式。如上例，$g(t)$是火车站里录制的音频信息，其中语音对话被淹没在火车轰鸣的噪声中，很难听清。如果$X(P)$是单独录制的火车轰鸣声的特征，利用音频信息的模式除法运算式（7.94），进行模式相除，可能抑制火车轰鸣的噪声特征，获得比较清晰的语音对话信息$s'(t)$。如果$X(P)$是单独录制的语音对话的特征，利用音频信息的模式乘法运算式（7.93），进行模式相乘，可能增强语音对话的特征，获得比较好的火车站场景里的语音对话信息$s'(t)$。

7.5.3　线性增强

与音频信息模式加减运算、模式乘除运算增强类似，音频信息模式线性运算用于增强需要的音频信息特征，或用于抑制、去除不需要的信息特征。音频信息模式线性运算可以用一个数学模型来表示：

$$S'(P) = aG(P) + b \tag{7.95}$$

其中，$S'(P)$是模式线性运算增强后的音频信息模式，$G(P)$是退化的音频信息模式，a和b是用于增强音频信息模式增强的参数，一般设为常数。例如，$g(t)$是灵敏度较低且在很远距离录制的音频信息，其幅度特征$G(P)$很小，音量很小，难于听清。如果适当选择$a>1$和b，利用音频信息的模式线性运算式（7.95），可能放大音频信息的幅度特征，获得听觉效果比较好的音频信息$s'(t)$。相反，如果$g(t)$是灵敏度很高且在很近距离录制的音频信息，其幅度特征太大，音量太大，难于听清。如果适当选择$a<1$和b，利用音频信息的模式

线性运算式（7.95），可能缩小音频信息的幅度特征，获得听觉效果比较好的音频信息 $s'(t)$。

7.5.4 指数增强

音频信息模式指数函数用于增强需要的音频信息特征，或用于抑制、去除不需要的信息特征。音频信息模式指数函数增强可以用一个数学模型来表示：

$$S'(P) = a\,\mathrm{e}^{-G(P)} + b \tag{7.96}$$

其中，$S'(P)$是指数函数增强后的音频信息模式，$G(P)$是退化的音频信息模式，a 和 b 是用于控制音频信息特征增强的参数，一般设为常数。模式指数函数增强主要是大幅度减小或降低较强的音频特征，相对增强较弱的音频特征，大大增加有用信息特征与无用信息特征之间的差距。如前例，$g(t)$是火车站里录制的音频信息，其中语音对话被淹没在火车轰鸣的噪声中，很难听清。如果适当选择 $a>1$ 和 b，利用音频信息的模式指数函数增强式（7.96），可能增强语音对话的特征，降低火车轰鸣的噪声特征，获得比较理想的语音对话信息 $s'(t)$。

7.5.5 对数增强

音频信息模式对数函数用于增强需要的音频信息特征，或用于抑制、去除不需要的信息特征。音频信息模式对数函数增强可以用一个数学模型来表示：

$$S'(P) = a\log(G(P)) + b \tag{7.97}$$

其中，$S'(P)$是对数函数增强后的音频信息模式，$G(P)$是退化的音频信息模式，a 和 b 是用于控制音频信息模式增强的参数，一般设为常数。与模式指数函数增强类似，模式对数函数增强主要缩小较强音频信息特征与较弱音频信息特征之间的差距，相对凸显较弱的音频信息特征。如前例，$g(t)$是火车站里录制的音频信息，其中语音对话被淹没在火车轰鸣的噪声中，很难听清。如果适当选择 $a>1$ 和 b，利用音频信息的对数函数增强式（7.97），可能增强语音对话的特征，降低火车轰鸣的噪声特征，获得比较理想的语音对话信息 $s'(t)$。

7.5.6 幂函数增强

音频信息模式幂函数用于增强需要的音频信息特征，或用于抑制、去除不需要的信息特征。音频信息模式幂函数增强可以用一个数学模型来表示：

$$S'(P) = aG^{x}(P) \tag{7.98}$$

其中，$S'(P)$是模式幂函数增强后的音频信息模式，$G(P)$是退化的音频信息模式，a 和 x 是用于控制音频信息模式增强的参数，一般设为常数。与模式指数函数增强类似，模式幂函数增强主要缩小较强音频信息特征与较弱音频信息特征之间的差距，相对凸显较弱的音频信息特征。如前例，$g(t)$是火车站里录制的音频信息，其中语音对话被淹没在火车轰鸣的噪声中，很难听清。如果适当选择 $a>1$ 和 $x=-2$，利用音频信息的模式幂函数增强式（7.98），可能增强语音对话是特征，降低火车轰鸣的噪声特征，获得比较理想的语音对话信息 $s'(t)$。

7.5.7 高斯增强

音频信息模式高斯函数用于增强需要的音频信息特征，或用于抑制、去除不需要的信息特征。音频信息模式高斯函数增强可以用一个数学模型来表示：

$$S'(P)=a\exp(-(G(P)-\mu)^{2n}/(2\sigma^{2n})) \tag{7.99}$$

其中，$S'(P)$是高斯函数增强后的音频信息模式，$G(\omega)$是退化的音频信息模式，a、μ、σ 和 n 是用于控制音频信息模式增强的参数，一般设为常数。模式高斯函数增强主要缩小某部分音频信息特征与其他音频信息特征之间的差距，相对凸显该部分的音频信息特征。如前例，$g(t)$是火车站里录制的音频信息，其中语音对话被淹没在火车轰鸣的噪声中，很难听清。如果适当选择 $a>1$、$\mu\geqslant 0$、$\sigma>1$ 和 $n\geqslant 2$，利用音频信息的模式高斯函数增强式(7.99)，可能增强语音对话的特征，降低火车轰鸣的噪声特征，获得比较理想的语音对话信息 $s'(t)$。

7.5.8 巴特沃尔斯增强

音频信息模式巴特沃尔斯函数用于增强需要的音频信息特征，或用于抑制、去除不需要的信息特征。音频信息模式巴特沃尔斯函数增强可以用一个数学模型来表示：

$$S'(P)=a\exp(1/(I+(G(P)-\mu)^{2n}/\sigma^{2n})) \tag{7.100}$$

其中，$S'(P)$是巴特沃尔斯函数增强后的音频信息特征，$G(\omega)$是退化的音频信息特征，I 是单位矩阵，a、μ、σ 和 n 是用于控制音频信息模式增强的参数，一般设为常数。模式巴特沃尔斯函数增强主要缩小某部分音频信息特征与其他音频信息特征之间的差距，相对凸显该部分的音频信息特征。如前例，$g(t)$是火车站里录制的音频信息，其中语音对话被淹没在火车轰鸣的噪声中，很难听清。如果适当选择 $a>1$、$\mu\geqslant 0$、$\sigma>1$ 和 $n\geqslant 2$，利用音频信息的模式巴特沃尔斯函数增强式（7.100），可能增强语音对话的特征，降低火车轰鸣的噪声特征，获得比较理想的语音对话信息 $s'(t)$。

7.5.9 平滑增强

音频信息模式平滑运算用于增强平滑的音频信息特征，或用于抑制、降低剧烈变化的音频信息特征。例如使尖叫声音变得柔和，使高频声音变得低沉等。音频信息模式平滑增强算法主要有模式均值平滑增强和模式加权均值平滑增强。

1. 均值平滑增强

音频信息模式均值平滑增强可以用一个数学模型来表示：

$$S'(P)=\frac{1}{2r+1}\sum_{i=-r}^{r}G_i(P) \tag{7.101}$$

其中，$S'(P)$是模式均值平滑增强后的音频信息模式，$G(P)$是退化的音频信息模式，r 是平滑的邻域半径，用于控制音频信息模式增强的参数，一般设为常数。

2. 加权均值平滑增强

音频信息模式加权均值平滑增强可以用一个数学模型来表示：

$$S'(P)=\frac{1}{\sum_{i=-r}^{r}a_i}\sum_{i=-r}^{r}a_iG_i(P) \tag{7.102}$$

其中，$S'(P)$是加权均值平滑增强后的音频信息模式，$G(P)$是退化的音频信息模式，r 是平滑的邻域半径，a_i是加权系数，用于控制音频信息增强的参数。r 一般设为常数，a_i一般设为函数，例如高斯函数。

7.5.10 锐化增强

音频信息模式锐化运算用于增强变化较大的音频信息特征，保持平滑的的音频信息特征。例如使比较模糊的声音变得比较清晰，使比较低沉的声音变得比较高亢等。音频信息模式锐化增强算法主要有模式微分锐化增强和模式微分积分锐化增强。

7.5.11 微分锐化增强

音频信息模式微分锐化增强可以用一个数学模型来表示：

$$S'(P)=G(P)+(G_{-1}(P)-G_{+1}(P)) \tag{7.103}$$

其中，$S'(P)$是微分锐化增强后的音频信息模式，$G(P)$是退化的音频信息模式，下标表示相邻模式。式（7.103）中右边第二项是模式微分运算。很明显，音频信息的模式变化部分得到增强，平滑部分基本不变。

7.5.12 微分积分锐化增强

音频信息模式微分积分锐化增强可以用一个数学模型来表示：

$$S'(P)=G(P)+\frac{1}{r}\sum_{i=1}^{r}((G_i(P)-G_{-i}(P)) \tag{7.104}$$

其中，$S'(P)$是微分积分锐化增强后的音频信息模式，$G(P)$是退化的音频信息模式，r是积分的邻域半径，用于控制音频信息模式增强的参数，一般设为常数。式（7.104）中右边第二项的减法运算是微分运算，求和运算是积分运算。很明显，模式微分积分锐化增强，既增强了音频信息特征的变化，又保持了音频信息特征的平滑，还降低或抑制了音频信息特征的剧烈变化。

7.6 特殊效果增强

在音频信息处理与识别中，音频信息有时需要特殊效果。比较常用的特殊效果有延时、回声、混响、调制等。在音频信息采集中，一般采集到的音频信息延迟非常短，可以忽略不计。但有时需要对音频信息进行延迟，以便进行特殊处理，获得特殊效果。类似地，一般采集到的音频信息往往没有回声，采集有回声的音频信息有时较难，或者效果不好。因此有时需要对音频信息进行回声增强，得到特殊的回声效果。例如远山呼唤、大堂共鸣的回声等。相反，有时采集到的音频信息往往带有并不需要的回声，例如电视会议回声、电话回声、歌厅回声等，使得音频信息的质量大大降低。因此需要对音频信息进行消除回声的处理，得到清晰的音频信息。同样，有时需要对音频信息进行混响处理，获得更好的混响特殊效果，例如播音、配音、交响音乐等。相反，在有些时候有些环境中采集的音频信息出现混响，影响音频信息的质量和效果。因此需要进行混响消除的音频信息增强。同理，有时需要对音频信息进行调制处理，增强和声或移相的效果，例如音乐的和声。有时需要对音频信息进行解调处理，消除音频信息的和声或相位效应，得到质量更好的音频信息。

7.6.1 延时增强

延时增强是把输入的音频信息延迟一段时间后再输出。延时增强一般采用延时滤波来实现。延时滤波可以用一个数学模型来表示：

$$g(t,\tau)=h(t-\tau)f(t-\tau) \tag{7.105}$$

这里，τ 是延时的时间长度，$f(t)$ 是输入的音频信息，$g(t)$ 是延时后输出的音频信息，$h(t)$ 是延时滤波器。一般延时滤波器是一个阶跃函数，或者叫做开关函数。阶跃函数 $h(t)$ 定义为：

$$h(t)=\begin{cases}1 & \text{if} \quad t\geqslant 0\\ 0 & \text{Otherwise}\end{cases} \tag{7.106}$$

音频信息延时的阶跃函数一般可以采用存取延时、缓存延延时、插值延时等方式来实现。当 t 时刻接收到音频信息时，存储音频信息或者送入缓存器，然后经过 τ 时间长度的延时后输出音频信息。这种存取延时常常采用硬件来实现。或者在接收到的音频信息前插入 τ 时间长度的零，然后输出音频信息。这种插值延时常常采用软件来实现。

音频信息延时增强常常应用于音频信息的回声合成、混响合成、舞台音响、伴奏系统、乐器、实时监控、节目直播、音视网络等。例如电视采访、影视实况采播、现场播报等，如果监测到不良音频信息，就在音频延时中屏蔽或删除该不良音频信息，避免不良影响。

7.6.2 回声增强

回声增强一般有两种类型：一是声学回声，二是电路回声。声学回声一般是由源声音和源声音在传播过程中经障碍物反射回来形成的反射声的叠加。源声音和反射声之间的时间差大于人耳对两个声音的分辨时间，如 1 ms。如远山呼唤、空山鸟语等形成的回声就是声学回声。电路回声一般是一方的声音经本方传声器和电路送到另一方，经对方扬声器播出，再进入对方传声器和电路送回本方而形成的回声。如电视会议、电话等形成的回声就是电路回声。

回声增强主要有两种方式，一种是回声合成，另一种是回声消除。

1. 回声合成

回声合成是采用没有回声效果的源音频信息合成具有回声效果的音频信息。如电影电视中的远山呼唤，空山鸟语等，需要有回声效果。但在拍摄录音时不方便或很难录制成有回声效果的音频信息。为此，需要采用回声合成技术，将录制的没有回声效果的呼唤或鸟鸣，合成为具有回声效果的呼唤或鸟鸣。

回声合成主要用于声学回声效果的模拟或增强。回声合成一般可以用一个数学模型来表示：

$$g'(t)=f(t)+\sum_{i=1}^{N}a_i g(t,\tau_i) \tag{7.107}$$

其中，$g'(t)$ 是回声合成的输出音频信息，$g(t,\tau)$ 是源声音 $f(t)$ 的延时输入音频信息，τ 是延时的时间长度，N 是回声的个数，a 是回声的衰减系数。延时的时间长度 τ 可以用声学的方法来估算：

$$\tau = 2s/v \tag{7.108}$$

这里，s 是声音传播往返的路程，v 是声音在介质（例如空气）中的传播速度。同一环境多个障碍物反射的多个回声，延时时间长度 τ_i 可以估算为：

$$\tau_i = 2s_i/v \quad i = 1, 2, \cdots, N \tag{7.109}$$

回声的衰减系数 a 也可以采用声学的方法来估算：

$$a = b/(2s)^2 = b/(v\tau)^2 \tag{7.110}$$

其中，b 是介质对声音的阻尼系数。同一环境多个障碍物反射的多个回声，衰减系数 a_i 可以估算为：

$$a_i = b/(2s_i)^2 = b/(v\tau_i)^2 \tag{7.111}$$

a_i 可以是 $a_i < 1$，用于衰减回声的情况，如远山呼唤、空山鸟语的回声效果。a_i 也可以是 $a_i > 1$，用于增强回声的情况，如精神状态恐怖、惊恐、高压等的回声效果。

回声合成一般采用硬件、硬件存储延时、软件及软件插值延时来实现。硬件包括合成回声的环境障碍物和电路系统。

2. 回声消除

回声消除是把有回声的音频信息变换成没有回声的清晰的源音频信息。如电视会议、电话、有扩音器的大会中的回声等，需要把回声消除，才能听得很清楚很舒服。在电视会议、电话、有扩音器的大会中，扬声器播放的声音及其环境的回声又进入传声器，经过电路系统又由扬声器播出，形成回声。为此，需要采用回声消除技术，将有回声的音频信息变换成没有回声的音频信息。

回声消除是一项比较困难的变换技术。一种比较基本的简单的回声消除方法是迭代回声消除算法，就是进行与回声合成相反的处理，即进行回声合成的逆变换。这种方法主要用于声学回声的消除。由式（7.107）可以看出，迭代回声消除方法可以用一个数学模型来表示：

$$f(t) = g'(t) - \sum_{i=1}^{N} a_i g(t, \tau_i) \tag{7.112}$$

这里，$\tau_1 < \tau_2 \cdots < \tau_N$。式（7.112）可以被称为时域回声滤波。显然，只要能够估计出延时的时间长度、声音的衰减系数、回波的次数，就有可能消除回声。由傅里叶变换的时移性质可知，式（7.107）时域的时移，在频域产生相移。因此，频域回声滤波可以表示为：

$$F(\omega) = G'(\omega) \Big/ \left(1 + \sum_{i=1}^{N} a_i \mathrm{e}^{-\mathrm{j}\omega\tau_i}\right) \tag{7.113}$$

这里，$F(\omega)$ 是 $f(t)$ 的傅里叶变换，$G'(\omega)$ 是 $g'(t)$ 的傅里叶变换，j 是虚单位。

另一种比较常用的回声消除方法是回声对消法，或被称为自适应回声滤波，一般用于电视会议、电话等的回声消除。回声对消法，如图 7-5 所示，是一方的声音有两路输出，一路送入另一方的扬声器播放。另一路经延时加权后与来自对方电路的声音进行对消后送入本方扬声器，消除本方的回声。设本方的声音信息为 $f_1(t)$。$f_1(t)$ 的延迟加权为 $w_1 f_1(t - \tau_1)$，w_1 为加权系数，τ_1 为延时时间长度。$f_1(t)$ 在对方环境中的回声为 $a_2 f_1(t - \tau_2')$，a_2 是回波衰减系数，τ_2' 是回波延时时间长度。对方的声音信息为 $f_2(t)$。来自对方电路的声音信息为 $f_2'(t)$。$f_2'(t)$ 包含两部分，一部分是 $f_2(t)$，另一部分是 $a_2 f_1(t - \tau_2')$，即：

$$f_2'(t) = f_2(t) + a_2 f_1(t - \tau_2') \tag{7.114}$$

于是，电路回波对消就是在来自对方的传输电路中加入声音对消，再把对消后的声音送入本方扬声器，即：

$$g_2(t)=f'_2(t)-w_1f_1(t-\tau_1)=f_2(t)+a_2f_1(t-\tau'_2)-w_1f_1(t-\tau_1) \tag{7.115}$$

其中，$g_2(t)$是本方接收到来自对方电路的声音信息。对消中，如果能够做到 $w_1=a_2$，$\tau_1=\tau'_2$，那么就可以完全对消电路的回声，即 $g_2(t)=f_2(t)$。

在多个回声的情况下，如果能够做到 $w_{1i}=a_{2i}$，$\tau_{1i}=\tau'_{2i}$，那么就可以完全对消电路的多个回声。

回声消除一般采用硬件和软件来实现。硬件包括消除回声的环境障碍物和电路系统。

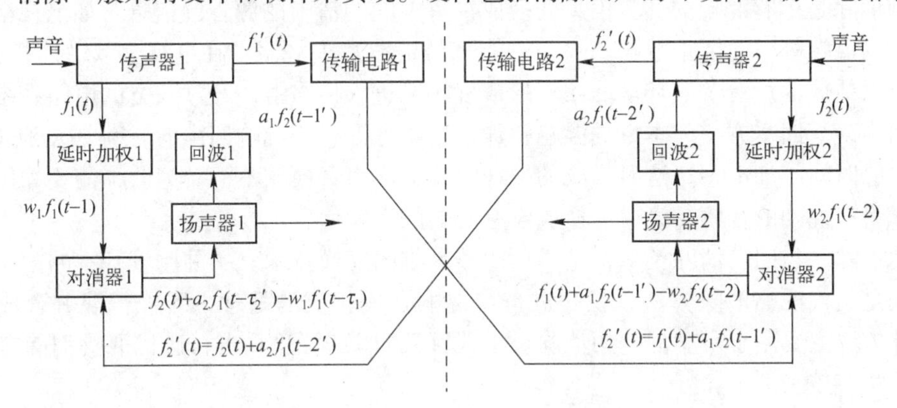

图 7-5　电路回声及电路回声对消

7.6.3　混响增强

混响，与回声类似，一般有两种类型：一是声学混响，二是电路混响。声学混响一般是由源声音经直接传播到达的声音和在传播过程中经多个障碍物反射形成的多路反射声的叠加。多路反射声又被称为多径反射声。直接传播到达的声音被称为直达声。直达声和反射声之间的时间差小于人耳对两个声音的分辨时间，如 1 ms。如播音室的播音、配音，音乐厅的音乐等形成的混响就是声学混响。电路混响一般是一方的声音经本方传声器和电路送到另一方，经对方扬声器播出，在对方形成的混响，再进入对方传声器和电路送回本方，与本方的混响叠加。例如电视会议、广播会议等形成的混响就是电路混响。

混响增强，与回声增强类似，主要有两种类型，一种是混响合成，另一种是混响消除。

1. 混响合成

混响合成是采用没有混响效果的源音频信息合成具有混响效果的音频信息。例如广播中的播音、音乐，电影电视中的配音、音乐等，需要有混响效果，可以显得声音音色丰富、浑厚、洪亮等。但在拍摄录音时不方便或很难直接录制成有混响效果的音频信息。为此，需要采用混响合成技术，由录制的没有混响效果的播音、配音、音乐等，合成具有混响效果的播音、配音、音乐等。

混响合成主要用于声学混响效果的模拟或增强。混响合成一般可以用一个数学模型来表示：

$$g'(t)=\sum_{i=0}^{N}a_ig(t,\tau_i) \tag{7.116}$$

这里，$g(t,\tau_i)$是直达声和多径反射声。衰减系数 a_i 可以是 $a_i<1$，用于衰减混响的情况，例如播音、配音、音乐的混响效果。a_i也可以是 $a_i>1$，用于增强混响的情况，例如精神状态激动、暴怒、愤恨等的混响效果。

混响增强的效果是声音变得厚实、饱满、清脆、透亮、柔和、悠扬高亢、耐人回味等。混响合成，与回声合成类似，一般采用硬件、硬件存储延时、软件、软件插值延时来实现。硬件包括合成混响的环境障碍物和电路硬件系统。

2. 混响消除

混响消除是把有混响的音频信息变换成没有混响的清晰的源音频信息。如电视会议、广播会议中的混响等，需要把混响消除，才能听得很清楚很舒服。在电视会议、广播会议中，一方扬声器播放的声音及其环境的回声形成混响又进入传声器，经过双方的电路系统形成电路混响回声，返回本方，与本方的混响叠加。当本方混响与混响回声的时间差大于人耳区分这些声音的时间，如 1 ms，这时形成的叠加混响造成声音模糊不清。为此，需要采用混响消除技术，将有混响的音频信息，变换成没有混响的音频信息。

混响消除，与回声消除类似，是一项比较困难的变换技术。一种比较基本的简单的混响消除方法是迭代混响消除算法，就是进行与混响合成相反的处理，即进行混响合成的逆变换。这种方法主要用于声学混响的消除。由式（7.116）可以看出，迭代混响消除方法可以用一个数学模型来表示：

$$g(t,\tau_0)=\frac{1}{a_0}\left(g'(t)-\sum_{i=1}^{N}a_i g(t,\tau_i)\right) \tag{7.117}$$

$$f(t)=h(t)g(t+\tau_0) \tag{7.118}$$

这里，$f(t)$是源声音，$g(t,\tau_0)$是直达声，τ_0是直达声的延时时间长度，$\tau_0<\tau_1<\tau_2\cdots$。式（7.117）可以被称为时域混响滤波。显然，只要能够估计出延时的时间长度、声音的衰减系数，就有可能消除混响。由傅里叶变换的时移性质可知，式（7.116）时域的时移，在频域产生相移。因此，频域混响滤波可以表示为：

$$F(\omega)=G'(\omega)/\sum_{i=0}^{N}a_i e^{-j\omega\tau_i} \tag{7.119}$$

这里，$F(\omega)$是$f(t)$的傅里叶变换，$G'(\omega)$是$g'(t)$的傅里叶变换，j 是虚单位。

另一种比较常用的混响消除方法是混响对消法，或被称为自适应混响滤波，一般用于电视会议、广播会议等的混响消除。在这种情况下，听众接收到的声音包括本方的混响与电路混响回声。与回声对消法相同，混响对消法也可以采用如图 7-5 所示的回声对消。在图 7-5 中，回波 1 既包含回声 1，也包含混响 1，延时加权 1 和对消器 1 加入混响 1 的延时加权和对消，就有可能消除来自传输电路 2 的电路混响 1。类似地，回波 2 既包含回声 2，也包含混响 2，延时加权 2 和对消器 2 加入混响 2 的延时加权和对消，就有可能消除来自传输电路 1 的电路混响 2。

混响消除一般采用硬件和软件来实现。硬件包括消除混响的环境障碍物和电路硬件系统。

7.6.4 调制增强

audition 命令里面的调制包括幅度、频率和相位，针对时间上和相位上的不同混合。

在音频信息处理与识别中，有时需要改变声音的强度、频率、音色、波形、和声、颤音、节拍等，以增强声音所需要的特殊效果。这些增强常常采用调制的方式来实现。

音频信息一般采用幅度、频率、相位三个因子来描述。幅度描述声音强度的大小。频率用频谱来表示，包括基音和泛音，描述声音音调的高低和音色丰富的程度。相位描述声音变化时间的先后。

音频信息调制有三种方式：幅度调制、频率调制和相位调制。

1. 幅度调制

音频信息幅度调制，是用一个音频信息 $f(t)$ 去调制一个音频载波 $c(t)=a\cos(\omega_c t)$ 的幅度 a，使 $a=f(t)$，得到已调音频信息 $g(t)$：

$$g(t)=[f(t)\cos(\omega_c t)] * h(t) \tag{7.120}$$

这里 $h(t)$ 是滤波器。已调信息的频谱为：

$$G(\omega)=[(F(\omega-\omega_c)+F(\omega+\omega_c)]H(\omega)/2 \tag{7.121}$$

其中，$G(\omega)$ 是 $g(t)$ 的频谱，$F(\omega)$ 是 $f(t)$ 的频谱，$H(\omega)$ 是 $h(t)$ 的频谱。如果 $H(\omega)=1$，则调制为双边带调制。常规双边带调制为：

$$g(t)=[A_0+f(t)]\cos(\omega_c t) \tag{7.122}$$

$$G(\omega)=\pi A_0[\delta(\omega-\omega_c)+\delta(\omega+\omega_c)]+[(F(\omega-\omega_c)+F(\omega+\omega_c)]/2 \tag{7.123}$$

其中，A_0 是直流分量。一般情况下，ω_c 应等于或大于音频信息 $f(t)$ 的最高频率，才不会造成音频信息的失真。

幅度调制的结果是音频音效的频率上移了 ω_c，频谱宽度增加到 2 倍，形成以 ω_c 为对称轴的镜像频谱。

2. 频率调制

音频信息频率调制，是用一个音频信息 $f(t)$ 去调制一个音频载波 $c(t)=a\cos(\omega_c t)$ 的频率 ω，使 $\omega=\omega_c+m_f f(t)$，得到已调音频信息 $g(t)$：

$$g(t)=a\cos[(\omega_c+m_f f(t))\ t] \tag{7.124}$$

其中，$m_f=\Delta\omega/A_f$ 是最大频率偏移调制指数，A_f 是调制波的幅度。假设 $f(t)=A_f\cos(\omega_f t)$，已调音频信息可以写成：

$$\begin{aligned}
g(t) &= a\cos[(\omega_c t+m_f\sin(\omega_f t)] \\
&= \mathrm{Re}\{a\exp[\mathrm{j}\omega_c t]\exp[\mathrm{j}m_f\sin(\omega_f t)]\} \\
&= \mathrm{Re}\{a\exp[\mathrm{j}\omega_c t]\sum_n J_n(m_f)\exp[\mathrm{j}n\omega_f t)]\} \quad n=-\infty,\cdots,\infty \\
&= a\sum_n J_n(m_f)\cos[\omega_c+n\omega_f)t]
\end{aligned} \tag{7.125}$$

由式（7.125）看出，频率调制的结果是音频信息的频率上移了 ω_c，谐波增加到无穷多，频谱宽度增加到无穷，音色将无限增多，非常丰富。

3. 相位调制

音频信息相位调制，是用一个音频信息 $f(t)$ 去调制一个音频载波 $c(t)=a\cos(\omega_c t+\varphi_0)$

的相位 φ，使 $\varphi=\varphi_0+m_pf(t)$，得到已调音频信息 $g(t)$：

$$g(t)=a\cos[(\omega_ct+\varphi_0+m_pf(t)] \tag{7.126}$$

其中，$m_p=\Delta\varphi/A_f$是最大相移偏移调制指数，A_f是调制波的幅度。假设 $f(t)=A_f\cos(\omega_ft)$，$\varphi_0=0$，已调音频信息可以写成：

$$\begin{aligned}g(t)&=a\cos[(\omega_ct+m_p\sin(\omega_ft)]\\&=\mathrm{Re}\{a\exp[\mathrm{j}\omega_ct]\exp[\mathrm{j}m_p\sin(\omega_ft)]\}\\&=\mathrm{Re}\{a\exp[\mathrm{j}\omega_ct]\sum_n J_n(m_p)\exp[\mathrm{j}n\omega_ft)]\}\quad n=-\infty,\cdots,\infty\\&=a\sum_n J_n(m_p)\cos[\omega_c+n\omega_f)t]\end{aligned} \tag{7.127}$$

由式（7.127）看出，相位调制结果与频率调制的结果相同，都是将音频信息的频率上移了 ω_c，谐波增加到无穷多，频谱宽度增加到无穷，音色将无限增多，非常丰富。

4. 音效增强

音效主要包括音色、和声、颤音、节奏等。

音色，是基音的谐波，或称为泛音。谐波越多，音色越丰富，声音越好听。音频信息音色增强，主要是增加音频信息的音色。音色增强主要采用音频信息调制来增加谐波。采用幅度调制，就可以增加一个镜像频率带。采用频率调制和相位调制，就可以增加无数个谐波。显然，采用频率调制和相位调制比采用幅度调制的音色增强效果好得多。一般情况下，音色增强多采用频率调制。

和声，是几个和谐频率的声音混合在一起。和谐频率一般是递增型频率，递增量是整倍数。音频信息和声增强，主要是由单音频信息生成或多个单音频信息混合生成和声音频信息。和声增强主要采用音频信息频率调制或相位调制和频率滤波来获得整倍数递增频率的音频信息，再采用和声合成技术合成和声。一般情况下，和声增强多采用频率调制。

颤音，是声音幅度的波动和频率的波动形成声音的颤动。音频信息颤音增强，主要是把没有颤音的声音信息变换成有颤音的声音信息。颤音增强主要采用频率调制法和波表法。

频率调制产生许多谐波，每个谐波的幅度 $aJ_n(m_f)$ 随调制指数 m_f变化，得到颤音的效果。波表法是采集和存储许多实际的音频信息，分析这些音频信息的幅度、频率、相位、占空比等参数，做成查找表。从查找表中读出需要的音频信息或参数，采用频率调制，调变这些音频信息或参数，得到颤音效果。对于等幅声音，可以采用低频正弦波幅度调制，调变音频信息的幅度和频率，得到颤音效果。

节奏，是幅度和频率脉动的音频信息。音频信息节奏增强，主要是在没有节奏的音频信息中加入节奏。节奏增强主要采用脉冲幅度调制合成幅度脉动的节奏，脉冲频率调制合成频率脉动的节奏或幅度和频率都脉动的节奏。

7.7 本章小结

本章介绍了音频信息增强的主要类型：时间域增强、频率域增强、直方图增强、模式增强和特殊效果增强。在音频信息时间域、频率域和模式增强中，介绍了算法类似对象不同的增强方法：加减、乘除、线性、指数、对数、幂函数、高斯、巴特沃尔斯、平滑和锐化增强方法。在音频信息直方图增强中介绍了时间域幅度、频率域幅度和变换域特征直方图增强。这些增强中，介绍了算法类似对象不同的增强方法：直方图变换、直方图均衡和直方图匹配增强方法。在音频信息特殊效果增强中，介绍了延时增强、回声增强、混响增强和调制增强。在回声增强中介绍了回声合成和消除。在混响增强中介绍了混响合成和消除。在调制增强中介绍了幅度调制、频率调制和相位调制，以及采用调制进行音频信息的音色、和声、颤音和节奏特殊效果的增强。

第 8 章　音频信息的信噪分离

8.1　概述

一般情况下，音频信息中总是包含有噪声。在音频信息处理与识别中，常常不需要噪声。但有时候需要了解、确定、分析噪声。在了解、确定、分析噪声中，有时候需要把噪声看做目标或信息，把信息看做背景或噪声。例如，在噪声建模、噪声对消、噪声估计、噪声训练、噪声识别等处理中，需要先把噪声看做信息提取出来，再确定、分析噪声，然后才进行建模、对消、估计、训练、识别等。提取噪声，主要的方法是信噪分离。信噪分离就是把信息与噪声分离开，分别得到信息和噪声。信噪分离有多种方法，主要有时间域信噪分离、频率域信噪分离、变换域信噪分离、噪声对消、模式分类、音频与话带分离等。

8.2　时间域信噪分离

在时间域，一个音频信息 $g(t)$ 可以表示为：

$$g(t) = f(t) * h(t) + n(t) \tag{8.1}$$

其中，$f(t)$ 是被采集的或者是输入的音频信息，$h(t)$ 是音频采集系统或者是音频系统的点扩展函数，符号 $*$ 表示卷积运算，$n(t)$ 是音频系统或环境的加性噪声。音频信息的时间域信噪分离就是从音频信息 $g(t)$ 中分离出 $f(t)$ 和 $n(t)$。从式（8.1）可以看出，一般情况下只有 $g(t)$ 是已知的，其他三个量都是未知的。因此，音频信息的时间域信噪分离是很困难的。但是，在有先验知识的情况下，或者在一定的假设条件下，或者进行信噪估计，就可以进行一定精度的信噪分离。例如，如果音频系统的点扩展函数和噪声已知，就可以分离信号。如果点扩展函数和信号已知，就可以分离噪声。因此最基础的音频信息时间域信噪分离有微分法、积分法、滤波法等。

8.2.1　微分信噪分离

在音频信息中，一种噪声是高频噪声。例如雪花干扰噪声、脉冲干扰噪声、随机高频噪声等。高频噪声在时域中就是幅度的剧烈变化。幅度的剧烈变化可以采用微分的方法进行分离。音频信息噪声的微分分离可以表示为：

$$n(t) = g'(t) = \frac{\mathrm{d}}{\mathrm{d}t}g(t) \tag{8.2}$$

这里，d/dt 可以看成是一个时间域的微分滤波器。数字音频信息噪声的微分分离可以表示为：

$$n(m) = g'(m) = g(m) - g(m-1) \tag{8.3}$$

或者：

$$n(m)=g'(m)=g(m+1)-g(m-1) \tag{8.4}$$

于是，信号的分离可以由式（8.1）~式（8.4）得到：

$$f(t)=(g(t)-n(t))*h^{-1}(t) \tag{8.5}$$

$$f(m)=(g(m)-n(m))*h^{-1}(m) \tag{8.6}$$

其中，$h^{-1}(x)$是$h(x)$的反卷积滤波器或逆滤波器。

8.2.2 积分信噪分离

在音频信息中，一种噪声是低频噪声。例如浪涌干扰噪声、低频背景干扰噪声、低频调制噪声等。低频噪声在时域中就是幅度的缓慢变化。幅度的缓慢变化可以采用积分的方法进行分离。音频信息噪声的积分分离可以表示为：

$$n(t)=\int g(t)\mathrm{d}t \tag{8.7}$$

这里，$\int \mathrm{d}t$ 可以看成是一个时间域的积分滤波器。数字音频信息噪声的积分分离可以表示为：

$$n(m)=\frac{1}{m_2-m_1}\sum_{m=m_1}^{m_2}g(m) \tag{8.8}$$

其中，m_1，m_2是m前后的一个时间范围。噪声频率越低，时间范围越宽，反之越窄。

于是，信号的分离可以由式（8.7）~式（8.10）得到：

$$f(t)=(g(t)-n(t))*h^{-1}(t) \tag{8.9}$$

$$f(m)=(g(m)-n(m))*h^{-1}(m) \tag{8.10}$$

其中，$h^{-1}(x)$是$h(x)$的反卷积滤波器或逆滤波器。

8.3 频率域信噪分离

在频率域，一个音频信息$g(t)$的频谱$G(\omega)$可以表示为：

$$G(\omega)=F(\omega)H(\omega)+N(\omega) \tag{8.11}$$

其中，$F(\omega)$是被采集的或者是输入的音频信息$f(t)$的频谱，$H(\omega)$是音频采集系统或者是音频系统的点扩展函数$h(t)$的频谱，$N(\omega)$是音频系统或环境的加性噪声$n(t)$的频谱。音频信息的频率域信噪分离就是从音频信息频谱$G(\omega)$中分离出$F(\omega)$和$N(\omega)$，再得到$f(t)$和$n(t)$。从式（8.11）可以看出，一般情况下只有$G(\omega)$是已知的，其他三个量都是未知的。因此，音频信息的频率域信噪分离是很困难的。但是，在有先验知识的情况下，或者在一定的假设条件下，或者进行信噪估计，就可以进行一定精度的信噪分离。例如，如果音频系统的点扩展函数和噪声已知，就可以分离信号。如果点扩展函数和信号已知，就可以分离噪声。因此最基础的音频信息频率域信噪分离采用滤波谱减法。滤波谱减法有高通滤波谱减法、低通滤波谱减法、带阻滤波谱减法、带通滤波谱减法等。

8.3.1 高通滤波谱减信噪分离

音频信息中的高频噪声，如雪花干扰噪声、脉冲干扰噪声、随机高频噪声等，可以采用

高通滤波的方法进行频谱分离。音频信息高频噪声的频谱分离可以表示为:

$$N(\omega)=G(\omega)P_h(\omega) \tag{8.12}$$

这里，$P_h(\omega)$是高通滤波器。于是，信号频谱的分离可以采用谱减法由式（8.11）和式（8.12）得到:

$$F(\omega)=[G(\omega)-N(\omega)]H^{-1}(\omega) \tag{8.13}$$

其中，$H^{-1}(\omega)$是$H(\omega)$的反卷积或逆滤波器。

高通滤波器可以采用理想高通、指数高通、高斯高通、巴特沃尔斯高通等滤波器。

8.3.2 低通滤波谱减信噪分离

音频信息中的低频噪声，如浪涌干扰噪声、低频背景干扰噪声、低频调制噪声等，可以采用低通滤波的方法进行频谱分离。音频信息低频噪声的频谱分离可以表示为:

$$N(\omega)=G(\omega)P_l(\omega) \tag{8.14}$$

这里，$P_l(\omega)$是低通滤波器。于是，信号频谱的分离可以采用谱减法由式（8.11）和式（8.14）得到:

$$F(\omega)=[G(\omega)-N(\omega)]H^{-1}(\omega) \tag{8.15}$$

其中，$H^{-1}(\omega)$是$H(\omega)$的反卷积或逆滤波器。

低通滤波器可以采用理想低通、指数低通、高斯低通、巴特沃尔斯低通等滤波器。

8.3.3 带阻滤波谱减信噪分离

音频信息中的高频噪声，如雪花干扰噪声、脉冲干扰噪声、随机高频噪声等；低频噪声，如浪涌干扰噪声、低频背景干扰噪声、低频调制噪声等。可以采用带阻滤波的方法获得噪声，进行噪声的频谱分离。噪声的频谱分离可以表示为:

$$N(\omega)=G(\omega)P_{\mathrm{br}}(\omega) \tag{8.16}$$

这里，$P_{br}(\omega)$是带阻滤波器。于是，信号频谱的分离可以采用谱减法由式（8.11）和式（8.16）得到:

$$F(\omega)=[G(\omega)-N(\omega)]H^{-1}(\omega) \tag{8.17}$$

其中，$H^{-1}(\omega)$是$H(\omega)$的反卷积或逆滤波器。

带阻滤波器可以采用理想带阻、高斯带阻、巴特沃尔斯带阻等滤波器。

8.3.4 带通滤波谱减信噪分离

音频信息中的高频噪声，如雪花干扰噪声、脉冲干扰噪声、随机高频噪声等；低频噪声，如浪涌干扰噪声、低频背景干扰噪声、低频调制噪声等。可以采用带通滤波的方法滤除，得到信息并进行信息的频谱分离。信息的频谱分离可以表示为:

$$F(\omega)=G(\omega)P_{\mathrm{b}}(\omega)H^{-1}(\omega) \tag{8.18}$$

这里，$P_{\mathrm{b}}(\omega)$是带通滤波器，$H^{-1}(\omega)$是$H(\omega)$的反卷积或逆滤波器。于是，噪声频谱的分离可以采用谱减法由式（8.11）和式（8.18）得到:

$$N(\omega)=G(\omega)-F(\omega)H(\omega) \tag{8.19}$$

带通滤波器可以采用理想带通、指数带通、高斯带通、巴特沃尔斯带通等滤波器。

8.4　变换域信噪分离

音频信息的变换域信噪分离，是把音频信息先进行变换，再在变换域进行信号与噪声的分离。上述的频率域信噪分离实际上也是一种变换域信噪分离。因为傅里叶变换和余弦变换的核心是正弦级数，变换域的物理意义是周期或频率。所以，习惯上把傅里叶变换域和余弦变换域，都称为频率域。音频信息变换的种类很多，其中最简单的变换是直方图变换，比较流行的变换是 Gabor 变换，目前比较典型的变换是小波变换。

8.4.1　直方图变换信噪分离

音频信息的直方图变换是把音频信息从时间域空间变换到直方图概率空间。音频信息的直方图变换信噪分离是在直方图的概率空间进行信噪分离。音频信息首先被变换到直方图概率空间，得到音频信息的时间域幅度值的概率分布，再根据音频信息的概率分布和噪声的概率分布进行信噪分离。数字音频信息从时间域变换到直方图概率空间的变换可以表示为：

$$h(v) = \frac{1}{v(t_2 - t_1)} \sum_{t=t_1}^{t_2} g(t) \mid_{g(t)=v} \quad v = 1,2,\cdots,V \tag{8.20}$$

其中，v 是数字音频信息时间域的幅度值，V 是幅度的最大值，t_1 和 t_2 是音频信息的时间范围。

一个数字音频，其信息和噪声的概率分布可以采用某种解析函数来近似，例如正态分布：

$$h_{\mathrm{f}}(v) = \frac{1}{\sqrt{2\pi}\sigma_{\mathrm{f}}} \mathrm{e}^{-\frac{(v-\mu_{\mathrm{f}})^2}{2\sigma_{\mathrm{f}}^2}} \tag{8.21}$$

$$h_{\mathrm{n}}(v) = \frac{1}{\sqrt{2\pi}\sigma_{\mathrm{n}}} \mathrm{e}^{-\frac{(v-\mu_{\mathrm{n}})^2}{2\sigma_{\mathrm{n}}^2}} \tag{8.22}$$

其中，μ_{f}、σ_{f}分别是音频信息的均值和方差，μ_{n}、σ_{n}分别是噪声的均值和方差。于是，音频信息和噪声可以被认为是：

$$g(t) \rightarrow \begin{cases} f(t) & \text{if} \quad g(t) \geqslant T \\ n(t) & \text{Otherwise} \end{cases} \tag{8.23}$$

这里，T 是信噪分离门限，它可以由最小分类误差的优化方法来确定。最小分类误差的优化条件是：

$$(1 - p(v_{\mathrm{f}}))h_{\mathrm{n}}(T) = p(v_{\mathrm{f}})h_{\mathrm{f}}(T) \tag{8.24}$$

其中，$p(v_{\mathrm{f}})$是信号幅度值的总概率，$(1 - p(v_{\mathrm{f}}))$是噪声幅度值的总概率。这两个概率可由先验、经验或学习训练的方法来估计。将式（8.21）和式（8.22）代入式（8.24），就可解出最优信噪分离门限 T。

如果一个数字音频，其信息和噪声的概率分布是双峰的，则可以选择双峰间的谷作为信噪分离的门限 T，采用式（8.23）进行信噪分离。

如果一个数字音频，其信息和噪声的概率分布不能采用解析函数来近似，则可以根据先验、经验或学习训练的方法来确定门限 T，采用式（8.23）进行信噪分离。

8.4.2 Gabor 变换信噪分离

音频信息的 Gabor 变换是把音频信息从时间域空间变换到时间频率域空间。音频信息的 Gabor 变换信噪分离是在 Gabor 时间频率空间进行信噪分离。音频信息首先被 Gabor 滤波，得到瞬时音频信息，再被傅里叶变换到频率空间，得到音频信息的时间频率域的时间频谱分布。再根据音频信息的时间频谱分布进行信噪分离。数字音频信息的 Gabor 滤波可以表示为：

$$g_a(\tau)=\int_{-\infty}^{\infty} g(t)G_a(\tau-t)\mathrm{d}t \quad \tau=-\infty,\cdots,\infty \tag{8.25}$$

其中，$G_a(t)$ 是 Gabor 时窗函数。Gabor 滤波的傅里叶变换可以表示为：

$$G(\omega,\tau)=\int_{-\infty}^{\infty} g_a(\tau)\mathrm{e}^{-\mathrm{j}\omega t}\mathrm{d}t=\int_{-\infty}^{\infty} g(t)G_a(t-\tau)\mathrm{e}^{-\mathrm{j}\omega t}\mathrm{d}t \quad \omega=-\infty,\cdots,\infty \tag{8.26}$$

由式（8.25）和式（8.26）可知，Gabor 变换是把一维时间空间变换成二维时间频率空间，所以，它也被称为瞬时或短时或加窗傅里叶变换。

一个数字音频，其信息和噪声的时间频率空间分布可以采用某种解析函数来近似，再利用解析函数来进行信噪分离。例如信息和噪声的时间频率空间分布为正态分布：

$$F(\omega,\tau)=\frac{1}{2\pi\sigma_{\omega f}\sigma_{\tau f}\sqrt{1-r^2}}\mathrm{e}^{-\frac{1}{2(1-r^2)}\left[\frac{(\omega-\mu_{\omega f})^2}{\sigma_{\omega f}^2}-\frac{2r(\omega-\mu_{\omega f})(\tau-\mu_{\tau f})}{\sigma_{\omega f}\sigma_{\tau f}}+\frac{(\tau-\mu_{\tau f})^2}{\sigma_{\tau f}^2}\right]} \tag{8.27}$$

$$N(\omega,\tau)=\frac{1}{2\pi\sigma_{\omega n}\sigma_{\tau n}\sqrt{1-r^2}}\mathrm{e}^{-\frac{1}{2(1-r^2)}\left[\frac{(\omega-\mu_{\omega n})^2}{\sigma_{\omega n}^2}-\frac{2r(\omega-\mu_{\omega n})(\tau-\mu_{\tau n})}{\sigma_{\omega n}\sigma_{\tau n}}+\frac{(\tau-\mu_{\tau n})^2}{\sigma_{\tau n}^2}\right]} \tag{8.28}$$

这里，$\mu_{\omega f}$、$\mu_{\tau f}$，$\sigma_{\omega f}$、$\sigma_{\tau f}$分别是信息的均值和方差，$\mu_{\omega n}$、$\mu_{\tau n}$，$\sigma_{\omega n}$、$\sigma_{\tau n}$分别是噪声的均值和方差，ω 和 τ 独立不相关。于是，音频信息和噪声在时间频率空间可以被认为是：

$$G(\omega,\tau)\rightarrow\begin{cases}F(\omega,\tau) & \text{if} \quad F(\omega,\tau)\geqslant N(\omega,\tau)\&\&G(\omega,\tau)\geqslant N(\omega,\tau)\\ N(\omega,\tau) & \text{if} \quad F(\omega,\tau)<N(\omega,\tau)\&\&G(\omega,\tau)>F(\omega,\tau)\end{cases} \tag{8.29}$$

由 Gabor 变换得到时间频率域空间的音频信息的信噪分离后，可以由 Gabor 逆变换得到时域的信息和噪声：

$$f(t)=\int_{-\infty}^{\infty}\int_{-\infty}^{\infty} F(\omega,\tau)G_a(t-\tau)\mathrm{e}^{\mathrm{j}\omega t}\mathrm{d}\omega\mathrm{d}\tau \tag{8.30}$$

$$n(t)=\int_{-\infty}^{\infty}\int_{-\infty}^{\infty} N(\omega,\tau)G_a(t-\tau)\mathrm{e}^{\mathrm{j}\omega t}\mathrm{d}\omega\mathrm{d}\tau \tag{8.31}$$

如果一个数字音频，其信息和噪声的时间频率空间分布可以用多个正态函数 $F_i(\omega,\tau)$、$N_j(\omega,\tau)$来表示，$i=1,2,\cdots,I, j=1,2,\cdots,J$，则信噪的时间频率空间分离可以表示为：

$$G(\omega,\tau)\rightarrow\begin{cases}F_i(\omega,\tau) & \text{if} \quad F_i(\omega,\tau)\geqslant N_{\mathrm{all}}(\omega,\tau)\&\&G(\omega,\tau)\geqslant N_{\mathrm{all}}(\omega,\tau)\\ N_j(\omega,\tau) & \text{if} \quad F_{\mathrm{all}}(\omega,\tau)<N_j(\omega,\tau)\&\&G(\omega,\tau)>F_{\mathrm{all}}(\omega,\tau)\end{cases} \tag{8.32}$$

这里，下标“all”表示所有的。

如果一个数字音频，其信息和噪声的时间频率空间分布不能采用解析函数来近似，则可以根据先验、经验或学习训练的方法来确定门限 T，把时间频率空间分割成一些区域：

$$G(\omega,\tau)\rightarrow\begin{cases}G_r(\omega,\tau) & \text{if} \quad G(\omega,\tau)\geqslant T\\ 0 & \text{Otherwise}\end{cases} \tag{8.33}$$

再根据区域 r 内的性质来进行信噪分离。例如，如果一个区域 r 的能量：

$$e_{\mathrm{r}}=\iint_{\mathrm{r}}|G_{\mathrm{r}}(\omega,\tau)|^{2}\mathrm{d}\omega\mathrm{d}\tau \tag{8.34}$$

大于某个能量门限值 E，则为信息，否则为噪声：

$$G_{\mathrm{r}}(\omega,\tau)\rightarrow\begin{cases}F(\omega,\tau) & \text{if} \quad e_{\mathrm{r}}\geqslant E\\ N(\omega,\tau) & \text{Otherwise}\end{cases} \tag{8.35}$$

8.4.3　小波变换信噪分离

音频信息的小波变换，与 Gabor 变换类似，是把音频信息从时间域空间变换到时间尺度空间。不同的是，小波变换的时窗和尺度窗能够同时达到最小，但 Gabor 变换的时窗和频窗却不能同时达到最小。音频信息的小波变换信噪分离是在小波时间尺度空间进行信噪分离。音频信息首先进行小波变换，得到音频信息的时间尺度空间的时间尺度分布。再根据音频信息的时间尺度分布进行信噪分离。数字音频信息的小波变换可以表示为：

$$G(a,\tau)=\int_{-\infty}^{\infty}g(t)\frac{1}{\sqrt{a}}\varphi\left(\frac{t-\tau}{a}\right)\mathrm{d}t \quad a\neq 0 \quad a,\tau=-\infty,\cdots,\infty \tag{8.36}$$

其中，$\varphi(x)$是小波核函数，a 是尺度缩放，τ 是时间平移。由式（8.36）可知，小波变换是把一维时间空间变换成二维时间尺度空间。

一个数字音频，在小波变换空间，与在 Gabor 变换空间类似，其信息和噪声的时间尺度空间分布可以采用某种解析函数来近似，再利用解析函数来进行信噪分离。例如信息和噪声的时间尺度空间分布为正态分布：

$$F(a,\tau)=\frac{1}{2\pi\sigma_{af}\sigma_{\tau f}\sqrt{1-r^{2}}}\mathrm{e}^{-\frac{1}{2(1-r^{2})}\left[\frac{(a-\mu_{af})^{2}}{\sigma_{af}^{2}}-\frac{2r(a-\mu_{af})(\tau-\mu_{\tau f})}{\sigma_{af}\sigma_{\tau f}}+\frac{(\tau-\mu_{\tau f})^{2}}{\sigma_{\tau f}^{2}}\right]} \tag{8.37}$$

$$N(a,\tau)=\frac{1}{2\pi\sigma_{an}\sigma_{\tau n}\sqrt{1-r^{2}}}\mathrm{e}^{-\frac{1}{2(1-r^{2})}\left[\frac{(a-\mu_{an})^{2}}{\sigma_{an}^{2}}-\frac{2r(a-\mu_{an})(\tau-\mu_{\tau n})}{\sigma_{an}\sigma_{\tau n}}+\frac{(\tau-\mu_{\tau n})^{2}}{\sigma_{\tau n}^{2}}\right]} \tag{8.38}$$

这里，μ_{af}、$\mu_{\tau f}$，σ_{af}、$\sigma_{\tau f}$分别是信息的均值和方差，μ_{an}、$\mu_{\tau n}$，σ_{an}、$\sigma_{\tau n}$分别是噪声的均值和方差，a 和 τ 独立不相关。于是，音频信息和噪声在时间尺度空间可以被认为是：

$$G(a,\tau)\rightarrow\begin{cases}F(a,\tau) & \text{if} \quad F(a,\tau)\geqslant N(a,\tau)\&\&G(a,\tau)\geqslant N(a,\tau)\\ N(a,\tau) & \text{if} \quad F(a,\tau)<N(a,\tau)\&\&G(a,\tau)>F(a,\tau)\end{cases} \tag{8.39}$$

由小波变换得到时间尺度空间的音频信息的信噪分离后，可以由小波逆变换得到时域的信息和噪声：

$$f(t)=\frac{1}{\Phi}\int_{-\infty}^{\infty}\int_{-\infty}^{\infty}F(a,\tau)\frac{1}{a^{2}}\varphi\left(\frac{t-\tau}{a}\right)\mathrm{d}a\mathrm{d}\tau \tag{8.40}$$

$$n(t)=\frac{1}{\Phi}\int_{-\infty}^{\infty}\int_{-\infty}^{\infty}N(a,\tau)\frac{1}{a^{2}}\varphi\left(\frac{t-\tau}{a}\right)\mathrm{d}a\mathrm{d}\tau \tag{8.41}$$

$$\Phi=\int_{-\infty}^{\infty}\frac{|\psi(\omega)|}{\omega}\mathrm{d}\omega \tag{8.42}$$

$$\psi(\omega)=\int_{-\infty}^{\infty}\varphi(t)\mathrm{e}^{-\mathrm{j}\omega t}\mathrm{d}t \tag{8.43}$$

如果一个数字音频，其信息和噪声的时间尺度空间分布可以用多个正态函数 $F_{\mathrm{i}}(a,\tau)$、$N_{\mathrm{j}}(a,\tau)$来表示，$i=1,2,\cdots,I,j=1,2,\cdots,J$，则信噪分离可以表示为：

$$G(a,\tau)\to\begin{cases}F_{\mathrm{i}}(a,\tau) & \text{if}\quad F_{\mathrm{i}}(a,\tau)\geqslant N_{\mathrm{all}}(a,\tau)\&\&G(a,\tau)\geqslant N_{\mathrm{all}}(a,\tau)\\ N_j(a,\tau) & \text{if}\quad F_{\mathrm{all}}(a,\tau)<N_j(a,\tau)\&\&G(a,\tau)>F_{\mathrm{all}}(a,\tau)\end{cases}\tag{8.44}$$

这里，下标“all”表示所有的。

如果一个数字音频，其信息和噪声的时间尺度空间分布不能采用解析函数来近似，则可以根据先验、经验或学习训练的方法来确定门限 T，把时间尺度空间分割成一些区域：

$$G(a,\tau)\to\begin{cases}G_{\mathrm{r}}(a,\tau) & \text{if}\quad G(a,\tau)\geqslant T\\ 0 & \text{Otherwise}\end{cases}\tag{8.45}$$

再根据区域 r 内的性质来进行信噪分离。例如，如果一个区域 r 的能量：

$$e_{\mathrm{r}}=\iint_{\mathrm{r}}|G_{\mathrm{r}}(a,\tau)|^2\mathrm{d}a\mathrm{d}\tau\tag{8.46}$$

大于某个能量门限值 E，则为信息，否则为噪声：

$$G_{\mathrm{r}}(a,\tau)\to\begin{cases}F(a,\tau) & \text{if}\quad e_{\mathrm{r}}\geqslant E\\ N(a,\tau) & \text{Otherwise}\end{cases}\tag{8.47}$$

8.5 噪声对消

噪声对消是将噪声引入音频信息系统或含噪音频信息，与音频信息系统或含噪音频信息中的噪声对消，分离出无噪音频信息。噪声对消的系统结构与信息流程如图 8-1 所示。噪声对消可用于音像录制中环境噪声的分离，胎儿心电图中母亲心脏信息的分离，野战场地话音通信的战场环境噪声的分离，机场、车站、港口通信的环境噪声的分离等。

噪声对消一般包含两个方面，一是噪声估计，一是对消噪声。噪声估计是采用信号估值理论或学习训练方法获得噪声，建立噪声模型。对消噪声是利用建立的噪声模型，与含噪音频信息中的噪声对消，降低或消除噪声，得到弱噪声或不含噪声的音频信息。

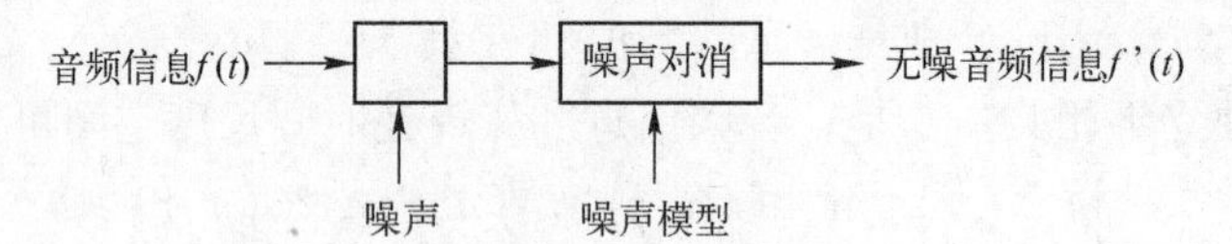

图 8-1　噪声对消的系统结构与信息流程

8.5.1 噪声模型

采用信号估值理论或学习训练方法建立的噪声模型有多种，常用的噪声模型有白噪声、高斯噪声、瑞利噪声、泊松噪声、伽玛噪声、指数分布噪声、均匀分布噪声、脉冲噪声（椒盐噪声）等。

1. 白噪声

白噪声是音频信息中最普遍最常用的一种噪声模型。白噪声是一种时间均值为零、方差为无穷、频带非常宽、功率频谱密度为常数的随机信号，类似于白光，所以被称为白噪声。白噪声的性能可以描述为：

均值：$\mu_{\mathrm{n}}=E(n(t))=0$

方差：$\sigma_{\mathrm{n}}^{2}=E(n^{2}(t))-\mu_{\mathrm{n}}^{2}=\infty$

功率频谱密度：$P_{\mathrm{n}}(\omega)=C$

自相关：$R_{\mathrm{n}}(\tau)=C\,\delta(\tau)$

这里，C 是常数，$\delta(\tau)$是狄拉克（Dirac）函数。

白噪声时间序列生成的方法有多种。比较简单比较普遍的方法是采用随机函数来生成。例如，在时间 t_1 到 t_2 范围内的 τ_i 时刻随机生成一个在 $-V$ 到 V 范围内的值 v_i：

$$n(t_1+\tau_i)=v_i=2V*(\mathrm{rand}_i(\,)-0.5)\quad i=1,2,\cdots,\quad t_2-t_1 \tag{8.48}$$

这里，rand( )是产生 0 到 1 之间随机数的随机函数，a 是随机数的范围。这种方法生成的噪声基本符合白噪声的性能。例如，随机函数生成的白噪声如图 8-2 所示。其中白噪声幅度为 $-4\sim5$，均值为 0，方差很大。白噪声如图 8-2a 所示，白噪声的概率密度如图 8-2b 所示。

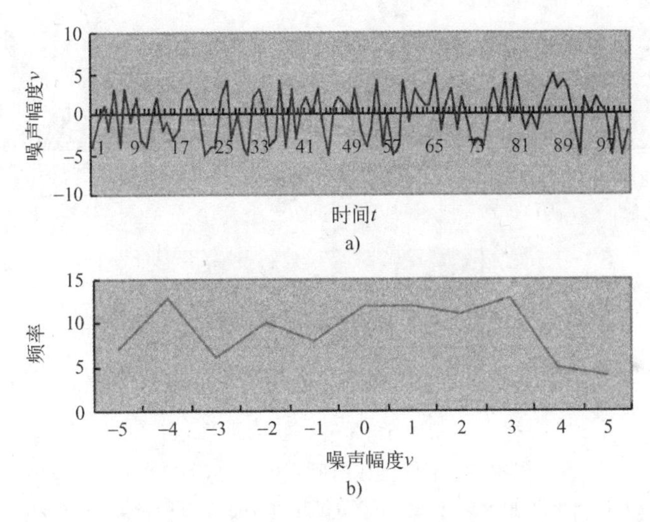

图 8-2　随机函数生成的白噪声
a）白噪声　b）白噪声概率密度

均匀分布白噪声时间序列也可以采用线性乘同余（Linear Congruent）算法生成余算法可以用一个数学模型来描述：

$$n(t+1)=(a*n(t)+b)\%V \tag{8.49}$$

其中，$n(t)$是噪声，a，b 是预设的整数，V 是噪声最大值，符号% 是模除取余数。

2. 高斯噪声

高斯噪声也是音频信息中比较普遍比较常用的噪声模型之一。它可以用一个数学模型来描述：

$$p_n(v)=\frac{1}{\sqrt{2\pi}\sigma_n}\mathrm{e}^{-\frac{(v-\mu_n)^2}{2\sigma_n^2}} \tag{8.50}$$

其中，$p_n(v)$是噪声 n 的时间域幅度 v 的概率密度，μ_n 和 σ_n 是噪声的均值和方差。

高斯噪声时间序列生成的方法有多种。如 MATLAB 中采用 WGN( )函数生成的高斯白噪声，或采用 AWGN( )函数在信息中添加高斯白噪声。或者采用随机函数生成。另一种比较简单的方法是采用随机函数生成时间点，再按照高斯分布来生成时间点的噪声幅度。在时间

t_1 到 t_2 范围内，先随机生成（t_2-t_1）个不重复的时间点 τ_i：

$$\tau_i=(t_2-t_1)\mathrm{rand}_i(\ )\quad i=1,2,\cdots,(t_2-t_1) \tag{8.51}$$

再在噪声幅度值 v_j从 0 到最大值 V 中，计算其高斯分布的频率数 m_j：

$$m_j=p_{\mathrm{n}}(v_j)(t_2-t_1)\quad j=0,1,\cdots,V \tag{8.52}$$

然后在 m_j个时间点 τ_{k}中，生成噪声幅度 v_j：

$$n(t_1+\tau_k)=v_j\quad k=1,2,\cdots,m_j \tag{8.53}$$

这样就完成了高斯分布噪声的时间序列。这种方法生成的高斯噪声精确，但生成的速度可能较慢。如果不考虑随机生成的时间点不重复的问题，随机生成时间点，则生成高斯噪声的速度较快，但精度可能降低。这样生成的一个高斯噪声如图 8-3 所示。其中，噪声幅度为 0 ~ 10，均值为 5，方差为 6.25。高斯噪声理论概率密度分布如图 8-3a 所示，高斯噪声如图 8-3b 所示，高斯噪声实际概率密度分布如图 8-3c 所示。

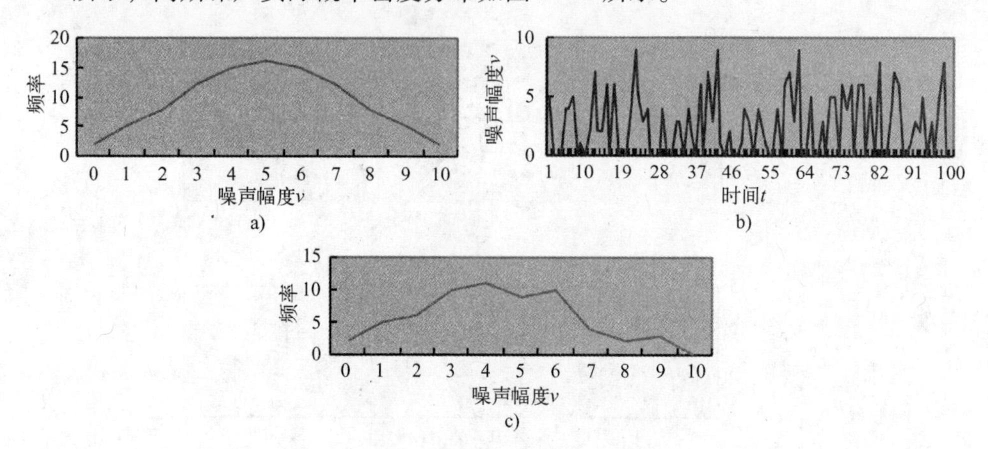

图 8-3　随机生成时间点的高斯噪声生成

a）高斯噪声理论概率密度　b）高斯噪声　c）高斯噪声实际概率密度

3. 瑞利噪声

瑞利噪声是音频信息中比较典型的噪声模型之一。它可以用一个数学模型来描述：

$$p_{\mathrm{n}}(v)=\begin{cases}2\dfrac{(v-a)}{b}\mathrm{e}^{-\frac{(v-a)2}{b}} & v\geqslant a\\ 0 & v<a\end{cases} \tag{8.54}$$

$$a=\mu_{\mathrm{n}}-\sigma_{\mathrm{n}}\sqrt{\frac{\pi}{4-\pi}}b=\frac{4\sigma_n^2}{4-\pi} \tag{8.55}$$

其中，$p_n(v)$是噪声 n 的时间域幅度 v 的概率密度，μ_n和 σ_n是噪声的均值和方差。

瑞利噪声时间序列生成的方法有多种。例如，MATLAB 中采用 Raylrnd( )函数生成瑞利噪声。类似高斯噪声生成，也可以采用一种比较简单的方法来生成瑞利噪声，即采用随机函数生成时间点，再按照瑞利分布来生成时间点的噪声幅度。

4. 泊松噪声

泊松噪声也是音频信息中比较典型的噪声模型之一。它可以用一个数学模型来描述：

$$p_n(v)=\frac{\lambda^v}{v!}\mathrm{e}^{-\lambda} \tag{8.56}$$

其中，$p_n(v)$是噪声n的时间域幅度v的概率密度，$\lambda>0$是常数，符号！表示阶乘。泊松分布的均值和方差相等，即$\mu_n=\sigma_n=\lambda$。

泊松噪声时间序列生成的方法有多种。例如，MATLAB 中采用 poissrnd( )函数生成泊松分布噪声。类似高斯噪声生成，也可以采用一种比较简单的方法来生成泊松噪声，即采用随机函数生成时间点，再按照泊松分布来生成时间点的噪声幅度。

5. 伽玛噪声

伽玛噪声，也被称作为爱尔兰噪声，也是音频信息中比较典型的噪声模型之一。它可以用一个数学模型来描述：

$$p_n(v)=\begin{cases}\dfrac{a^b v^{b-1}}{(b-1)!}e^{-av} & v\geqslant 0\\ 0 & v<0\end{cases} \tag{8.57}$$

$$a=\frac{\mu_n}{\sigma_n^2}b=\frac{\mu_n^2}{\sigma_n^2} \tag{8.58}$$

其中，$p_n(v)$是噪声n的时间域幅度v的概率密度，μ_n和σ_n是噪声的均值和方差。

伽玛噪声时间序列生成的方法有多种。例如，MATLAB 中采用 gamrnd( )函数生成伽玛分布噪声。类似高斯噪声生成，也可以采用一种比较简单的方法来生成伽玛噪声，即采用随机函数生成时间点，再按照伽玛分布来生成时间点的噪声幅度。

6. 指数分布噪声

指数分布噪声是音频信息中比较典型的噪声模型之一。它可以用一个数学模型来描述：

$$p_n(v)=\begin{cases}\dfrac{1}{\mu_n}e^{-\frac{1}{\mu_n}v} & v\geqslant 0\\ 0 & v<0\end{cases}\quad \mu_n=\sigma_n \tag{8.59}$$

其中，$p_n(v)$是噪声n的时间域幅度v的概率密度，μ_n和σ_n是噪声的均值和方差。

指数噪声时间序列生成的方法有多种。例如，MATLAB 中采用 exprnd( )函数生成指数分布噪声。类似高斯噪声生成，也可以采用一种比较简单的方法来生成指数噪声，即采用随机函数生成时间点，再按照指数分布来生成时间点的噪声幅度。

7. 均匀分布噪声

均匀分布噪声也是音频信息中比较普遍比较常用的噪声模型之一。它可以用一个数学模型来描述：

$$p_n(v)=\begin{cases}\dfrac{1}{b-a} & a\leqslant v\leqslant b\\ 0 & \text{Otherwise}\end{cases} \tag{8.60}$$

$$a=\mu_n-\sqrt{3}\sigma_n b=\mu_n+\sqrt{3}\sigma_n \tag{8.61}$$

其中，$p_n(v)$是噪声n的时间域幅度v的概率密度，μ_n和σ_n是噪声的均值和方差。

均匀分布噪声时间序列生成的方法有多种。例如，MATLAB 中采用 unidrnd( )函数生成均匀分布噪声。类似高斯噪声生成，也可以采用一种比较简单的方法来生成均匀分布噪声，即采用随机函数生成时间点，再按照均匀分布来生成时间点的噪声幅度。

8. 脉冲噪声（椒盐噪声）

脉冲噪声，也被称为椒盐噪声，是音频信息中比较典型比较常见的噪声模型之一。它可以用一个数学模型来描述：

$$p_n(v)=\begin{cases}P_a & v=a\\ P_b & v=b\\ 0 & \text{Else}\end{cases}\tag{8.62}$$

其中，$p_n(v)$是噪声 n 的时间域幅度 v 的概率密度，P_a和 P_b是概率值。

脉冲分布噪声时间序列生成非常简单，就是随机生成不重复的概率为 P_a或 P_b的时间点，在每个时间点生成噪声幅度值 a 或 b。

9. 噪声参数估计

音频信息噪声模型的建立主要是噪声模型的参数估计。噪声模型的参数多少视模型而定。比较普遍比较常用的参数是噪声时间域的概率密度、均值、方差、自相关和频率域的功率密度等。这些参数常常用解析函数来描述：

概率密度：$$p_n(v)=\frac{1}{v(t_2-t_1)}\sum_{t=t_1}^{t_2}n(t)\mid_{n(t)=v}\quad v=1,2,\cdots,V\tag{8.63}$$

均值：$$\mu_n=\sum_{i=0}^{V}v_i p_n(v_i)\tag{8.64}$$

方差：$$\sigma_n^2=\sum_{i=0}^{V-1}(v_i-\mu_n)^2 p_n(v_i)\tag{8.65}$$

自相关：$$R_n(\tau)=n(\tau)*n(-\tau)=\int_{t_1}^{t_2}n(t)n(t-\tau)\mathrm{d}t\tag{8.66}$$

功率密度：$$P_n(\omega)=|N(\omega)|^2=|F\{n(t)\}|^2\tag{8.67}$$

其中，V 是噪声时间域幅度的最大值，t_1、t_2是数字音频信息序列的时间范围，F 是傅里叶变换，$|x|$是取 x 的模。

8.5.2 噪声对消

噪声对消是将噪声模型引入音频信息系统或含噪音频信息，与音频信息系统或含噪音频信息中的噪声对消，分离出无噪音频信息。噪声对消的方法有几种，典型的方法是自适应噪声对消。

1. 结构与原理

自适应噪声对消可以由一个加法器和一个自适应滤波器构成，如图 8-4 虚线框内所示。自适应噪声对消的基本工作原理是：含噪音频信息 $g(t)$ 为原始音频信息 $f(t)$ 与加性噪声 $n(t)$之和：

$$g(t)=f(t)+n(t)\tag{8.68}$$

引入的噪声模型 $n_m(t)$经自适应滤波器 $AF(t)$滤波后成为对消噪声 $n'(t)$：

$$n'(t)=AF(t)*n_m(t)\tag{8.69}$$

其中，符号$*$表示卷积运算。含噪音频信息 $g(t)$与对消噪声 $n'(t)$相减，得到无噪音频信息$f'(t)$：

$$f'(t)=g(t)-n'(t)\tag{8.70}$$

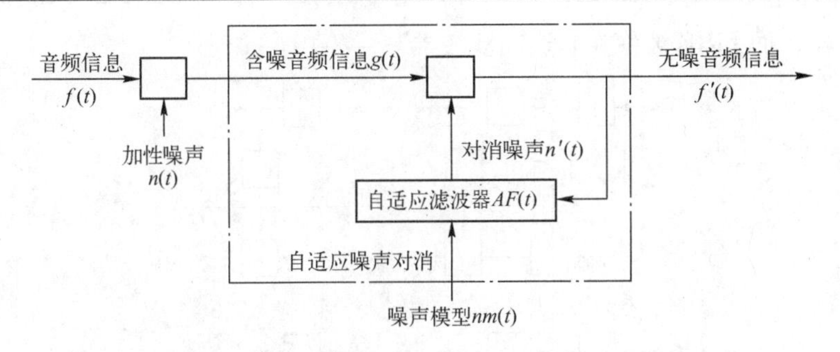

图 8-4　自适应噪声对消的系统结构与信息流程

将式（8.68）代入式（8.70），可以看出，无噪音频信息 $f'(t)$ 为：

$$f'(t)=f(t)+n(t)-n'(t)=f(t)+[n(t)-n'(t)] \tag{8.71}$$

由上式可以看出，如果自适应滤波器输出的对消噪声 $n'(t)$ 与加性噪声 $n(t)$ 相等或之差最小，那么，噪声完全对消或残余最小，无噪音频信息 $f'(t)$ 完全等于或最接近原始音频信息 $f(t)$。此时，无噪音频信息 $f'(t)$ 也最小。于是，可以采用无噪音频信息 $f'(t)$ 来控制自适应滤波器 $AF(t)$ 的自适应性，使对消噪声 $n'(t)$ 最优，与加性噪声 $n(t)$ 之差最小或等于零。

2. 自适应滤波器

自适应滤波器一般可以由可编程滤波器和自适应算法构成，如图 8-5 所示。自适应算法有开环式和闭环式两种。闭环式具有参数自适应调节功能，计算精度更高，但存在计算量大和收敛的问题。

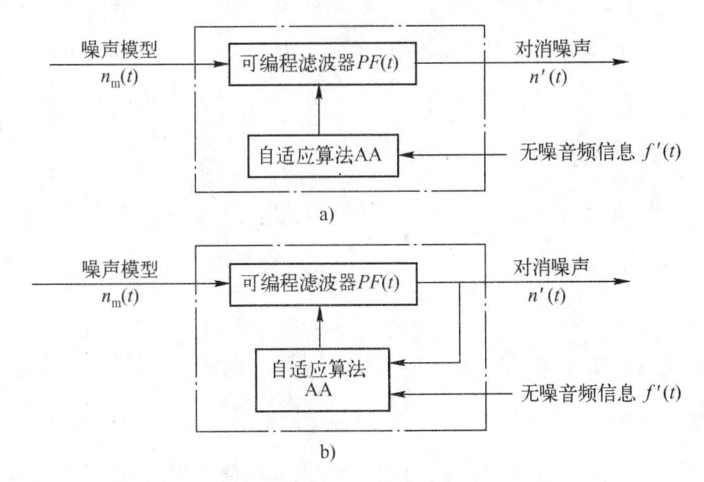

图 8-5　自适应滤波器的系统结构与信息流程

3. 可编程滤波器

可编程滤波器可以选择有限脉冲响应滤波器（FIRF，Finite Impulse Response Filter）、无限脉冲响应滤波器（IIRF，Infinite Impulse Response Filter）等。有限脉冲响应滤波器 FIRF 的结构如图 8-6a 所示，无限脉冲响应滤波器 IIRF 的结构如图 8-6b 所示。图中的 z^{-1} 表示单位时间延迟，w_i 和 u_i 表示加权系数，$\sum$ 表示求和，τ 是总延时，$a(t)$ 是自适应算法的输出，虚线箭头表示自适应控制。IIRF 的结构只是比 FIRF 的结构多了反馈支路，所以，IIRF 又被称为递归滤波器，而 FIRF 被称为非递归滤波器。

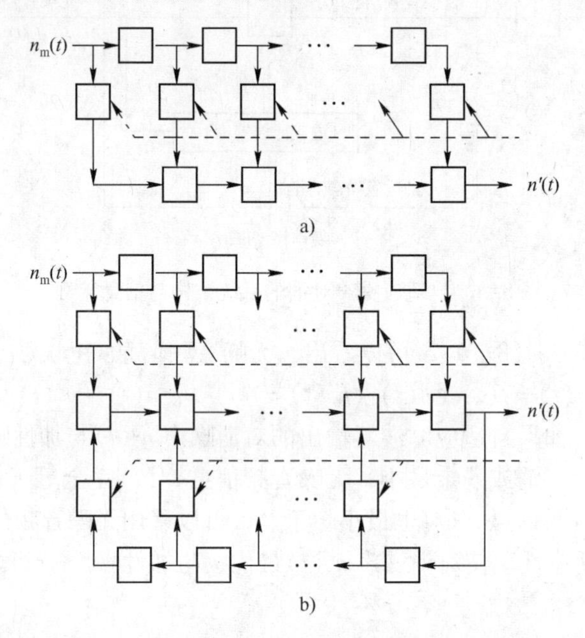

图 8-6 可编程滤波器的系统结构与信息流程

FIRF 可以用一个数学模型来表示：

$$n'(t)=\sum_{i=0}^{\tau}w(i)n_{\mathrm{m}}(t-i) \tag{8.72}$$

$$N'(z)=\sum_{i=0}^{\tau}w(i)z^{-i} \tag{8.73}$$

式（8.73）是式（8.72）的 z 变换。

IIRF 可以用一个数学模型来表示：

$$n'(t)=\sum_{i=0}^{\tau}w(i)n_{\mathrm{m}}(t-i)-\sum_{i=1}^{\tau}u(i)n'(t-i) \tag{8.74}$$

$$N'(z)=\frac{\sum_{i=0}^{\tau}w(i)z^{-i}}{1-\sum_{i=1}^{\tau}u(i)z^{-i}} \tag{8.75}$$

式（8.75）是式（8.74）的 z 变换。

4. 自适应算法

自适应滤波器的自适应算法有多种，比较典型的有最小均方误差（LMSE，Least Mean Square Error）算法、递归最小二乘（RLSE，Recurring Least Square Error）算法等。

LMSE 算法

由式（8.71）可以看出，$f'(t)$最小，意味着$(n'(t)-n(t))$最小，即噪声对消最优。所以，LMSE 算法就是采用优化方法，用$f'(t)$去控制调节可编程滤波器的加权系数 w_i，使滤波器输出的对消噪声 $n'(t)$逼近加性噪声 $n(t)$，使噪声对消输出的均方误差最小。假设原始音频信息$f(t)$与噪声对消后的无噪音频信息$f'(t)$的误差为$e(t)$：

$$e(t)=f(t)-f'(t) \tag{8.76}$$

均方误差$E(t)$为：

$$E(t)=\frac{1}{\tau+1}\sum_{t=0}^{\tau}e^2(t)=\frac{1}{\tau+1}\sum_{t=0}^{\tau}[f(t)-f'(t)]^2 \tag{8.77}$$

将式（8.70）和式（8.72）代入式（8.77），均方误差 $E(t)$ 可以改写为：

$$E(t)=\frac{1}{\tau+1}\sum_{t=0}^{\tau}[f(t)-g(t)+\sum_{i=0}^{\tau}w(i)n_{\mathrm{m}}(t-i)]^2$$
$$\frac{1}{\tau+1}\sum_{t=0}^{\tau}[\sum_{i=0}^{\tau}w(i)n_{\mathrm{m}}(t-i)-n(t)]^2 \tag{8.78}$$

当均方误差最小时，噪声对消后的无噪音频信息 $f'(t)$ 是原始音频信息 $f(t)$ 的最优估计。均方误差最小 $E(t)$ 最小的条件是：

$$\frac{\partial E(t)}{\partial w(j)}=\frac{\partial}{\partial w(j)}\left\{\frac{1}{\tau+1}\sum_{t=0}^{\tau}[\sum_{i=0}^{\tau}w(i)n_{\mathrm{m}}(t-i)-n(t)]^2\right\}=0$$
$$j=0,1,\cdots,\tau \tag{8.79}$$

式（8.79）可以写成：

$$\sum_{t=0}^{\tau}\{[\sum_{i=0}^{\tau}w(i)n_{\mathrm{m}}(t-i)-n(t)]n_{\mathrm{m}}(t-j)\}$$
$$=\sum_{i=0}^{\tau}[w(i)\sum_{t=0}^{\tau}n_{\mathrm{m}}(t-i)n_{\mathrm{m}}(t-j)]-\sum_{t=0}^{\tau}n(t)n_{\mathrm{m}}(t-j) \tag{8.80}$$
$$=\sum_{i=0}^{\tau}[w(i)r_{\mathrm{nm}}(t,i,j)]-r_{\mathrm{nmn}}(t,j)=0$$

式（8.80）是一个线性方程组，可以写成矩阵的形式：

$$R_{\mathrm{nm}}W=R_{\mathrm{nmn}} \tag{8.81}$$

其中，R_{nm} 是模型噪声 $n_{\mathrm{m}}(t)$ 的自相关矩阵，W 是加权系数矩阵，R_{nmn} 是模型噪声 $n_{\mathrm{m}}(t)$ 与加性噪声 $n(t)$ 的互相关矩阵。

$$R_{\mathrm{nm}}=\{r_{\mathrm{nm}}(t,i,j)=n_{\mathrm{m}}(t)<ij>n_{\mathrm{m}}(t)\}t=0,1,\cdots,\tau,i,j=0,1,\cdots,\tau \tag{8.82}$$

$$W=\{w(i)\}i=0,1,\cdots,\tau \tag{8.83}$$

$$R_{\mathrm{nmn}}=\{r_{\mathrm{nmn}}(t,j)=n_{\mathrm{m}}(t)<j>n(t)\}t=0,1,\cdots,\tau j=0,1,\cdots,\tau \tag{8.84}$$

这里，符号 $<ij>$ 表示在 ij 处的相关运算，$<j>$ 表示在 j 处的相关运算。采用矩阵算法解这个线性方程组，就可以得到最优的加权系数 $w(i)$：

$$W=\{w(i)\}=R_{\mathrm{nm}}{}^{-1}R_{\mathrm{nmn}} \tag{8.85}$$

其中，上标 −1 表示逆矩阵。将最优的加权系数 $w(i)$ 代入式（8.72）和式（8.70），就可以获得最优的噪声对消 $f'(t)$。

在 LMSE 算法中，R_{nm}^{-1} 的计算比较麻烦，R_{nmn} 实际上是不知道的，需要进行估计。因此，LMSE 算法不是很方便。

8.5.3 RLSE 算法

由式（8.71）可以看出，$f'(t)$ 最小，意味着 $(n'(t)-n(t))$ 最小，即噪声对消最优。所以，RLSE 算法就是采用迭代方法，用 $f'(t)$ 去控制调节可编程滤波器的加权系数 w_i，使滤波器输出的对消噪声 $n'(t)$ 逼近加性噪声 $n(t)$，使噪声对消输出的平方误差最小。假设第 k 次的噪声对消输出是 $f'_k(t)$，第 $k-1$ 次的噪声对消输出是 $f'_{k-1}(t)$，则前后噪声对消产生的误差为：

$$e_k(t)=f'_k(t)-f'_{k-1}(t) \tag{8.86}$$

将式（8.70）代入式（8.86）可知，这个误差也可以表示为：

$$e_k(t)=n'_k(t)-n_{k-1}{}'(t) \tag{8.87}$$

一种比较简单的算法是利用这个误差去控制调节可编程滤波器的加权系数 w_i：

$$w_{k+1}(i)=w_k(i)+\lambda\partial e_k(t)/\partial w_k(i) \tag{8.88}$$

其中，

$$\lambda\partial e_k(t)/\partial w_k(i)=\Delta w_k(i)<w_k(i)$$

是加权系数的调节步距，λ 是调节系数。于是，由式（8.72）可知，第 $k+1$ 次的对消噪声输出 $n'_{k+1}(t)$ 为：

$$\begin{aligned}n'_{k+1}(t)&=\sum_{i=0}^{\tau}w_{k+1}(i)n_{\mathrm{m}}(t-i)=\sum_{i=0}^{\tau}\left[w_k(i)+\lambda\frac{\partial e_k(t)}{\partial w_k(i)}\right]n_{\mathrm{m}}(t-i)\\&=\sum_{i=0}^{\tau}\left[w_k(i)+\lambda\frac{\partial}{\partial w_k(i)}(f'_k(t)-f'_{k-1}(t))\right]n_{\mathrm{m}}(t-i)\end{aligned} \tag{8.89}$$

将式（8.89）代入式（8.70）可知，第 $k+1$ 次的噪声对消输出 $f'_{k+1}(t)$ 为：

$$\begin{aligned}f'_{k+1}(t)&=g(t)-n'_{k+1}(t)\\&=g(t)-\sum_{i=0}^{\tau}[w_k(i)+\lambda\frac{\partial}{\partial w_k(i)}(f'_k(t)-f'_{k-1}(t))]n_{\mathrm{m}}(t-i)\end{aligned} \tag{8.90}$$

由上述过程可以看出，这是一个迭代过程。迭代中计算误差平方 $e_k^2(t)$。当误差平方 $e_k^2(t)$ 达到最小时，迭代停止，得到最优的噪声对消。迭代中，加权系数调节步距决定迭代运算的精度和收敛速度。步距大，则速度快，但精度低。反之，速度慢，精度高。实际中，设定最小平方误差门限和迭代次数，设计适当的调节系数 λ，就可以获得比较优化的噪声对消精度和速度。

8.6 本章小结

本章主要介绍了音频信息的信噪分离的基本原理和方法。信噪分离主要分为时间域信噪分离、频率域信噪分离、变换域信噪分离和噪声对消。在时间域信噪分离中，主要介绍了微分信噪分离和积分信噪分离。前者主要分离高频噪声，后者主要分离低频噪声。在频率域信噪分离中，主要介绍了高通滤波谱减信噪分离，分离高频噪声；低通滤波谱减信噪分离，分离低频噪声；带阻滤波谱减信噪分离，分离中频音频信息；带通滤波谱减信噪分离，分离低频和高频噪声。在变换域信噪分离中，主要介绍了直方图变换信噪分离，在概率统计特性空间进行信噪分离；Gabor 变换信噪分离，在时间频率域空间进行信噪分离；小波变换信噪分离，在多分辨尺度空间进行信噪分离。在噪声对消中，主要介绍了噪声模型和噪声对消原理与方法。在噪声模型中，主要介绍了白噪声、高斯噪声、瑞利噪声、泊松噪声、伽玛噪声、指数噪声、均匀分布噪声、脉冲噪声等噪声模型以及噪声主要参数的估计方法。在噪声对消原理和方法中，主要介绍了噪声对消的系统结构、自适应滤波器、可编程滤波器、自适应算法。在可编程滤波器中，介绍了 FIRF 滤波器和 IIRF 滤波器。在自适应算法中，主要介绍了最小均方误差 LMSE 方法和迭代最小平方误差 RLSE 方法。

第9章　音频信息的分割与合成

9.1　概述

音频信息一般包含两大部分内容，一部分是目标信息，另一部分是背景信息。目标信息有多种，可能有语音、歌声、音乐等。背景信息有多种，可能有人声、动物声、机械声、人造声、自然声、环境噪声等。目标信息有的时候、有的场合也可以看成是背景信息。背景信息有的时候、有的场合也可以看成是目标信息。因此，音频信息往往都是很复杂的，它可能是由多个不同目标信息和多个不同背景信息融合而成。

在音频信息处理与识别中，常常需要从复杂内容的音频信息中检出某个或某些目标信息，或者去除某个或某些背景信息。这种检出就被叫做音频信息分割。也就是说，音频信息分割就是从复杂内容的音频信息中检出某个或某些需要的目标信息，去除某个或某些不需要的背景信息。

在音频信息处理与识别中，也常常需要采用某个或某些目标信息和背景信息，组合成复杂内容的音频信息。这种组合就被叫做音频信息合成。也就是说，音频信息合成就是采用某个或某些目标信息，和某个或某些背景信息组合成复杂内容的音频信息。

音频信息分割的方法有多种，比较普遍的方法主要有端点检测的分割法、包络检测的分割法、Gabor 变换的分割法、小波变换的分割法等。

音频信息合成的方法有多种，比较普遍的方法主要有幅度合成法、频率合成法、变换合成法等。

9.2　端点检测的分割

在音频信息中，一个目标信息在时间域应该存在一个起始时间点和一个终止时间点，这两个时间点可以被叫做时间域的端点。在频率域，也应该存在一个起始频率点和一个终止频率点，这两个频率点可以被叫做频率域的端点。如果能够检测到这个目标信息的时间域端点或者频率域端点，位于端点之间的信息就可能是目标信息，就可能把目标信息分割出来。

端点检测的方法有多种，主要的方法有功率谱单阈值法、局部最小平均功率法、功率谱双峰谷点法、功率谱多峰谷点法等。

9.2.1　功率谱单阈值法

一种比较简单的端点检测方法是功率谱单阈值分割方法。设一段音频信息的时间域幅度为$f(t)$，这段音频信息的时间域功率谱为$E(t)$：

$$E(t)=f^2(t) \tag{9.1}$$

假设存在一个阈值T，当音频信息的功率谱$E(t)$大于或等于阈值T，即$E(t)>=T$，时

为目标信息 $g(t)$，否则为噪声、或者为静音、或者为背景信息 $bg(t)$：

$$f(t)\rightarrow\begin{cases}g(t) & \text{if} \quad E(t)\geqslant T\\ bg(t) & \text{Otherwise}\end{cases} \tag{9.2}$$

那么，功率谱 $E(t)$ 等于阈值 T，即 $E(t)=T$，的时间点 t_1 和 t_2 为目标信息的时间域起始时间点和终止时间点：

$$E(t_1)=TE(t_2)=T\ t_1<t_2 \tag{9.3}$$

则位于端点之间的音频信息为目标信息 $g(t)$，即：

$$g(t)=\begin{cases}f(t) & \text{if} \quad t_1\leqslant t\leqslant t_2\\ 0 & \text{Otherwise}\end{cases} \tag{9.4}$$

假设这段音频信息的频谱为 $F(\omega)$，这段音频信息的频率域功率谱为 $E(\omega)$：

$$E(\omega)=|F(\omega)|^2 \tag{9.5}$$

假设存在一个阈值 W，当音频信息的功率谱 $E(\omega)$ 大于或等于阈值 W，即 $E(\omega)>=W$ 时为目标信息 $G(\omega)$，否则为噪声、静音、或者为背景信息 $Bg(\omega)$：

$$F(\omega)\rightarrow\begin{cases}G(\omega) & \text{if} \quad E(\omega)\geqslant W\\ Bg(\omega) & \text{Otherwise}\end{cases} \tag{9.6}$$

那么，功率谱 $E(\omega)$ 等于阈值 W，即 $E(\omega)=W$ 时，频谱点 ω_1 和 ω_2 为目标信息的频率域起始频率点和终止频率点：

$$E(\omega_1)=WE(\omega_2)=W \quad \omega_1<\omega_2 \tag{9.7}$$

则位于端点之间的音频信息为目标信息 $G(\omega)$，即：

$$G(\omega)=\begin{cases}F(\omega) & \text{if} \quad \omega_1\leqslant\omega\leqslant\omega_2\\ 0 & \text{Otherwise}\end{cases} \tag{9.8}$$

功率谱单阈值法主要用于音频信息中单目标信息的端点检测和目标分割，例如从弱背景信息、弱噪声或静音中分割目标信息。

功率谱单阈值法有时也可以用于音频信息中多目标信息的端点检测和目标分割，例如从弱背景信息、弱噪声或静音中分割语音的字、词信息，歌声中的字、词、句信息，音乐中的乐符信息等。在这种情况下，对应单阈值 T 或 W，可能存在多对端点：

$$E(t_{i1})=TE(t_{i2})=T \quad t_{i1}<t_{i2} \quad i=1,2,\cdots,M \tag{9.9}$$

$$E(\omega_{i1})=WE(\omega_{i2})=W \quad \omega_{i1}<\omega_{i2} \quad i=1,2,\cdots,M \tag{9.10}$$

这里，M 是目标信息的个数。于是，可能分割出多个目标信息：

$$g_i(t)=\begin{cases}f(t) & \text{if} \quad t_{i1}\leqslant t\leqslant t_{i2}\\ 0 & \text{Otherwise}\end{cases} \quad i=1,2,\cdots,M \tag{9.11}$$

$$G_i(\omega)=\begin{cases}F(\omega) & \text{if} \quad \omega_{i1}\leqslant\omega\leqslant\omega_{i2}\\ 0 & \text{Otherwise}\end{cases} \quad i=1,2,\cdots M \tag{9.12}$$

功率谱单阈值法阈值 T 或 W 的确定是端点检测和目标分割正确与否的关键。确定这个阈值比较简单的方法是先验估计。先验估计在实际中比较困难，通常需要做多次试验，才能确定比较好的阈值。同时，先验估计的普适性比较差。

图 9-1 所示是一个功率谱单阈值法端点检测目标分割的例子。图中横轴表示时间 t 或者频率 ω，纵轴表示时间域功率谱或者频率域功率谱。实线表示音频信息，虚线表示阈值分

割。阈值 T 或 W 为 12。端点有 3 对，目标为 3 个。

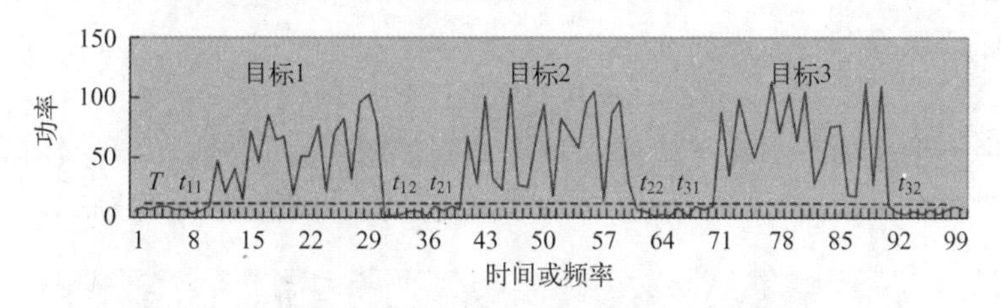

图 9-1　音频信息的功率谱单阈值法端点检测和目标分割

9.2.2　局部最小平均功率法

局部最小平均功率法，是计算音频信息功率谱的局部平均功率谱，找出局部最小平均功率，如果局部最小平均功率小于一个阈值，则局部最小平均功率点就是目标信息的端点，以端点为分割点分割目标。这个阈值一般由先验知识或学习训练来确定。

假设音频信息时间域 $f(t)$ 的功率谱为 $E(t)$，则局部平均功率谱 $\hat{E}(t)$ 可以用一个数学形式来描述：

$$\hat{E}(t)=\sum_{\tau=-r}^{r}E(t-\tau)w(\tau)=\sum_{\tau=-r}^{r}f^2(t-\tau)w(\tau)\quad \sum_{\tau=-r}^{r}w(\tau)=1 \tag{9.13}$$

其中，$w(\tau)$ 是短时窗口函数，r 是窗口函数的窗口半径。窗口函数可以选择比较常用的高斯窗、Gabor 窗、汉明窗、矩形窗等。那么，局部最小平均功率则为：

$$\hat{E}_n(t)=\min\{\hat{E}(t)\} \tag{9.14}$$

其中，$\min\{x\}$ 是取 x 的最小值。假设一个阈值 T 把功率谱分为目标信息区域和背景区域，则 $\hat{E}_n(t)<T$ 的背景区域中的局部最小平均功率点就是目标信息的端点 t_1 和 t_2：

$$t_1=t\mid\hat{E}_n(t)<T,t_2=t\mid\hat{E}_n(t)<T,t_1<t_2 \tag{9.15}$$

如果存在多目标信息，则多目标信息的端点为：

$$t_{i1}=t\mid\hat{E}_n(t)<T,t_{i2}=t\mid\hat{E}_n(t)<T,t_{i1}<t_{i2}\quad i=1,2,\cdots,M \tag{9.16}$$

这里，M 是目标信息的个数。那么，目标信息 $g_i(t)$ 为：

$$g_i(t)=f(t)\quad t_{i1}<t<t_{i2} \tag{9.17}$$

类似地，假设音频信息频率域 $F(\omega)$ 的功率谱为 $E(\omega)$，则局部平均功率谱 $\hat{E}(\omega)$ 可以用一个数学形式来描述：

$$\hat{E}(\omega)=\sum_{\tau=-r}^{r}E(\omega-\tau)w(\tau)=\sum_{\tau=-r}^{r}|F(t-\tau)|^2w(\tau)\quad \sum_{\tau=-r}^{r}w(\tau)=1 \tag{9.18}$$

局部最小平均功率则为：

$$\hat{E}_n(\omega)=\min\{\hat{E}(\omega)\} \tag{9.19}$$

假设一个阈值 W 把音频信息分为目标信息区域和背景区域，则 $\hat{E}_n(\omega)<W$ 的背景区域中的局部最小平均功率点就是目标信息的端点 ω_1 和 ω_2：

$$\omega_1=\omega\mid\hat{E}_n(\omega)<W,\omega_2=\omega\,\hat{E}_n(\omega)<W,\omega_1<\omega_2 \tag{9.20}$$

如果存在多目标信息，则多目标信息的端点为：

$$\omega_{i1}=\omega \mid \hat{E}_n(\omega)<W,\omega_{i2}=\omega \mid \hat{E}_n(\omega)<W,\omega_{i1}<\omega_{i2} \quad i=1,2,\cdots,M \tag{9.21}$$

那么，目标信息 $G_i(\omega)$ 为：

$$G_i(\omega)=F(\omega) \quad \omega_{i1}<\omega<\omega_{i2} \tag{9.22}$$

一个局部最小平均功率的端点检测和目标分割如图 9-2 所示。原音频信息如图 9-1 所示。图中，短时窗口函数是 $r=2$，$w(\tau)=1/5$ 的矩形窗，阈值 T 或 W 为 22。

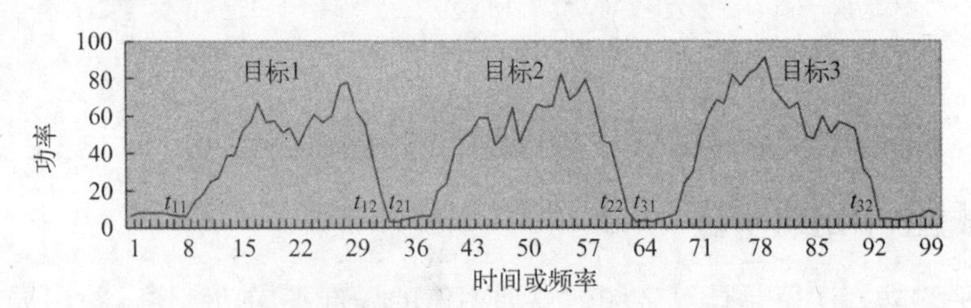

图 9-2　音频信息的局部最小平均功率法端点检测和目标分割

局部最小平均功率方法的优点是具有自适应性和抗干扰性，因此，它是一种自适应阈值确定方法。其中，窗口函数是一个均值滤波器，具有很好的抗干扰性。窗口半径越大，抗干扰性越好。它的缺点是需要一定的运算量。窗口半径越大，运算量越多。

9.2.3　功率谱双峰谷点法

在有些情况下，音频信息中除了很弱的背景信息外，可能存在两个目标信息。这种情况下，在时间域或频率域的功率谱可能存在两个峰值，这两个峰值之间可能存在一个谷值。这个谷值可能是前一个目标信息的终点和后一个目标信息的起点。因此，除了可以采用功率谱单阈值法检测目标信息端点，分割目标信息外，还可以采用功率谱双峰谷点法检测谷点，确定目标信息端点，分割目标信息。

功率谱双峰谷点法可以采用极值定理方法确定峰点和谷点。极值定理就是一个连续可导函数的一阶导数等于零，则函数存在极值点。二阶导数小于零，则存在极大值点；二阶导数大于零，则存在极小值点。

数字音频信息时间域功率谱的一阶导数为：

$$E'(t)=\frac{\mathrm{d}}{\mathrm{d}t}f^2(t)=\frac{1}{r}\sum\nolimits_{\tau=1}^{r}\left[f^2(t+\tau)-f^2(t-\tau)\right] \tag{9.23}$$

二阶导数为：

$$E''(t)=\frac{\mathrm{d}^2}{\mathrm{d}t^2}f^2(t)=\frac{d}{\mathrm{d}t}E'(t)=\frac{1}{r}\sum\nolimits_{\tau=1}^{r}\left[E'(t+\tau)-E'(t-\tau)\right] \tag{9.24}$$

于是，数字音频信息时间域的极大值点 t_{m} 和极小值点 t_{n} 为：

$$t_{\mathrm{m}}=t\mid_{E'(t)=0 \text{ and } E''(t)<0} \tag{9.25}$$

$$t_{\mathrm{n}}=t\mid_{E'(t)=0 \text{ and } E''(t)>0} \tag{9.26}$$

这里，符号 | 和下标表示条件。由于噪声的影响，采用极值定理确定的极大值点和极小值点可能很多。于是，可以确定一个阈值 T 把音频信息分成目标信息区域和背景区域，大于阈值 T 的目标区域中的最大极大值点为峰点 p：

$$p=t\mid_{E(t)=\max\{E(tm)>T\}} \tag{9.27}$$

两个峰点之间小于阈值 T 的最小极小值点为谷点 v：

$$v = t \big|_{E(t)=\min\{E(tn)<T\}} \quad p_1 < t < p_2 \tag{9.28}$$

谷点前目标信息的终点 t_{12} 和谷点后目标信息的起点 t_{21} 为：

$$t_{12} = t_{21} = v \tag{9.29}$$

那么，目标信息 $g_1(t)$ 和 $g_2(t)$ 分别为：

$$g_1(t) = f(t) \quad t < t_{12} \tag{9.30}$$

$$g_2(t) = f(t) \quad t > t_{21} \tag{9.31}$$

类似地，数字音频信息频率域功率谱的一阶导数为：

$$E'(\omega) = \frac{\mathrm{d}}{\mathrm{d}\omega}|F(\omega)|^2 = \frac{1}{r}\sum_{\tau=1}^{r}[|F(\omega+\tau)|^2 - |F(\omega-\tau)|^2] \tag{9.32}$$

二阶导数为：

$$E''(\omega) = \frac{\mathrm{d}^2}{\mathrm{d}\omega^2}|F(\omega)|^2 = \frac{\mathrm{d}}{\mathrm{d}\omega}E'(\omega) = \frac{1}{r}\sum_{\tau=1}^{r}[E'(\omega+\tau) - E'(\omega-\tau)] \tag{9.33}$$

于是，数字音频信息频率域的极大值点 ω_m 和极小值点 ω_n 为：

$$\omega_m = \omega \big|_{E'(\omega)=0 \text{ and } E''(\omega)<0} \tag{9.34}$$

$$\omega_n = \omega \big|_{E'(\omega)=0 \text{ and } E''(\omega)>0} \tag{9.35}$$

确定一个阈值 W 把音频信息分为目标信息区域和背景区域，峰点 p 为大于阈值 W 的目标信息区域中的最大极大值点：

$$p = \omega \big|_{E(\omega)=\max\{E(\omega m)>W\}} \tag{9.36}$$

两个峰点之间小于阈值 W 的最小极小值点为谷点 v：

$$v = \omega \big|_{E(\omega)=\min\{E(\omega n)<W\}} \quad p_1 < \omega < p_2 \tag{9.37}$$

谷点前目标信息的终点 ω_{12} 和谷点后目标信息的起点 ω_{21} 为：

$$\omega_{12} = \omega_{21} = v \tag{9.38}$$

那么，目标信息 $G_1(\omega)$ 和 $G_2(\omega)$ 分别为：

$$G_1(\omega) = F(\omega) \quad \omega < \omega_{12} \tag{9.39}$$

$$G_2(\omega) = F(\omega) \quad \omega > \omega_{21} \tag{9.40}$$

一个功率谱双峰谷点法的端点检测和目标分割如图 9-3 所示。图中，实线表示音频信息，虚线表示阈值 T 或 W 为 12。

采用极值定理的功率谱双峰谷点法的目标信息端点检测和目标信息分割是一种自适应的目标信息端点检测和目标信息分割方法。在一阶导数和二阶导数中采用了窗口求和 $\sum$ 滤波，因此，这种方法具有一定的抗干扰性。窗口宽度 r 越大，抗干扰性越好。但是，这种方法需要一定的运算量，窗口宽度 r 越大，需要的运算量就越多。

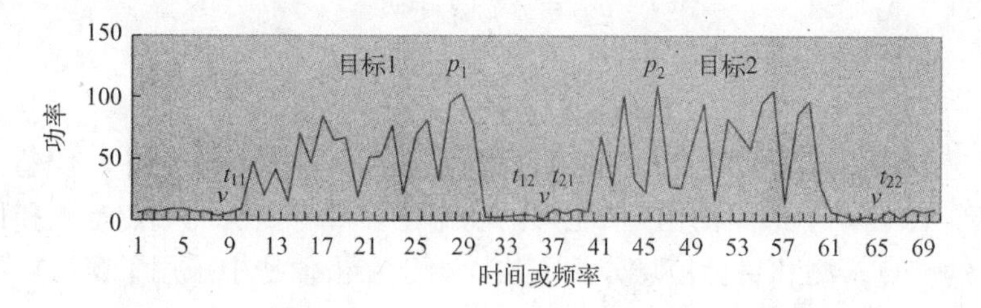

图 9-3　音频信息的功率谱双峰谷点法端点检测和目标分割

9.2.4 功率谱多峰谷点法

在有些情况下，音频信息中除了很弱的背景信息外，可能存在多个目标信息。例如：语音中的字、词信息，歌声中的字、词、句信息，音乐中的乐符信息等，这些都可以看出是多目标信息。这种情况下，在时间域或频率域的功率谱可能存在多个峰值和多个谷值。这些谷值可能是前一个目标信息的终点和后一个目标信息的起点。因此，除了可以采用功率谱单阈值法检测目标信息端点，分割目标信息外，还可以采用功率谱多峰谷点法检测这些谷点，确定目标信息端点，分割目标信息。

功率谱多峰谷点法，与功率谱双峰谷点法类似，可以采用极值定理方法确定峰点和谷点。数字音频信息时间域多峰多谷功率谱的极大值点 t_{im} 和极小值点 t_{jn} 为：

$$t_{\mathrm{m}} = t \big|_{E'(t)=0 \text{ and } E''(t)<0} \tag{9.41}$$

$$t_{\mathrm{n}} = t \big|_{E'(t)=0 \text{ and } E''(t)>0} \tag{9.42}$$

其中，I，J 分别是极大值点数和极小值点数。确定一个阈值 T 把音频信息分成目标信息区域和背景区域，大于阈值 T 的第 k 个目标区域中的最大极大值点为第 k 个峰点 p_k：

$$p_k = t \big|_{E(t)=\max\{E(tm)>T\}\ k} = 1,2,\cdots,K \tag{9.43}$$

这里，K 是峰点数。相邻两个峰点之间小于阈值 T 的第 k 个最小极小值点为第 k 个谷点 v_{k}：

$$v_k = t \big|_{E(t)=\min\{E(tn)<T\}} \quad p_k < t < p_{k+1} \tag{9.44}$$

谷点前目标信息的终点 t_{k2} 和谷点后目标信息的起点 $t_{(k+1)1}$ 为：

$$t_{k2} = t_{(k+1)1} = v_k \tag{9.45}$$

于是，第 k 个目标信息 $g_k(t)$ 为：

$$g_k(t) = f(t) \quad t_{k1} < t < t_{k2} \tag{9.46}$$

类似地，数字音频信息频率域多峰多谷的极大值点 ω_m 和极小值点 ω_n 为：

$$\omega_{\mathrm{m}} = \omega \big|_{E'(\omega)=0 \text{ and } E''(\omega)<0} \tag{9.47}$$

$$\omega_{\mathrm{n}} = \omega \big|_{E'(\omega)=0 \text{ and } E''(\omega)>0} \tag{9.48}$$

确定一个阈值 W 把音频信息分为目标信息区域和背景区域，第 k 个峰点 p_k 为大于阈值 W 的目标信息区域中的最大极大值点：

$$p_k = \omega \big|_{E(\omega)=\max\{E(\omega m)>W\}} \tag{9.49}$$

相邻两个峰点之间小于阈值 W 的最小极小值点为第 k 个谷点 v_k：

$$v_k = \omega \big|_{E(\omega)=\min\{E(\omega n)<W\}} p_k < \omega < p_{k+1} \tag{9.50}$$

谷点前目标信息的终点 ω_{k2} 和谷点后目标信息的起点 $\omega_{(k+1)1}$ 为：

$$\omega_{k2} = \omega_{(k+1)1} = v_k \tag{9.51}$$

那么，第 k 个目标信息 $G_k(\omega)$ 为：

$$G_k(\omega) = F(\omega) \quad \omega_{k1} < \omega < \omega_{k2} \tag{9.52}$$

一个功率谱多峰谷点法的端点检测和目标分割如图9-4 所示。图中，阈值 T 或 W 为12。

类似功率谱双峰阈值法，采用极值定理的功率谱多峰谷点法的端点检测和目标信息分割是一种自适应的端点检测和目标信息分割方法。由于在极值法中采用了窗口求和 $\sum$ 滤波，因此，这种方法具有一定的抗干扰性。窗口宽度 r 越大，抗干扰性越好。但是，这种方法需要一定的运算量，窗口宽度 r 越大，需要的运算量就越多。

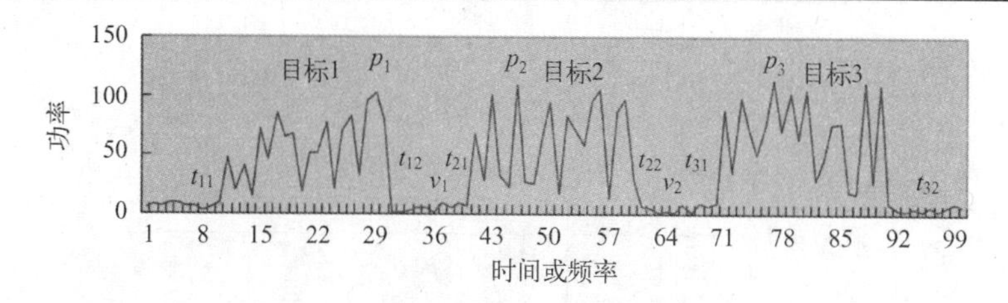

图 9-4　音频信息的功率谱多峰谷点法端点检测和目标分割

9.3　包络检测的分割

在音频信息中，不同的目标信息在时间域可能有不同的时间包络或包络线，在频率域可能有不同的频率包络或包络线。因此，可以采用包络检测方法来分割音频信息中不同的目标信息。

所谓包络，在几何意义上讲，它是一条与一个曲线族的每一条曲线都有一个切点的曲线。在信号与信息中，它是一条连接峰值点的曲线。在音频信息中，所谓时间包络就是时间域幅度峰值点的连线，频率包络就是频率域频谱幅度峰值点的连线。一个数字音频信息功率谱及其包络如图 9-5 所示。图中实线表示功率，虚线表示包络。时间包络和频率包络可以用解析函数来表示，但实际上很难用解析函数来表示，因为音频信息往往含有复杂的频率分量，同时存在噪声和干扰，因此，音频信息的值具有很大的随机性。

所谓包络检测，在几何意义上讲，就是确定包络线的参数和数学表达式。在信号与信息中，就是确定包络线各点的值。在音频信息中，包络检测就是确定时间包络线各点的值或频率包络各点的值。

包络检测可以采用检波法、低通滤波法、极值定理等来实现。

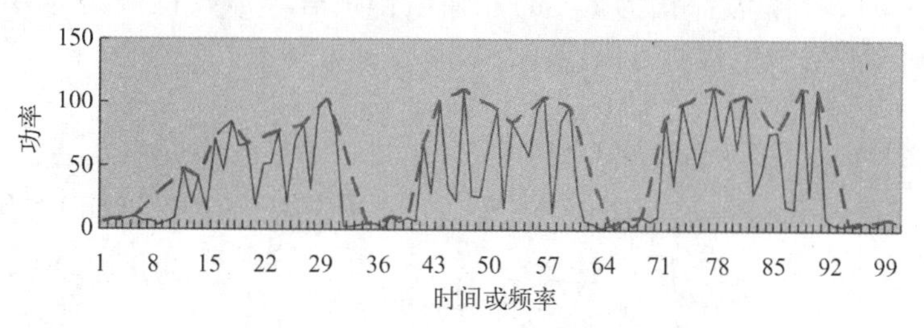

图 9-5　音频信息功率谱及其包络

9.3.1　检波法包络检测

检波法包络检测主要用于时间域调幅信号的调制信号幅度检测，滤除载波信号，得到调制信号。检波法包络检测也可以用于音频信息时间域的目标信息时间包络检测。检波法包络检测主要由一个开关函数、一个积分函数和一个微分函数组成，如图 9-6 所示。图中 D 可以是一个二极管，作为开关函数，C 和 R 分别是电容和电阻，作为积分函数和微分函数。当输入信号 $f(t)$ 等于或大于输出信号 $g(t)$ 时，开关 D 打开；当输入信号 $f(t)$ 小于输出信号 $g(t)$ 时，开关 D 关闭，即：

$$g(t)=\begin{cases} f(t) & \text{if} \quad f(t)\geqslant g(t) \\ g(t) & \text{Otherwise} \end{cases} \tag{9.53}$$

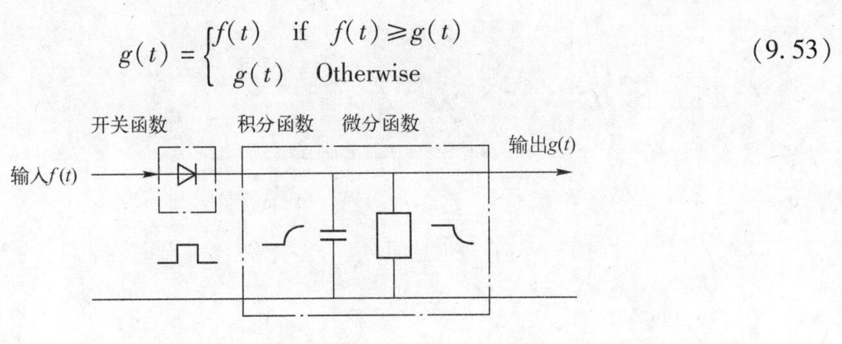

图 9-6 检波法包络检测

当开关 D 在时刻 τ_1 打开时，电容 C 和电阻 R 构成积分电路，输出 $g(t)$ 对输入 $f(t)$ 积分，即：

$$g(t)=[f(t)-g(\tau_1)](1-e^{-\frac{t-\tau_1}{RC}})+g(\tau_1) \tag{9.54}$$

当开关 D 在时刻 τ_2 关闭时，电容 C 和电阻 R 构成微分电路，输出 $g(t)$ 对自身微分，即：

$$g(t)=g(\tau_2)e^{-\frac{t-\tau_2}{RC}} \tag{9.55}$$

通过开关打开和积分电路积分，跟踪信息的峰值，滤除快速变化的信息；通过开关关闭和微分电路微分，跟踪信息的峰值和峰值的变化；于是，检出了信息的包络。

由式（9.54）和式（9.55）可以看出，检波法中的 RC 决定跟踪信息峰值的速度和精度以及峰值变化的速度和精度。RC 大，跟踪信息峰值的速度和精度较高，但跟踪峰值变化的速度和精度较低。反之，前者较低，后者较高。检波法包络检测的优点是系统简单，运算速度快。缺点是检测精度不够高，抗高频干扰和脉冲干扰的性能较差。

检波法包络检测也可以用于音频信息频率域的目标信息频率包络检测。设输入音频信息 $f(t)$ 的频谱为 $F(\omega)$，频谱功率谱为 $E_f(\omega)$；输出音频信息 $g(t)$ 的频谱为 $G(\omega)$，频谱功率谱为 $E_g(\omega)$，则检波法包络检测可以用一个数学模型来表示：

$$E_g(\omega)=\begin{cases} E_f(\omega) & \text{if} \quad E_f(\omega_1)=E_g(\omega_1) \\ [E_f(\omega)-E_g(\omega_1)](1-e^{-\frac{\omega-\omega_1}{\tau}})+E_g(\omega_1) & \text{if} \quad E_f(\omega_1)>E_g(\omega_1) \\ E_g(\omega_2)e^{-\frac{\omega-\omega_2}{\tau}} & \text{if} \quad E_f(\omega_2)<E_g(\omega_2) \end{cases} \tag{9.56}$$

一段数字音频信息功率谱的检波法包络检测如图 9-7 所示。图中实线表示功率，虚线表示包络。

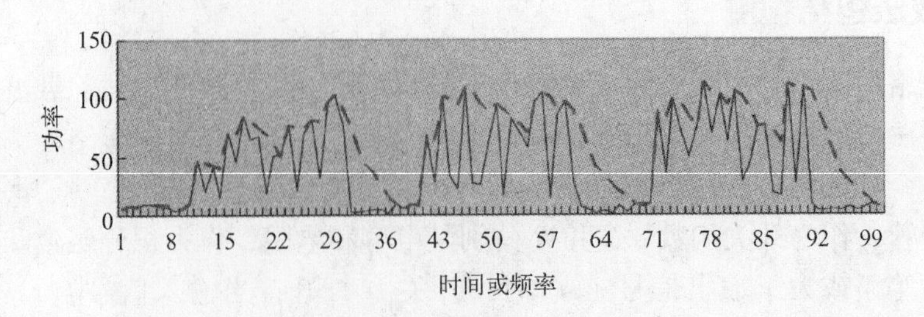

图 9-7 功率谱检波法的包络

9.3.2　低通滤波法包络检测

低通滤波法包络检测，与检波法包络检测类似，主要用于调幅信号的调制信号幅度检测，滤除载波信号，得到调制信号。低通滤波法包络检测也可以用于音频信息时间域的目标信息时间包络检测。低通滤波法包络检测主要采用一个低通滤波器来实现。低通滤波器可以是理想低通滤波器、高斯低通滤波器、巴特沃尔斯低通滤波器、指数低通滤波器、梯形低通滤波器、均值滤波器等。比较简单的低通滤波法包络检测可以采用均值滤波器。设音频信息的时间域功率谱为 $E_f(t)$，则时间域功率谱的均值滤波为：

$$E_g(t) = a\,E_f(t) * m(t) + b = a\,E'_g(t) + b \tag{9.57}$$

其中，$m(t)$ 是均值滤波器，$E'_g(t)$ 是均值滤波后的时间域功率谱：

$$E'_g(t) = E_f(t) * m(t) = \sum_{\tau=-r}^{r} E_f(t)m(t-\tau) \tag{9.58}$$

$$\sum_{\tau=-r}^{r} m(\tau) = 1 \tag{9.59}$$

这里，r 是均值滤波器的半径，a 是滤波后的变换斜率，b 是滤波后的位移：

$$a = \frac{E_{fm} - E_{fn}}{E'_{gm} - E'_{gn}} \tag{9.60}$$

$$b = -\frac{E_{fm} - E_{fn}}{E'_{gm} - E'_{gn}}E'_{gn} + E_{fn} \tag{9.61}$$

其中，E_{fm} 和 E_{fn} 分别是音频信息时间域的最大功率和最小功率，E'_{gm} 和 E'_{gn} 分别是音频信息均值滤波后时间域的最大功率和最小功率。

均值滤波法包络检测也可以用于音频信息频率域的目标信息频率包络检测。设输入音频信息 $f(t)$ 的频谱为 $F(\omega)$，频谱功率谱为 $E_f(\omega)$；输出音频信息 $g(t)$ 的频谱为 $G(\omega)$，频谱功率谱为 $E_g(\omega)$，则均值滤波法包络检测可以用一个数学模型来表示：

$$E_g(\omega) = a\,E_f(\omega) * m(\omega) + b = a\,E'_g(\omega) + b \tag{9.62}$$

其中，$m(\omega)$ 是均值滤波器，$E'_g(\omega)$ 是均值滤波后的时间域功率谱：

$$E'_g(\omega) = E_f(\omega) * m(\omega) = \sum_{\tau=-r}^{r} E_f(\omega)m(\omega-\tau) \tag{9.63}$$

$$\sum_{\tau=-r}^{r} m(\tau) = 1 \tag{9.64}$$

这里，r 是均值滤波器的半径，a 是滤波后的变换斜率，b 是滤波后的位移：

$$a = \frac{E_{fm} - E_{fn}}{E'_{gm} - E'_{gn}} \tag{9.65}$$

$$b = -\frac{E_{fm} - E_{fn}}{E'_{gm} - E'_{gn}}E'_{gn} + E_{fn} \tag{9.66}$$

其中，E_{fm} 和 E_{fn} 分别是音频信息频率域的最大功率和最小功率，E'_{gm} 和 E'_{gn} 分别是音频信息均值滤波后频率域的最大功率和最小功率。

一段数字音频信息功率谱的低通滤波法包络检测如图 9-8 所示。图中实线表示功率，虚线表示包络。

低通滤波法包络检测的优点是结构简单，运算速度较快，具有较好的抗高频干扰和脉冲干扰的性能，适合于有干扰存在的低频信号的包络检测。它的缺点是包络检测的精度较差。

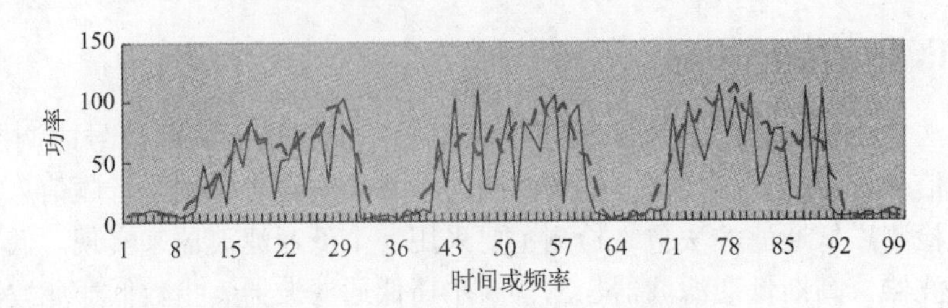

图 9-8　功率谱均值滤波法的包络

9.3.3　极值定理法包络检测

如前所述，在音频信息处理中，音频信息的包络可以是连接音频信息时间域幅度峰值点或频率域幅度峰值点的连接曲线，如图 9-5 所示。时间域幅度峰值点和频率域幅度峰值点可以采用极值定理来确定。因此，可以采用极值定理来检测音频信息的包络。极值定理法包络检测是先采用极值定理检测音频信息的峰值点，再采用线性插值或非线性插值得到峰值的包络曲线。

1. 极值定理峰值点检测

设音频信息时间域幅度 $f(t)$ 的功率谱为 $E(t)=f^2(t)$，功率谱的一阶导数为 $E'(t)=\mathrm{d}E(t)/\mathrm{d}t$，二阶导数为 $E''(t)=\mathrm{d}^2E(t)/\mathrm{d}t^2=\mathrm{d}E'(t)/\mathrm{d}t$。那么，功率谱峰值点 t_m 为功率谱一阶导数等于零，二阶导数小于零的点，即：

$$t_m = t\big|_{E'(t)=0 \text{ and } E''(t)<0} \tag{9.67}$$

一般情况下，式（9.67）适用于连续信息功率谱的峰值点检测，不适合于实际离散信息功率谱的峰值点检测。在离散的情况下，数字音频信息功率谱的极值定理峰值点检测可以采用下面的方法获得。令

$$a=E(t)-E(t-1) \tag{9.68}$$

$$b=E(t+1)-E(t) \tag{9.69}$$

则功率谱 $E(t)$ 的峰值点 t_m 为：

$$t_m = t\big|_{(a>0 \text{ and } b\leqslant 0)\text{or}(a=0 \text{ and } b<0)} \tag{9.70}$$

在频率域，功率谱的峰值点检测与时间域功率谱的峰值点检测类似，只要将式（9.68）~式（9.70）中的时间变量 t 换成频率变量 ω 即可。

采用式（9.68）~式（9.70）离散极值定理的数字音频功率谱峰值点检测的例子如图 9-9 所示。图中，实线表示音频信息功率谱，菱形点表示峰值点。

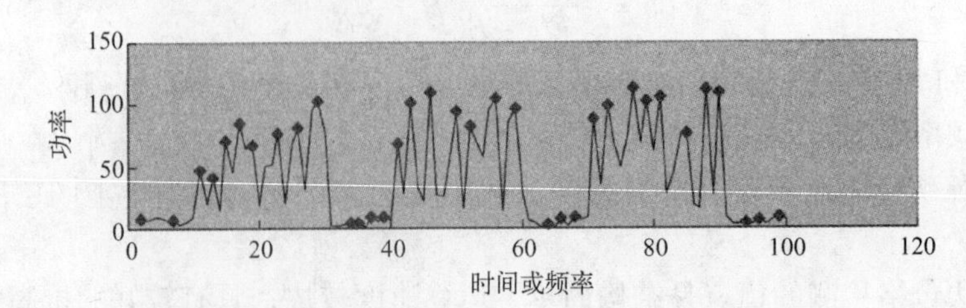

图 9-9　离散极值定理的数字音频功率谱峰值点检测

2. 线性插值

线性插值是在功率谱包络峰值点之间采用线性函数插入峰值点之间的点。线性函数可以采用直线函数。设音频信息功率谱包络为 $E_e(t)$，则在相邻两个峰值点 t_{mk} 和 $t_{m(k+1)}$ 之间的功率谱包络 $E_e(t)$ 的线性插值可以用一个数学模型来表示：

$$E_e(t) = at + bt_{mk} < t < t_{m(k+1)} \quad k = 0, 1, \cdots, K \tag{9.71}$$

其中，$K+1$ 是峰值点数，a 是直线函数的斜率，b 是直线函数的截距。a 和 b 分别为：

$$a = (E(t_{m(k+1)}) - E(t_{mk})) / (t_{m(k+1)} - t_{mk}) \tag{9.72}$$

$$b = -a\ t_{mk} + E(t_{mk}) \tag{9.73}$$

在频率域，功率谱包络的线性插值与时间域功率谱包络的线性插值类似，只要将式（9.71）~式（9.73）中的时间变量 t 换成频率变量 ω 即可。

采用式（9.71）~式（9.73）线性插值的功率谱包络的例子如图 9-10 所示。图中，实线表示音频信息功率谱，菱形点表示峰值点，虚线表示由峰值点线性插值的功率谱包络。

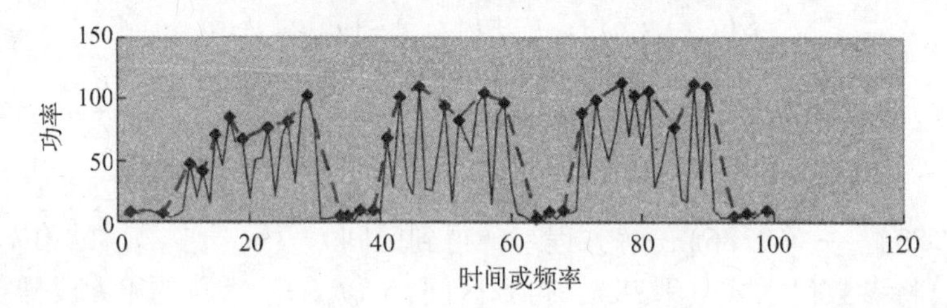

图 9-10　线性插值的功率谱包络

3. 非线性插值

非线性插值是在功率谱包络峰值点之间采用非线性函数插入峰值点之间的点。非线性函数非常多，比较典型比较常用的用于插值的非线性函数之一是样条函数（Spline）。采用样条函数插值，产生的包络线在峰值点和峰值点之间都比较平滑。

所谓样条函数，简单说来，就是一条通过一组控制点或基准点的处处连续可导的曲线。设一组控制点或基准点 P 为：

$$P = \{p(t_0), p(t_1), \cdots, p(t_K)\} \quad -\infty < t_0 < t_1 < \cdots < t_K < +\infty \tag{9.74}$$

一个函数 $S(t)$ 在 $-\infty < t < +\infty$ 范围内存在且处处连续可导，即：

$$|S(t)| < \infty \quad -\infty < t < +\infty \tag{9.75}$$

$$|\mathrm{d}^n S(t) / \mathrm{d}t^n| < \infty \quad n = 0, 1, \cdots, N \tag{9.76}$$

且：

$$S(t_0) = p(t_0), S(t_1) = p(t_1), \cdots, S(t_K) = p(t_K) \tag{9.77}$$

则函数 $S(t)$ 被称为这组控制点 P 的样条函数。

如果这个样条函数 $S(t)$ 在相邻两个控制点变量之间 $t = [t_k, t_{k+1}]$ 的值 $S_k(t)$ 可以用一个 n 次多项式函数表示，$n = 0, 1, \cdots, N$，则这个样条函数被称为 n 次样条函数。0 次样条函数是一条直线，1 次样条函数是折线或分段直线段。

样条函数插值，就是利用控制点，确定样条函数的参数，再在控制点之间插入样条函数的值，得到连续可导的样条函数曲线。

采用样条函数插值法的音频信息功率谱包络检测，就是利用功率谱的峰值点作为控制点，按照样条函数确定包络的参数，再在峰值点之间按照样条函数插入包络值。比较普遍通用的样条函数模型是3次样条函数。设音频信息时间域功率谱为$E(t)$，功率谱的包络为$E_e(t)$，则它的3次样条函数为：

$$E_e(t)=at^3+bt^2+ct+d \tag{9.78}$$

其中，a，b，c，d为样条函数的参数。按照样条函数的定义，样条函数在区间$t=[t_{mk},t_{m(k+1)}],k=0,1,K$，应满足如下连续可导条件：

$$E_e(t_{mk})=E(t_{mk}) \tag{9.79}$$

$$E_e(t_{m(k+1)})=E(t_{m(k+1)}) \tag{9.80}$$

$$\mathrm{d}E_e(t_{mk+0})/\mathrm{d}t=\mathrm{d}E_e(t_{mk-0})/\mathrm{d}t \tag{9.81}$$

$$\mathrm{d}E_e(t_{m(k+1)+0})/\mathrm{d}t=\mathrm{d}E_e(t_{m(k+1)-0})/\mathrm{d}t \tag{9.82}$$

这里，+0表示从正方向趋近，-0表示从负方向趋近。将式（9.79）~式（9.82）代入式（9.78），可以得到：

$$E(t_{mk})=a(t_{mk})^3+b(t_{mk})^2+c(t_{mk})+d \tag{9.83}$$

$$E(t_{m(k+1)})=a(t_{m(k+1)})^3+b(t_{m(k+1)})^2+c(t_{m(k+1)})+d \tag{9.84}$$

$$3a(t_{mk})^2+2b(t_{mk})+c=\mathrm{d}E_e(t_{mk-0})/\mathrm{d}t \tag{9.85}$$

$$\mathrm{d}E_e(t_{m(k+1)+0})/\mathrm{d}t=3a(t_{m(k+1)})^2+2b(t_{m(k+1)})+c \tag{9.86}$$

联立式（9.83）~式（9.86），解方程组，得到区间$t=[t_{mk},t_{m(k+1)}]$的第k段样条函数参数a，b，c，d。将参数代入式（9.78），得到区间$t=[t_{mk},t_{m(k+1)}]$的第k段样条函数。但是，第k段样条函数包含$\mathrm{d}E_e(t_{mk-0})/\mathrm{d}t$和$\mathrm{d}E_e(t_{m(k+1)+0})/\mathrm{d}t$两个未知的一阶导数，$K$段样条函数共包含$2K$个未知的一阶导数。然而，按照样条函数连续可导的条件，则有：

$$\mathrm{d}E_e{}^k(t_{m(k+1)+0})/\mathrm{d}t=\mathrm{d}E_e{}^{k+1}(t_{m(k+1)+0})/\mathrm{d}t \tag{9.87}$$

$$\mathrm{d}E_e{}^{k+1}(t_{m(k+1)-0})/\mathrm{d}t=\mathrm{d}E_e{}^k(t_{m(k+1)-0})/\mathrm{d}t \tag{9.88}$$

其中，上标k表示第k段，$k+1$表示第$k+1$段样条函数。又设边界条件为：

$$\mathrm{d}E_e(t_{m0-0})/\mathrm{d}t=\mathrm{d}E(t_{m0})/\mathrm{d}t \tag{9.89}$$

$$\mathrm{d}E_e(t_{mK+0})/\mathrm{d}t=\mathrm{d}E(t_{mK})/\mathrm{d}t \tag{9.90}$$

于是再与式（9.87）和式（9.88）以及式（9.89）和式（9.90）联立求解$(K-1)$段样条函数，就得到样条函数$E_e(t)$的唯一的完整解。然后，利用样条函数，插入区间$t=[t_{mk},t_{m(k+1)}]$中的包络值。

采用类似的样条函数插值方法，可以得到音频信息频率域功率谱的包络，只要将式（9.78）~式（9.90）中的时间变量t换成频率变量ω即可。

采用式（9.78）~式（9.90）3次样条函数插值的功率谱包络的例子如图9-11所示。图中，圆圈表示峰值点，实线表示由峰值点样条函数插值的功率谱包络。

9.3.4 包络检测目标分割

利用极值定理检测到功率谱的峰值点，利用峰值点，采用线性插值或非线性插值得到功率谱包络线。对包络线，再采用前述的单阈值方法，确定目标包络线的起点和终点作为目标信息的端点。或者采用前述的局部最小平均功率方法，确定目标包络线的起点和终点作为目标信息的端点。或者采用前述的双峰谷点法或多峰谷点法，确定目标包络线的谷点作为目标信息的端点。最后，利用这些目标信息的端点分割目标信息。

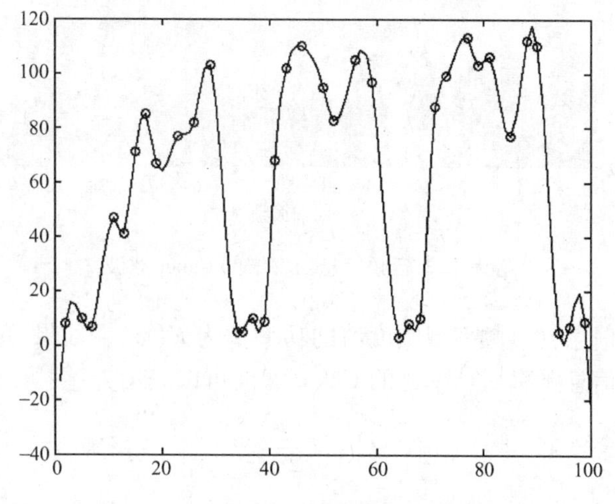

图 9-11 3 次样条函数插值的功率谱包络

9.4 Gabor 滤波和变换的分割

音频信息的目标信息分割，可以采用 Gabor 滤波或 Gabor 变换的方法来实现。Gabor 滤波用于时间域里目标信息的分割，Gabor 变换用于频率域里目标信息的分割。

9.4.1 Gabor 滤波的目标信息分割

Gabor 滤波，在时间域又被称为瞬时滤波、短时滤波、Gabor 函数滤波、Gabor 时窗滤波等。设音频信息时间域幅度值 $f(t)$ 的功率谱为 $E(t)$，则音频信息时间域功率谱的 Gabor 滤波可以用一个数学模型来表示：

$$E_g(t) = E(t) * g_a(t) = \sum_{\tau=-\infty}^{\infty} E(\tau) g_a(t-\tau) \tag{9.91}$$

其中，$g_a(t)$ 是 Gabor 函数，被称为 Gabor 滤波的滤波函数或者窗函数。Gabor 窗口函数可以采用任何窗口函数，比较普遍比较常用的是高斯窗口函数：

$$g_a(t) = \frac{1}{\sqrt{2\pi}\sigma} e^{-\frac{t^2}{2\sigma^2}} \tag{9.92}$$

其中，σ 是窗口大小的参数。如果 Gabor 窗口函数采用高斯窗口函数，则 Gabor 滤波，也是高斯滤波，可以表示为：

$$E_g(t) = \sum_{\tau=-\infty}^{\infty} E(\tau) \frac{1}{\sqrt{2\pi}\sigma} e^{-\frac{(t-\tau)^2}{2\sigma^2}} \tag{9.93}$$

如果窗口很窄，则 Gabor 滤波就是瞬时滤波或短时滤波，如果窗口较宽，则 Gabor 滤波就是平滑滤波。一个 Gabor 窗口较宽的音频信息 Gabor 滤波的例子如图 9-12 所示。图中，实线表示音频信息的功率谱，虚线表示功率谱的 Gabor 滤波结果。其中，Gabor 窗口函数采用宽度为 5 的高斯窗口函数，$\sigma=1$。

音频信息时间域功率谱采用较宽窗口的 Gabor 滤波后，得到比较平滑的时间域功率谱。再采用前述的单阈值方法、局部最小平均功率方法、双峰谷点法或多峰谷点法等，确定目标信息的端点。然后利用这些目标信息的端点分割目标信息。

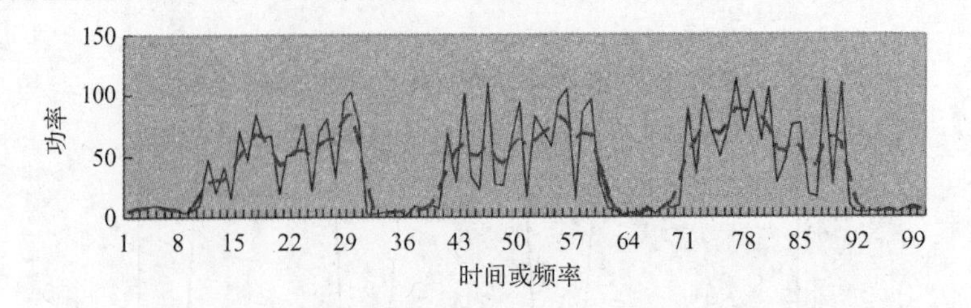

图 9-12 音频信息功率谱的 Gabor 滤波

类似地，设音频信息 $f(t)$ 频率域幅度值的功率谱为 $E(\omega)$，如果 Gabor 窗口函数采用高斯窗口函数，则音频信息频率域功率谱的 Gabor 滤波可以表示为：

$$g_a(\omega)=\frac{1}{\sqrt{2\pi}\sigma}\mathrm{e}^{-\frac{\omega^2}{2\sigma^2}} \tag{9.94}$$

$$E_g(\omega)=E(\omega)*g_a(\omega)=\sum_{\tau=-\infty}^{\infty}E(\omega)\frac{1}{\sqrt{2\pi}\sigma}\mathrm{e}^{-\frac{(\omega-\tau)^2}{2\sigma^2}} \tag{9.95}$$

9.4.2 Gabor 变换的目标信息分割

Gabor 变换，又被称为短时傅里叶变换或加窗傅里叶变换。Gabor 变换是把信息从一维时间域变换到二维时间频率域。首先，利用 Gabor 函数对信息进行时间域 Gabor 滤波，再利用傅里叶变换对 Gabor 滤波后的时间信息进行傅里叶变换，得到傅里叶频谱。设音频信息时间域的幅度值为 $f(t)$，Gabor 函数为 $g_a(t)$，傅里叶变换为 FT，则音频信息的 Gabor 变换如图 9-13 所示。

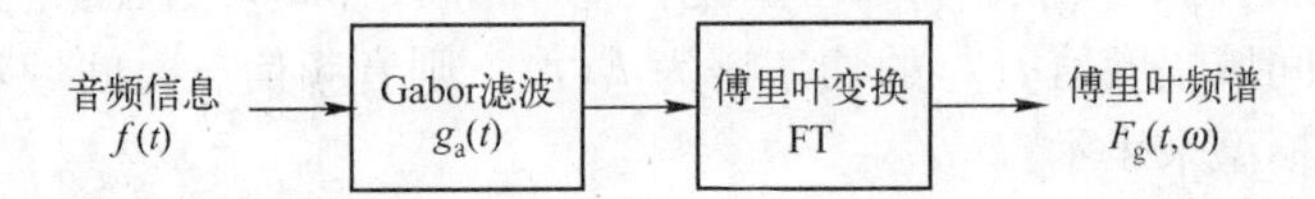

图 9-13 音频信息的 Gabor 变换流程

音频信息的 Gabor 变换可以用一个数学模型来表示：

$$F_g(\omega,\tau)=\sum_{t=-\infty}^{\infty}f(t)g_a(t-\tau)\mathrm{e}^{-\mathrm{j}\omega t} \tag{9.96}$$

其中，$g_a(t-\tau)$ 是在时刻 τ 的 Gabor 窗函数，$f(t)g_a(t-\tau)$ 是在时刻 τ 的 Gabor 滤波，$g_a(t-\tau)\mathrm{e}^{-\mathrm{j}\omega t}$ 是 Gabor 变换核函数。如果 Gabor 窗口函数选为高斯窗函数，则 Gabor 变换表示为：

$$F_g(\omega,\tau)=\frac{1}{\sqrt{2\pi}\sigma}\sum_{t=-\infty}^{\infty}f(t)\mathrm{e}^{-\frac{(t-\tau)^2}{2\sigma^2}}\mathrm{e}^{-\mathrm{j}\omega t} \tag{9.97}$$

Gabor 变换的空间是二维时间频率域 (t,ω) 空间。Gabor 变换的频谱 $F_g(\omega,\tau)$ 是音频信息 $f(t)$ 在时刻 τ 的频谱，也是音频信息 $f(t)$ 在频率 ω 的波形。一个数字音频信息的 Gabor 变换如图 9-14 所示。原音频信息如图 9-1 所示。图中，细实线表示频率 $\omega=1$ 的波形，粗实线表示频率 $\omega=100$ 的波形。Gabor 窗口函数采用宽度为 5 的高斯窗口函数，$\sigma=1$。

如果频谱 $F_g(\omega,\tau)$ 对时间 τ 积分，就是音频信息 $f(t)$ 的频谱 $F(\omega)$：

$$F(\omega)=\int_{\tau=-\infty}^{\infty}F_g(\omega,\tau)\mathrm{d}\tau \tag{9.98}$$

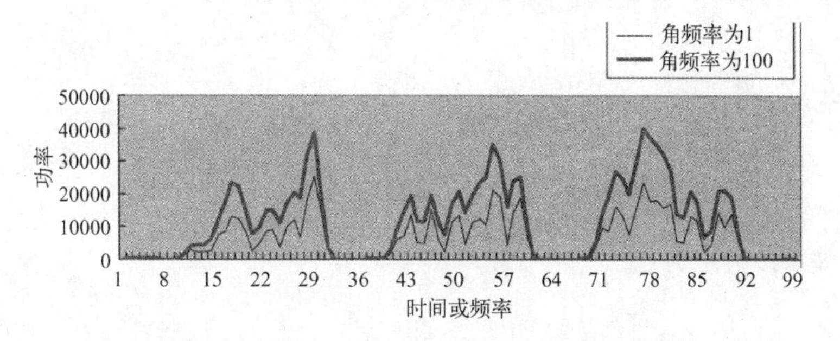

图 9-14　图 9-1 的数字音频信息的 Gabor 变换

对音频信息的 Gabor 变换，根据目标信息的先验知识，可以采用某个频率 ω 的波形，利用前述的单阈值方法、局部最小平均功率方法、双峰谷点法或多峰谷点法等，确定目标信息的端点。然后利用这些目标信息的端点分割目标信息。

类似地，设音频信息 $f(t)$ 频率域幅度值的功率谱为 $E(\omega)$，则音频信息频率域功率谱的 Gabor 变换可以表示为：

$$E_g(\beta,\tau) = \sum_{\omega=-\infty}^{\infty} E(\omega) g_a(\omega-\tau) \mathrm{e}^{-\mathrm{j}\omega\beta} \tag{9.99}$$

其中，β 是 Gabor 变换的频率。如果 Gabor 窗口函数采用高斯窗口函数，则音频信息频率域功率谱的 Gabor 变换为：

$$E_g(\beta,\tau) = \frac{1}{\sqrt{2\pi}\sigma} \sum_{\omega=-\infty}^{\infty} E(\omega) \mathrm{e}^{-\frac{(\omega-\tau)^2}{2\sigma^2}} \mathrm{e}^{-\mathrm{j}\omega\beta} \tag{9.100}$$

9.5　小波变换的分割

音频信息的目标信息分割，可以采用小波变换的方法来实现。小波变换也可以被称为小波滤波。小波变换把音频信息从一维时间空间或一维频率空间变换成二维尺度位移空间，因此，它既可以用于尺度分量里目标信息的分割，也可以用于位移分量里目标信息的分割，或者尺度位移空间里的目标分割。尺度分量，有时也被称为频率分量。小波变换的变换核函数是小波函数，在时间域，小波函数又被称为小波时窗函数，在频率域，小波又被称为小波频窗函数。

设音频信息时间域幅度值 $f(t)$ 的功率谱为 $E(t)$，则音频信息时间域功率谱的小波变换可以用一个数学模型来表示：

$$E_w(a,b) = \sum_{t=-\infty}^{\infty} E(t)\varphi_{a,b}(t) = \frac{1}{\sqrt{a}} \sum_{t=-\infty}^{\infty} E(t)\varphi\left(\frac{t-b}{a}\right) \tag{9.101}$$

其中，下标 w 表示小波变换（wavelet transform），$\varphi_{a,b}(t)$ 是小波变换核函数或者滤波窗函数，$a>0$ 是尺度因子，$-\infty<b<\infty$ 是位移因子。小波函数有多种，例如 Harr 小波、Mexico-hat 小波、Morlet 小波等。

Harr 小波可以表示为：

$$\varphi_{a,b}^{\mathrm{H}}(t) = \varphi^{\mathrm{H}}\left(\frac{t-b}{a}\right) = \begin{cases} 1 & 0 \leqslant \frac{t-b}{a} < \frac{1}{2} \\ -1 & \frac{1}{2} \leqslant \frac{t-b}{a} < 1 \\ 0 & \text{Otherwise} \end{cases} \tag{9.102}$$

其中，上标 H 表示 Harr。

Mexico – hat 小波也被称为 Marr 小波，可以表示为：

$$\varphi_{a,b}^{\mathrm{Mh}}(t)=\varphi^{\mathrm{Mh}}\left(\frac{t-b}{a}\right)=\frac{2}{\sqrt{3}a}\pi^{-\frac{1}{4}}\left[1-\frac{1}{2}\left(\frac{t-b}{a}\right)^2\right]\mathrm{e}^{-\frac{1}{2}\left(\frac{t-b}{a}\right)^2} \tag{9.103}$$

其中，上标 Mh 表示 Mexico – hat。

Morlet 小波可以表示为：

$$\varphi_{a,b}^{\mathrm{M}}(t)=\varphi^{\mathrm{M}}\left(\frac{t-b}{a}\right)=\pi^{-\frac{1}{4}}\left[\mathrm{e}^{-\mathrm{j}\omega_0(t-b)}-\mathrm{e}^{-\frac{\omega_0^2}{2}}\right]\mathrm{e}^{-\frac{1}{2}\left(\frac{t-b}{a}\right)^2} \tag{9.104}$$

其中，上标 M 表示 Morlet，ω_0是给定常数。Morlet 小波是复数小波。比较普遍比较常用的是 Morlet 小波窗口函数，一般采用 $\omega_0\geqslant5$ 的简化形式：

$$\varphi_{a,b}^{\mathrm{M}}(t)=\varphi^{\mathrm{M}}\left(\frac{t-b}{a}\right)=\pi^{-\frac{1}{4}}\mathrm{e}^{-\mathrm{j}\omega_0(t-b)}\mathrm{e}^{-\frac{1}{2}\left(\frac{t-b}{a}\right)^2} \tag{9.105}$$

一个音频信息功率谱的小波变换的例子如图 9–15 所示。图中，粗实线表示 $\omega_0=5$，$a=1$，$b=1$ 的 Morlet 小波变换实部，细实线表示 $\omega_0=5$，$\sigma=1/2$，$b=1$ 的 Morlet 小波变换实部。

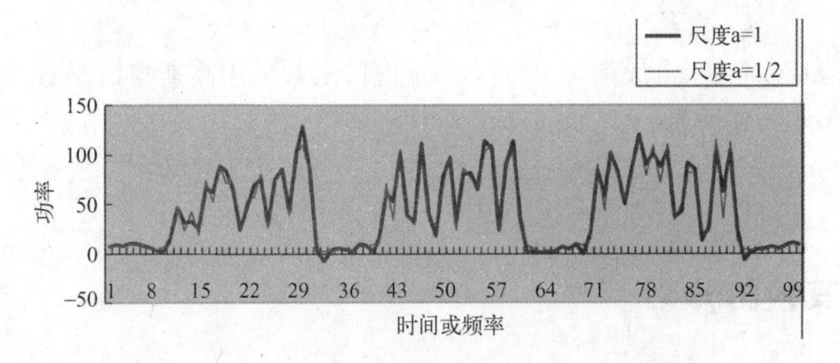

图 9–15　图 9–1 的数字音频信息的小波变换

音频信息时间域功率谱采用小波变换后，得到尺度位移空间的功率谱。根据目标信息的先验知识，可以采用某个尺度的波形，再采用前述的单阈值方法、局部最小平均功率方法、双峰谷点法或多峰谷点法等，确定目标信息的端点。然后利用这些目标信息的端点分割目标信息。

类似地，设音频信息 $f(t)$ 频率域幅度值的功率谱为 $E(\omega)$，则音频信息频率域功率谱的小波变换可以表示为：

$$E_w(a,b)=\sum_{\omega=-\infty}^{\infty}E(\omega)\varphi_{a,b}(\omega)=\frac{1}{\sqrt{a}}\sum_{\omega=-\infty}^{\infty}E(\omega)\varphi\left(\frac{\omega-b}{a}\right) \tag{9.106}$$

9.6　幅度合成

在音频信息处理与识别中，也常常需要采用某个或某些目标信息，和某个或某些背景信息，合成复杂内容的音频信息。比较普遍比较常用的音频信息合成是时间域幅度合成。音频信息时间域幅度合成的方式有加性合成、乘性合成、综合合成、调制合成、卷积合成等。

9.6.1　加性合成

加性合成，是把某个或某些目标信息和某个或某些背景信息的时间域幅度值线性相加，合成复杂内容的音频信息。例如演员歌唱声音与乐器演奏声音合成，电影电视中演员的话语声、音乐、背景声等合成，电影电视翻译片的语音配音合成，影视动漫中的语音、音乐、场景声音等合成，特殊场合例如机场、码头、海关、街道、商场等多种声音合成，特殊效果例如雷声、雨声、风声、涛声、爆炸声、场景声音等合成。这些合成一般都采用时间域幅度加性合成。

假设多种音频信息时间域幅度值为 $f_k(t),k=1,2,\cdots,K$，其中 K 是音频信息的个数。则音频信息时间域幅度加性合成可以用一个数学模型来描述：

$$f(t)=\sum_{k=1}^{K}a_k f_k(t) \tag{9.107}$$

其中，$a_k>0$ 是加权系数。加权系数 a_k 可以是常数，也可以是时间的函数。例如声音信息的化入化出，可以采用时间的线性加权系数 $a_k(t)$：

$$a_k(t)=at+b \tag{9.108}$$

其中，$a>0$ 使声音化入，$a<0$ 使声音化出。又例如声音的快速衰减或快速增长可以采用时间的指数函数加权系数 $a_k(t)$：

$$a_k(t)=a\mathrm{e}^{-bt}\quad b>0 \tag{9.109}$$

$$a_k(t)=a(1-\mathrm{e}^{-bt})\quad b>0 \tag{9.110}$$

式（9.109）使声音快速衰减，而式（9.110）使声音快速增长。

9.6.2　乘性合成

乘性合成，是把某个或某些目标信息和某个或某些背景信息的时间域幅度值相乘，合成复杂内容的音频信息。例如演员歌唱声音与乐器演奏声音合成，当有歌声时音乐声音变小，无歌声时音乐声音变大。电影电视中演员的话语声、音乐、背景声等合成，影视动漫中的语音、音乐、场景声音等合成，当有话语声时音乐和背景声变小。电影电视翻译片的语音配音合成，当语音配音时，其他声音变小。特殊场合例如机场、码头、海关、街道、商场等多种声音合成，某些声音被别的声音压制。特殊效果例如雷声、雨声、风声、涛声、爆炸声、场景声音、惊恐声、虚幻声等合成，某些声音被别的声音激励等。这些合成一般都采用时间域幅度乘性合成。

假设多种音频信息时间域幅度值为 $f_k(t),k=1,2,\cdots,K$，其中 K 是音频信息的个数。则音频信息时间域幅度乘性合成可以用一个数学模型来描述：

$$f(t)=\prod_{k=1}^{K}a_k f_k^{b}(t)\quad b=\pm 1 \tag{9.111}$$

其中，a_k 是加权系数，b 是乘性系数。与加性合成类似，乘性合成的加权系数 a_k 可以是常数，也可以是时间的函数。$b=+1$ 时，使其他声音被激励。$b=-1$ 时，使其他声音被压制。

9.6.3　综合合成

综合合成，是把加性合成、乘性合成及其他合成方式综合起来，对某个或某些目标信息和某个或某些背景信息的时间域幅度值进行合成，合成复杂内容的音频信息。

假设多种音频信息时间域幅度值为 $f_k(t),k=1,2,\cdots,K$，其中 K 是音频信息的个数。则音频信息时间域幅度综合合成可以用一个数学模型来描述：

$$f(t)=\sum_{k=1}^{L}a_k f_k(t)+\prod_{k=L+1}^{K}a_k f_k^{b}(t)\quad b=\pm 1 \tag{9.112}$$

其中，a_k是加权系数，b是乘性系数，L是加性合成的音频信息个数，$K-L$是乘性合成的音频信息个数。与前述合成类似，综合合成的加权系数a_k可以是常数，也可以是时间的函数。$b=+1$时，使其他声音被激励。$b=-1$时，使其他声音被压制。

9.6.4 调制合成

调制合成，是用频率比较低的音频信息去调制频率比较高的音频信息，使频率较高的音频信息的时间域幅度随着频率较低的音频信息的时间域幅度的变化而变化。例如，合成具有某种颤动效果的声音、具有某种海浪效果的声音，合成具有某种特殊效果的声音例如惊恐、虚幻、爆炸、眩晕的调制声。

假设两种音频信息时间域幅度值为$f_k(t),k=1,2$。则音频信息时间域幅度调制合成可以用一个数学模型来描述：

$$f(t)=a_1 f_1(t) a_2 f_2(t) \tag{9.113}$$

其中，a_1，a_2是加权系数。与前述合成类似，调制合成的加权系数a_1，a_2可以是常数，也可以是时间的函数。实际上，调制合成也是乘性合成，只不过是两个音频信息的乘性合成，合成的效果是较低频率的音频信息去调制较高频率的音频信息。

9.6.5 卷积合成

卷积合成，是两个音频信息做卷积运算而合成另一个音频信息。卷积合成可以看成是一个音频信息去加权另一个音频信息。例如，合成具有某种平滑或模糊效果的声音、具有某种突变或冲击效果的声音。

假设两种音频信息时间域幅度值为$f_k(t),k=1,2$。则音频信息时间域幅度卷积合成可以用一个数学模型来描述：

$$f(t)=a_1 f_1(t) * a_2 f_2(t)=\sum_{\tau=-\infty}^{\infty} a_1 a_2 f_1(\tau) f_2(\tau-t) \tag{9.114}$$

其中，a_1，a_2是加权系数，符号$*$表示卷积运算。与前述合成类似，卷积合成的加权系数a_1，a_2可以是常数，也可以是时间的函数。实际上，卷积合成也是一种滤波，只不过一个音频信息当做滤波器，另一个音频信息当做过滤信息。

9.7 频率合成

在音频信息处理与识别中，对某个或某些目标信息和某个或某些背景信息进行合成，合成复杂内容的音频信息，也可以采用音频信息频谱合成。与音频信息时间域幅度合成类似，音频信息频谱合成的方式也有加性合成、乘性合成、综合合成等。

9.7.1 加性合成

加性合成，与时间域幅度加性合成类似，是把某个或某些目标信息和某个或某些背景信息的频谱值线性相加，合成复杂内容的音频信息。

假设多种音频信息频谱值为$F_k(\omega),k=1,2,\cdots,K$，其中$K$是音频信息的个数。则音频信息频谱加性合成可以用一个数学模型来描述：

$$F(\omega) = \sum_{k=1}^{K} a_k F_k(\omega) \tag{9.115}$$

其中，$a_k > 0$ 是加权系数。加权系数 a_k 可以是常数，也可以是频率的函数。例如声音频率的由低到高，或由高到低变化，可以采用频率的线性加权系数 $a_k(\omega)$：

$$a_k(\omega) = a\omega + b \tag{9.116}$$

其中，$a > 0$ 使频率上升，$a < 0$ 使频率下降。又例如声音频率的快速衰减或快速增长可以采用频率的指数函数加权系数 $a_k(\omega)$：

$$a_k(\omega) = a\mathrm{e}^{-b\omega} \quad b > 0 \tag{9.117}$$

$$a_k(\omega) = a(1 - \mathrm{e}^{-b\omega}) \quad b > 0 \tag{9.118}$$

式（9.116）使声音频率快速衰减，而式（9.117）使声音频率快速增长。

频谱的加性合成，当系数为常数时，实际效果和时间域幅度的加性合成是相同的，因为时间域幅度加性合成和频谱加性合成满足傅里叶变换的线性叠加定理，即：

$$f(t) = \sum_{k=1}^{K} a_k f_k(t) \longleftrightarrow F(\omega) = \sum_{k=1}^{K} a_k F_k(\omega) \tag{9.119}$$

这里 a_k 是常数，只不过有时候在时间域的幅度加性合成可能不太方便，而在频率域的幅度加性合成可能更为方便。

9.7.2　乘性合成

乘性合成，与时间域幅度乘性合成类似，是把某个或某些目标信息和某个或某些背景信息的频谱值相乘，合成复杂内容的音频信息。

假设多种音频信息频谱值为 $F_k(\omega), k = 1, 2, \cdots, K$，$K$ 是音频信息的个数。则音频信息频谱乘性合成可以用一个数学模型来描述：

$$F(\omega) = \prod_{k=1}^{K} a_k F_k^b(\omega) \quad b = \pm 1 \tag{9.120}$$

其中，a_k 是加权系数，b 是乘性系数。与加性合成类似，乘性合成的加权系数 a_k 可以是常数，也可以是时间的函数。$b = +1$ 时，使其他声音频率被提升。$b = -1$ 时，使其他声音频率被压制。

频谱的乘性合成，当系数为常数时，实际效果和时间域幅度的卷积合成是相同的，因为时间域幅度卷积合成和频谱乘性合成满足傅里叶变换的线性卷积定理，即：

$$f(t) = a_1 f_1(t) * a_2 f_2(t) \longleftrightarrow F(\omega) = a_1 F_1(\omega) a_2 F_2(\omega) \tag{9.121}$$

这里 a_1，a_2 是常数。只不过有时候在时间域的幅度卷积合成时，运算量较大，速度较慢，可能不太方便，而在频率域的频谱乘性合成，运算量较小，速度较快，可能更为方便。

9.7.3　综合合成

综合合成，与时间域幅度综合合成类似，是把加性合成、乘性合成及其他合成方式综合起来，对某个或某些目标信息和某个或某些背景信息的频谱值进行合成，合成复杂内容的音频信息。

假设多种音频信息频谱值为 $F_k(\omega), k = 1, 2, \cdots, K$，其中 K 是音频信息的个数。则音频信息频谱综合合成可以用一个数学模型来描述：

$$F(\omega) = \sum_{k=1}^{L} a_k F_k(\omega) + \prod_{k=L+1}^{K} a_k F_k^b(\omega) \quad b = \pm 1 \tag{9.122}$$

其中，a_k是加权系数，b是乘性系数，L是加性合成的音频信息个数，$K-L$是乘性合成的音频信息个数。与前述合成类似，综合合成的加权系数a_k可以是常数，也可以是频率的函数。$b=+1$时，使其他声音频率被提升。$b=-1$时，使其他声音频率被压制。

9.7.4 卷积合成

卷积合成，是两个音频信息的频谱做卷积运算而合成另一个音频信息。卷积合成可以看成是一个音频信息的频谱去加权另一个音频信息的频谱。

假设两种音频信息的频谱为$F_k(t), k=1,2$。则音频信息频谱卷积合成可以用一个数学模型来描述：

$$F(\omega)=a_1F_1(\omega)*a_2F_2(\omega)=\sum_{\tau=-\infty}^{\infty}a_1a_2F_1(\tau)F_2(\tau-\omega) \tag{9.123}$$

其中，a_1，a_2是加权系数，符号$*$表示卷积运算。与前述合成类似，卷积合成的加权系数a_1，a_2可以是常数，也可以是频率的函数。

频谱的卷积合成，当系数为常数时，实际效果和时间域幅度的乘积合成是相同的，因为时间域幅度乘积合成和频谱卷积合成满足傅里叶变换的线性卷积定理，即：

$$f(t)=a_1f_1(t)a_2f_2(t)\leftarrow\rightarrow F(\omega)=a_1F_1(\omega)*a_2F_2(\omega) \tag{9.124}$$

这里a_1，a_2是常数。只不过有时候在频率域的频谱卷积合成时，运算量较大，速度较慢，可能不太方便，而在时间域的幅度乘性合成，运算量较小，速度较快，可能更为方便。

9.8 变换合成

在音频信息处理与识别中，对某个或某些目标信息和某个或某些背景信息进行合成，合成复杂内容的音频信息，还可以采用音频信息变换合成。变换合成是把音频信息从时间空间变换到其他空间，再在其他空间进行合成。其他空间可以是时间空间、频率空间、特征空间、模式空间或复合空间。时间空间到时间空间的变换被称为同态变换，例如对数变换、希尔伯特变换等。时间空间到频率空间的变换被称为时频变换，例如傅里叶变换、余弦变换等。所以，前述的频谱合成就是变换合成。时间空间到特征空间的变换被称为模式变换。时间空间到复合空间的变换，可以是时间空间到时频空间的变换，例如Gabor变换、小波变换等。时间空间到特征空间的变换也可以说是到复合空间的变换。

变换合成比较典型比较常用的是对数变换合成、Gabor变换合成、小波变换合成等。

9.8.1 对数变换合成

对数变换合成，与前述的合成类似，是把某个或某些目标信息和某个或某些背景信息的时间域幅度值或频谱值分别进行对数变换，然后在对数空间进行加性合成，合成复杂内容的音频信息。

假设多种音频信息时间域幅度值为$f_k(t), k=1,2,\cdots,K$，其中K是音频信息的个数。则音频信息时间域幅度对数变换合成可以用一个数学模型来描述：

$$f(t)=\sum_{k=1}^{K}a_k\ln[f_k(t)] \tag{9.125}$$

其中，$a_k>0$是加权系数。加权系数a_k可以是常数，也可以是时间的函数。

类似地，假设多种音频信息频谱值为 $F_k(\omega), k=1,2,\cdots,K$，其中 K 是音频信息的个数。则音频信息频谱对数变换合成可以用一个数学模型来描述：

$$F(\omega)=\sum_{k=1}^{K} a_k \ln[F_k(\omega)] \tag{9.126}$$

这里，对频谱进行对数变换时，频谱需要采用幅度谱 $|F(\omega)|$ 和相位谱 $\varphi(\omega)$ 来描述。于是，频谱的对数变换合成可以写成：

$$F(\omega)=\sum_{k=1}^{K} a_k[\ln|F_k(\omega)|+\mathrm{j}\varphi_k(\omega)] \tag{9.127}$$

其中，$|x|$ 表示 x 的幅度，j 表示复数的虚单位。

对数变换合成，实际上与乘性合成是等效的。因为音频信息乘性合成的对数是音频信息对数的加性合成。在音频信息的乘性合成时，有时乘法运算的运算量较大，速度较慢，于是，可以采用对数变换合成，变换乘法运算为加法运算，提高处理速度。

9.8.2 Gabor 变换合成

Gabor 变换合成，与前述的合成类似，是把某个或某些目标信息和某个或某些背景信息的时间域幅度值或频谱值分别进行 Gabor 变换，然后在 Gabor 空间合成复杂内容的音频信息。

假设多种音频信息的 Gabor 变换为 $F_{gk}(\omega,\tau), k=1,2,\cdots,K$，其中 K 是音频信息的个数。则音频信息 Gabor 变换合成可以用一个数学模型来描述：

$$F_{\mathrm{g}}(\omega,\tau)=\sum_{k=1}^{K} a_k F_{gk}(\omega,\tau) \tag{9.128}$$

其中，下标 g 表示 Gabor 变换，ω 是频率，τ 是时刻。

9.8.3 小波变换合成

小波变换合成，与前述的合成类似，是把某个或某些目标信息和某个或某些背景信息的时间域幅度值分别进行小波变换，然后在小波空间合成复杂内容的音频信息。

假设多种音频信息的小波变换为 $F_{wk}(a,b), k=1,2,\cdots,K$，其中 K 是音频信息的个数。则音频信息小波变换合成可以用一个数学模型来描述：

$$F_w(a,b)=\sum_{k=1}^{K} a_k F_{wk}(a,b) \tag{9.129}$$

其中，下标 w 表示小波变换，a 是尺度参数，b 是位移参数。

9.9 本章小结

本章主要介绍了音频信息分割与合成的基本理论与方法。在音频信息分割中，主要介绍了端点检测的分割方法、包络检测的分割方法、Gabor 变换的分割方法和小波变换的分割方法。端点检测包括功率谱单阈值法、局部最小平均功率法、功率谱双峰谷点法、功率谱多峰谷点法的端点检测。包络检测包括检波法、低通滤波法、极值定理法的包络检测。在音频信息合成中，主要介绍了幅度合成方法、频率合成方法和变换合成方法。幅度合成包括时间域幅度的加性合成、乘性合成、综合合成、调制合成、卷积合成。频率合成包括频率域频谱的加性合成、乘性合成、综合合成、卷积合成。变换合成包括对数变换、Gabor 变换、小波变换的合成。

第10章　音频信息的编辑

10.1　概述

在音频信息的处理与识别中，音频信息的编辑是一种很重要的处理。音频信息的编辑是把一个音频信息，按照某种需要，分解成一些音频信息片段，或者把音频信息的一些片段，按照某种需要，组合成一个音频信息。音频信息分解，例如把一个语音音频信息分解成一个字一个字的字段、一句话一句话的句段或者一段话一段话的语段等。又例如把一个音乐音频信息分解成一个一个的乐音、一节一节的乐节、一句一句的乐句或者一段一段的乐段等。再如把一个雷雨天的录音分解成风声段、雨声段、雷声段等。音频信息组合，例如用一些字段、一些句段或者一些语段等，组合成一篇精彩的演讲。又例如用一些乐音、一些乐节、一些乐句或者一些乐段等，组合成一段优美的音乐。再如用一些风声段、雨声段、雷声段等，组合成一个惊心动魄的雷雨交加场景。因此，采用音频信息编辑，可以获得一些期望的音频信息片段或者音频信息。

音频信息编辑一般可以分成线性编辑、非线性编辑、算术编辑等类型。

音频信息的线性编辑是把一些音频信息片段或音频信息素材根据编辑需要按一定的顺序存储，再按照一定的存储顺序检索提取一些音频信息片段或音频信息素材，根据编辑需要按一定的顺序组合成连续的完整的一个音频信息。

音频信息的非线性编辑是把一些音频信息片段或音频信息素材按照存储系统的文件管理方式和文件格式存储，再按照存储系统的文件管理方式和文件格式检索提取一些音频信息片段或音频信息素材，根据编辑需要按一定的顺序组合成一个连续的完整的音频信息。

算术编辑是音频信息编辑中应用最为广泛的编辑方法。音频信息的算术编辑是把一些音频信息片段或音频信息素材按照存储系统的文件管理方式和文件格式存储，再按照存储系统的文件管理方式和文件格式检索提取一些音频信息片段或音频信息素材，采用算术运算的方法，根据编辑需要按一定的顺序组合成一个连续的完整的音频信息。

10.2　线性编辑

如前所述，音频信息的线性编辑是把一些音频信息片段或音频信息素材根据编辑需要按一定的顺序存储，再按照一定的存储顺序检索提取一些音频信息片段或音频信息素材，根据编辑需要按一定的顺序组合成一个连续的完整的音频信息。音频信息的线性编辑，是一种传统的磁带或电影胶片的编辑技术和方式，是一维的编辑。音频信息分解或制作的片段或素材，按照某种顺序存储在磁带或电影胶片上。存储顺序常常是时间顺序，也可能是类型顺序、性质顺序、用途顺序等。音频信息的组合，在磁带或电影胶片上，从头到尾按顺序检索，取出需要的音频信息片段或音频信息素材，再把这些片段或素材按顺序组合成完整的音频信息。因此，音频信息的线性编辑步骤主要有四步：音频信息片段分解和音频信息素材制作，片段和素材顺序存储，片段和素材顺序检索，片段和素材顺序组合，如图 10-1 所示。图中虚线箭头表示顺序存储和顺序组合。由音频信息线性编辑步骤和图 10-1 可以看出，音频信息线性编辑至少需要两个音频信息录放系统。一个录放系统用于音频信息片段和音频信息素材的分类顺序存储和播放，一个录放系统用于编辑及结果的存储和播放。

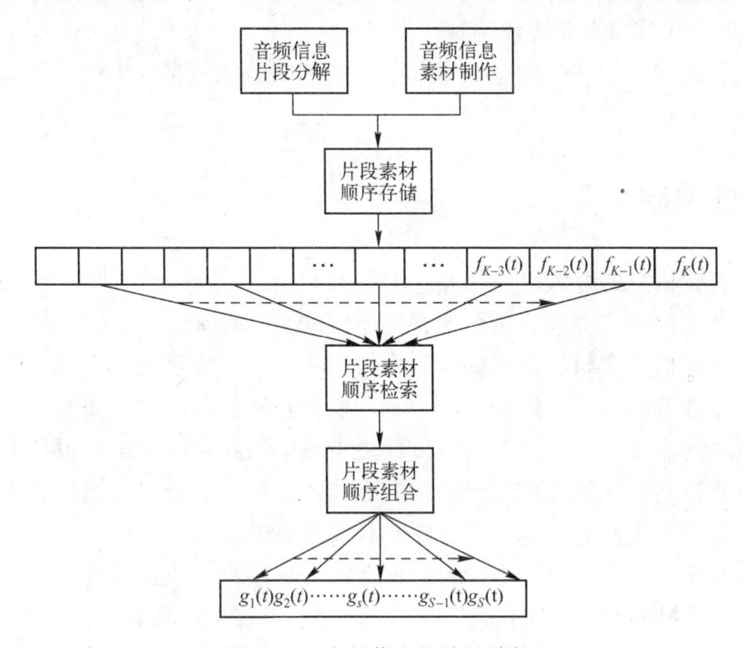

图 10-1　音频信息的线性编辑

设音频信息的片段或素材为 $f_k(t),k=1,2,\cdots,K$。则磁带或电影胶片上按顺序分类存储的音频信息 $f(t)$ 为：

$$f(t)=\{f_k(t)\}=[f_1(t)][f_2(t)]\cdots[f_K(t)] \tag{10.1}$$

其中，$\{x\}$ 表示 x 的序列，$[x]$ 表示 x 片段或素材的存储单元，K 表示音频信息片段或素材的数目。

设按顺序检索取出的音频信息的片段或素材为 $g_s(t),s=1,2,\cdots,S$。则按顺序组合成的音频信息 $g(t)$ 为：

$$g(t)=[g_s(t)]=[g_1(t)g_2(t)\cdots g_S(t)] \tag{10.2}$$

其中，S 表示取出的音频信息片段或素材的数目。例如，图 10-1 中的音频信息片段或音频信息素材及其编辑可能是 $g_1(t)=f_2(t),g_2(t)=f_5(t),\cdots\cdots,g_{S-1}(t)=f_{K-3}(t),g_S(t)=f_{K-1}(t)$。

线性编辑主要用于磁带和电影胶片的编辑。其优点是：

1）音频信息片段或音频信息素材易于保存，能反复使用。

2）音频信息片段、素材和完整音频信息顺序存储、顺序读取，速度快。

3）完整音频信息内部连续性好、平稳性好。

4）编辑点的查找容易、迅速、准确。

其缺点是：

1）音频信息片段或音频信息素材存储顺序的设计比较困难。

2）如果音频信息片段或音频信息素材的存储顺序不太合适，检索需要反复进行，导致编辑速度降低，编辑效率降低，磁带磨损率升高。

3）音频信息片段或音频信息素材的反复使用，导致质量衰减，噪声渗入。

4）线性编辑需要的设备多，设备连接复杂、调试困难、互相干扰大。

5）编辑结果的调试和修改比较困难。

由于线性编辑的缺点较多，除了磁带和电影胶片的音频信息编辑外，其他编辑基本不采用线性编辑技术与方法。

10.3 非线性编辑

如前所述，音频信息的非线性编辑是把一些音频信息片段或音频信息素材按照存储系统的文件管理方式和文件格式存储，再按照存储系统的文件管理方式和文件格式检索提取一些音频信息片段或音频信息素材，根据编辑需要按一定的顺序组合成一个连续的完整的音频信息。与音频信息线性编辑不同，这些音频信息片段和音频信息素材不需要按顺序的存储和检索提取。音频信息的非线性编辑，不是传统的磁带或电影胶片的一维编辑技术和方式，而是现代计算机系统或智能系统的多维编辑技术和方式。音频信息分解或制作的片段或素材，按照计算机的文件管理方式和文件格式，存储在计算机的内置硬盘上、外设硬盘上、光盘上、外设存储系统上的文件夹中、档案中或者数据库中。这些片段或素材常常是用它们在存储器中的位置（即地址）来标注。它们的管理、存储、检索提取，可以按一定的规则而不是按顺序。这些规则可以是按时间分类，也可按性质、用途等分类。音频信息的组合，在计算机系统或智能系统上，不像音频信息的线性编辑那样从头到尾按顺序检索，而是按管理存储规则和地址检索，取出需要的音频信息片段或音频信息素材，再把这些片段或素材按顺序组合成完整的音频信息。因此，音频信息的非线性编辑步骤主要有四步：音频信息片段分解和音频信息素材制作，片段和素材管理存储，片段和素材规则检索，片段和素材顺序组合，如图10-2所示。图中虚线箭头表示顺序组合。由音频信息非线性编辑步骤和图10-2可以看出，音频信息非线性编辑至少需要一台计算机系统。这台计算机系统既用于音频信息片段和音频信息素材的管理存储和播放，又用于编辑，以及结果的存储和播放。

设音频信息的片段或素材为$f_k(t),k=1,2,\cdots,K$。则音频信息存储系统上按管理方式存储的音频信息$f(t)$为：

$$f(t)=\{f_k(t)\}=\{f_1(t),f_2(t),\cdots,f_K(t)\} \tag{10.3}$$

其中，$\{x\}$表示x的集合，这个集合是无序的。K表示音频信息片段或素材的数目。

设按规则检索提取的音频信息的片段或素材为$g_s(t),s=1,2,\cdots,S$。则按顺序组合成的音频信息$g(t)$为：

$$g(t)=[g_s(t)]=[g_1(t)][g_2(t)]\cdots\cdots[g_S(t)] \tag{10.4}$$

其中，$[x]$表示x片段或素材的存储单元，S表示提取出的音频信息片段或素材的数目。例如，图10-2中的音频信息片段或音频信息素材及其编辑可能是$g_1(t)=f_5(t),g_2(t)=f_{K-1}(t),\cdots\cdots,g_{S-1}(t)=f_{K-3}(t),g_S(t)=f_2(t)$。

非线性编辑主要用于计算机系统和智能系统的编辑。其优点是：

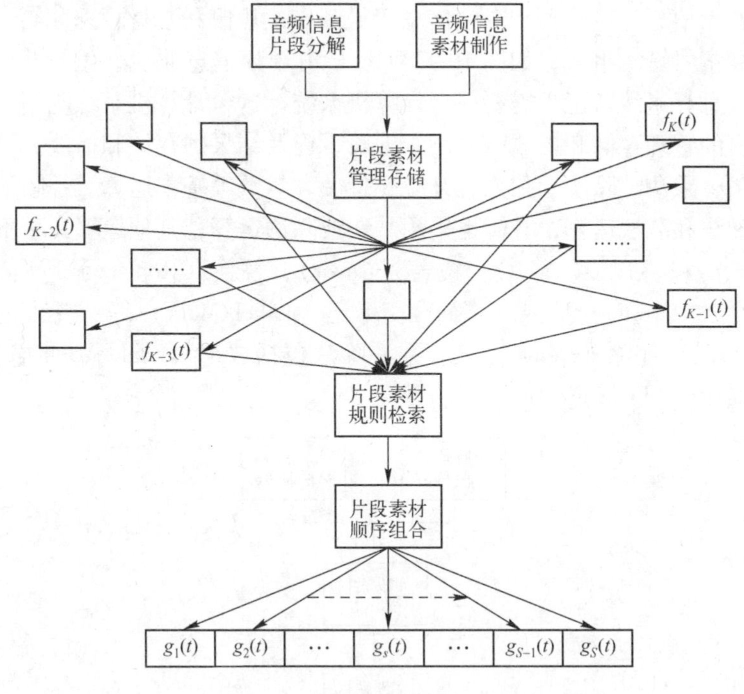

图 10-2　音频信息的非线性编辑

1）音频信息片段或音频信息素材易于保存，能反复使用。

2）音频信息片段、素材、完整音频信息的存储、读取、管理非常方便，速度快。

3）音频信息片段或音频信息素材的检索非常方便，编辑方便、速度快、效率高。

4）音频信息片段或音频信息素材的反复使用，不会导致质量衰减，噪声渗入。

5）编辑需要的设备种类不多，设备连接简单、调试容易、互相干扰小。

6）编辑结果的调试和修改比较简单容易。

7）编辑点的查找非常容易、迅速、准确。

其缺点是：完整音频信息内部连续性、平稳性不如线性编辑。

由于非线性编辑的优点很多，缺点很少，除了磁带和电影胶片的音频信息编辑外，其他编辑都采用非线性编辑技术与方法。

10.4　算术编辑

如前所述，算术编辑是音频信息编辑中应用最为广泛的编辑方法。音频信息的算术编辑是把一些音频信息片段或音频信息素材按照存储系统的文件管理方式和文件格式存储，再按照存储系统的文件管理方式和文件格式检索提取一些音频信息片段或音频信息素材，采用算术运算的方法，根据编辑需要按一定的顺序组合成一个连续的完整的音频信息。算术编辑可以是线性编辑，也可以是非线性编辑。如果是线性编辑，音频信息片段或音频信息素材的存储和检索提取按照线性编辑进行。如果是非线性编辑，音频信息片段和音频信息素材的存储和检索提取按照非线性编辑进行。无论是线性编辑，还是非线性编辑，音频信息片段和音频信息素材的组合不是按顺序组合，而是用算术运算来组合。因此，音频信息的算术编辑步骤主要有四步：音频信息片段分解和音频信息素材制作，片段和素材管理存储，片段和素材规则检索，片段和素材算术组合，如图 10-3 所示。由音频信息非线性编辑步骤和图 10-3 可以看出，音频信息算术编辑至少需要一台计算机系统。这台计算机系统既用于音频信息片段和音频信息素材的管理存储和播放，又用于编辑，以及结果的存储和播放。算术运算包括相等、加法、减法、乘法、除法、乘方、开方、指数、对数等基本运算。音频信息算术编辑主要采用相等、加法和减法运算，有时也采用乘法或除法运算，其他运算几乎不采用。相等运算包括复制（Copy）、粘贴（Paste）、覆盖（Cover）、替换（Replace）、清除（Clear）等。加法运算包括叠加（Sum）、插入（Insert）、标记（Label/Mark）等。减法包括叠减（Subtract）、剪切（Cut）、删除（Delete）等。乘法除法包括放缩（Scale）、伸缩（Stretch）、化入化出（淡入淡出）（Fade in/Fade out）等。

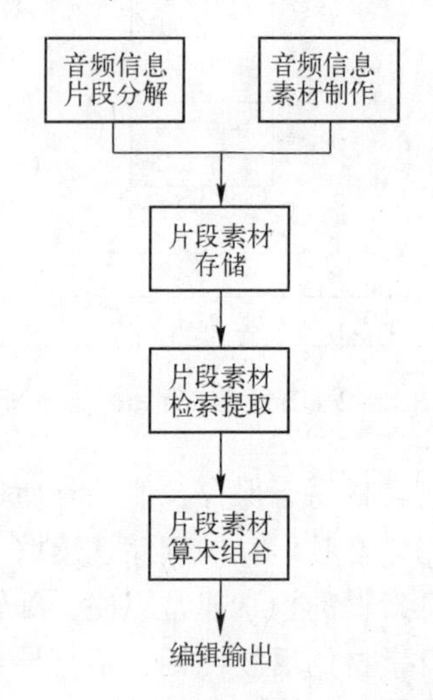

图 10-3　音频信息的算术编辑

1. 复制（Copy）

复制是算术编辑中的一种相等运算或赋值运算，是应用最多的编辑方式之一。它是把一个音频信息片段或音频信息素材的一部分或全部进行复制，然后赋给另一个空白片段。设检索提取的音频信息片段或音频信息素材为 $g(t)$，片段或素材 $g(t)$ 的全部复制 $g_c(t)$ 可以表示为：

$$g_c(t)=g(t) \tag{10.5}$$

片段或素材 $g(t)$ 的部分复制 $g_c(t)$ 可以表示为：

$$g_c(0<=t<T)=g(t_1<=t<=t_2) \tag{10.6}$$

其中，t_1 和 t_2 分别是复制的起点和终点，$T=t_2-t_1$ 是复制的时间长度。

2. 粘贴（Paste）

粘贴也是算术编辑中的一种相等运算或赋值运算，也是应用最多的编辑方式之一。它是把一个音频信息片段或音频信息素材粘贴在另一个音频信息片段或音频信息素材的某个位置上。被粘贴部分在粘贴前先被复制和存储。因此，粘贴可以取消，被粘贴部分可以找回，粘贴前的信息可以恢复。设检索提取的两个音频信息片段或音频信息素材分别为 $g_1(t)$ 和

$g_2(t)$，音频信息片段或音频信息素材 $g_2(t)$ 粘贴在音频信息片段或音频信息素材 $g_1(t)$ 上可以表示为：

$$g_c(t-t_1)=g_1(t_1<=t<=t_2)g_c(t<0)=0$$
$$g_1(t_1<=t<=t_2)=g_2(t) \tag{10.7}$$

其中，t_1 和 t_2 分别是粘贴的起点和终点，t_2-t_1 是 $g_2(t)$ 的时间长度。

3. 覆盖（Cover）

覆盖，或称重写（over write），也是算术编辑中的一种相等运算或赋值运算。它实际上是粘贴的一种。它是把一个音频信息片段或音频信息素材粘贴在另一个音频信息片段或音频信息素材上，同时把被粘贴地方的信息覆盖掉或重写掉。被覆盖或重写的部分覆盖前不复制不存储。因此，若覆盖取消，被覆盖部分不能找回，覆盖前的信息不能恢复。设检索提取的两个音频信息片段或音频信息素材分别为 $g_1(t)$ 和 $g_2(t)$，音频信息片段或音频信息素材 $g_2(t)$ 覆盖在音频信息片段或音频信息素材 $g_1(t)$ 上，与粘贴相同，可以表示为：

$$g_1(t_1<=t<=t_2)=g_2(0<=t<T_2) \tag{10.8}$$

其中，t_1 和 t_2 分别是粘贴的起点和终点，$T_2=t_2-t_1$ 是 $g_2(t)$ 的时间长度。

4. 替换（Replace）

替换，也是算术编辑中的一种相等运算或赋值运算。它实际上也是粘贴的一种。它是用一个音频信息片段或音频信息素材去替换另一个音频信息片段或音频信息素材的一部分或全部。被替换的部分或全部在替换前不复制不存储。因此，若替换取消，被替换部分不能再找回，替换前的信息不能再恢复。设检索提取的两个音频信息片段或音频信息素材分别为 $g_1(t)$ 和 $g_2(t)$，音频信息片段或音频信息素材 $g_2(t)$ 替换音频信息片段或音频信息素材 $g_1(t)$ 的一部分或全部，与粘贴或覆盖相同，可以表示为：

$$g_1(t_1<=t<=t_2)=g_2(0<=t<T_2) \tag{10.9}$$

其中，t_1 和 t_2 分别是粘贴的起点和终点，$T_2=t_2-t_1$ 是 $g_2(t)$ 的时间长度。

5. 清除（Clear）

清除，也是算术编辑中的一种相等运算或赋值运算。它是清除一个音频信息片段或音频信息素材的一部分或全部信息并代之以零，成为空白信息。被清除部分清除前不复制不存储。因此，若清除取消，被清除部分不能找回，清除前的信息不能再恢复。设检索提取的音频信息片段或音频信息素材为 $g(t)$，音频信息片段或音频信息素材 $g(t)$ 的部分或全部清除，可以表示为：

$$g(t_1<=t<=t_2)=0 \tag{10.10}$$

其中，t_1 和 t_2 分别是清除的起点和终点。

6. 叠加（Sum）

叠加是加法运算的一种，是算术编辑中使用最多的编辑方式之一。叠加运算就是把多个音频信息片段或音频信息素材，按照编辑的需要进行相加运算，组合成完整的音频信息。叠加运算主要采用线性叠加。

线性叠加是把两个或多个音频信息片段或音频信息素材线性叠加在一起，组成另一个音频信息。设检索提取的音频信息片段或音频信息素材为 $g_s(t)$，则线性叠加可以表示为：

$$g(t) = \sum_{s=1}^{S} a_s g_s(t) \tag{10.11}$$

其中 a_s 是加权系数，S 是片段或素材的个数。

7. 插入（Insert）

插入是加法的一种运算，也是粘贴的一种运算。插入是算术编辑中应用最多的编辑方式之一。它是把一个音频信息片段或音频信息素材加入到或粘贴在另一个音频信息片段或音频信息素材的某个位置上。它不覆盖、不替换、也不叠加另一个片段或素材的部分或全部信息，而是把那个片段或素材插入点后面的信息往后移位，连接在粘贴片段或素材的后面。插入主要有片头插入、片尾插入和片中插入几种。

（1）片头插入（片头移位相加）

片头插入，也可以被称为片头移位相加，是把一个音频信息片段或音频信息素材插入到另一个音频信息片段或音频信息素材的前头。设检索提取的两个音频信息片段或音频信息素材分别为 $g_1(t)$ 和 $g_2(t)$，则片头插入可以表示为：

$$g(t) = g_2(t) + g_1(t - T_2) g_1(t < 0) = 0, g_2(t >= T_2) = 0 \tag{10.12}$$

其中，T_2 是第二个片段或素材的时间长度。式（10.12）表示把第二个片段或素材插入到第一个片段或素材的前头。这也相当于第一个音频信息片段或音频信息素材延迟一个时间长度 T_2 后与第二个片段或素材相加。类似地也可以把第一个片段或素材插入到第二个片段或素材的前头。

（2）片尾插入（片尾移位相加）

片尾插入，也可以被称为片尾移位相加，是把一个音频信息片段或音频信息素材插入到另一个音频信息片段或音频信息素材的后头。设检索提取的两个音频信息片段或音频信息素材分别为 $g_1(t)$ 和 $g_2(t)$，则片尾插入可以表示为：

$$g(t) = g_1(t) + g_2(t - T_1) g_1(t >= T_1) = 0, g_2(t < 0) = 0 \tag{10.13}$$

其中，T_1 是第一个片段或素材的时间长度。式（10.13）表示把第二个片段或素材插入到第一个片段或素材的后头。这也相当于第二个音频信息片段或音频信息素材延迟一个时间长度 T_1 后与第一个片段或素材相加。类似地也可以把第一个片段或素材插入到第二个片段或素材的后头。

与片头插入相对，片尾插入等效于片头插入，即一个片段或素材插入到另一个片段或素材的后头，相当于另一个片段或素材插入到一个片段或素材的前头。

（3）片中插入（片中移位相加）

片中插入，也可以被称为片中移位相加，是把一个音频信息片段或音频信息素材插入到另一个音频信息片段或音频信息素材的中间某个位置。设检索提取的两个音频信息片段或音频信息素材分别为 $g_1(t)$ 和 $g_2(t)$，则片中插入可以表示为：

$$g(t) = g_1(t < T_1) + g_2(t - T_1) + g_3(t - T_1 - T_2) g_3(t >= 0) = g_1(t + T_1), g_2(t < 0 \text{ or } t >= T_2) = 0 \tag{10.14}$$

其中，T_1 是第一个片段或素材的插入点，T_2 是第二个片段或素材的时间长度。式（10.14）是把第二个片段或素材插入到第一个片段或素材中间某个 T_1 的位置。它相当于第二个片段或素材延迟一个时间长度 T_1，第一个片段或素材 T_1 后的信息延迟一个时间长度 T_2，再把这三个部分相加。类似地，也可以把第一个片段或素材插入到第二个片段或素材中间的某个位置。

8. 叠减（Subtract）

叠减是减法运算的一种，是算术编辑中使用较多的编辑方式之一。叠减运算就是把一个音频信息片段或音频信息素材，按照编辑的需要与多个音频信息片段或音频信息素材进行相加运算，得到另一个音频信息。叠减运算主要采用线性叠减。

线性叠减是从一个音频信息片段或音频信息素材，连续线性减去两个或多个音频信息片段或音频信息素材，形成另一个音频信息。设检索提取的音频信息片段或音频信息素材为 $g_s(t)$，则音频信息 $g_0(t)$ 线性叠减 $g_s(t)$ 可以表示为：

$$g(t) = g_0(t) - \sum_{s=1}^{S} a_s g_s(t) \tag{10.15}$$

其中 a_s 是加权系数，S 是片段或素材的个数。

9. 剪切（Cut）

剪切也是减法运算的一种，是算术编辑中使用很多的编辑方式之一。剪切运算就是把一个音频信息片段或音频信息素材，按照编辑的需要剪去一个或多个部分，变成另一个音频信息。剪得的部分被存储起来，可用于其他粘贴、替换或插入。因此，剪切可以取消，被剪切部分可以找回，剪切前的信息可以恢复。剪切后，被剪切的部分可以是空白，即位置还在，但内容为零值；也可以是剪口，即位置和内容都不复存在，后面的部分向前移与前面的部分连接。剪切主要有片头剪切、片尾剪切和片中剪切几种。

（1）片头剪切

片头剪切，是把一个音频信息片段或音频信息素材前部剪去。设检索提取的音频信息片段或音频信息素材为 $g(t)$，则片头剪切可以表示为：

$$\begin{gathered} g_c(t) = g(0 <= t < T) \\ g(t) = g(t) - g(0 <= t < T) \quad g(t < 0) = 0 \end{gathered} \tag{10.16}$$

或

$$g(t - T) = g(t) - g(0 <= t < T) \quad g(t < 0) = 0 \tag{10.17}$$

其中，T 是被剪切部分的时间长度。式（10.16）表示被剪切部分剪切后位置还在，内容是空白。式（10.17）表示被剪切部分剪切后位置和内容都不复存在了，后面部分前移到 $t = 0$ 的位置。式（10.16）可以简化为清除运算：

$$g(0 <= t < T) = 0 \tag{10.18}$$

式（10.17）可以简化为相等运算：

$$g(t) = g(t + T) \quad g(t < 0) = 0 \tag{10.19}$$

（2）片尾剪切

片尾剪切，是把一个音频信息片段或音频信息素材自己的后头部分剪去。设检索提取的音频信息片段或音频信息素材为 $g(t)$，则片尾剪切可以表示为：

$$\begin{gathered} g_c(t - T) = g(t >= T) \quad g_c(t < 0) = 0 \\ g(t) = g(t) - g(t >= T) \quad g(t < 0) = 0 \end{gathered} \tag{10.20}$$

或

$$g(0 <= t < T) = g(t) \quad g(t < 0) = 0 \tag{10.21}$$

其中，T 是剪切的时间起点。式（10.20）表示被剪切部分剪切后位置还在，内容是空白。式（10.21）表示被剪切部分被剪掉了，位置和内容都不复存在了。式（10.20）可以简化为清除运算：

$$g(t>=T)=0 \tag{10.22}$$

式（10.21）实际上是相等运算。

（3）片中剪切

片中剪切，是把一个音频信息片段或音频信息素材自己的中间某部分剪去。设检索提取的音频信息片段或音频信息素材为 $g(t)$，则片中剪切可以表示为：

$$g_c(t-T_1)=g(T_1<=t<T_2)$$
$$g(t)=g(t)-g(T_1<=t<T_2) \quad g(t<0)=0 \tag{10.23}$$

或

$$g(t)=g(0<=t<T_1)+g_c(t-T_1)g_c(t)=g(t+T_2)g(t<0)=0 \quad g_c(t<0)=0 \tag{10.24}$$

其中，T_1是剪切的时间起点，T_2是剪切的时间终点。式（10.23）表示被剪切部分剪切后位置还在，内容是空白。式（10.24）表示被剪切部分剪切后位置和内容都不复存在了，后面部分前移与被剪切部分的前面部分连接。式（10.23）可以简化为清除运算：

$$g(T_1<=t<T_2)=0 \tag{10.25}$$

式（10.24）实际上是复制和加法的混合运算。

10. 删除（Delete）

删除也是减法运算的一种，是算术编辑中使用很多的编辑方式之一。与剪切运算一样，删除就是把一个音频信息片段或音频信息素材，按照编辑的需要删掉一个或多个部分，变成另一个音频信息。与剪切不同，被删除的部分不复制不存储，不再用于其他粘贴、替换或插入。因此，若取消删除，被删除部分不能再找回，删除前的信息不能再恢复。并且，与剪切不同，被删除的部分删除后内容和位置都不复存在，即被删除部分后面的部分向前移与前面的部分连接。与剪切一样，删除也主要有片头删除、片尾删除和片中删除几种。

（1）片头删除

片头删除，是把一个音频信息片段或音频信息素材自己的前头部分删去。设检索提取的音频信息片段或音频信息素材为 $g(t)$，则片头删除可以表示为：

$$g(t-T)=g(t)-g(0<=t<T) \quad g(t<0)=0 \tag{10.26}$$

其中，T 是被删除部分的时间长度。式（10.26）表示被删除部分删除后位置和内容都不复存在了，后面部分前移到 $t=0$ 的位置。式（10.26）可以简化为相等运算：

$$g(t)=g(t+T) \quad g(t<0)=0 \tag{10.27}$$

（2）片尾删除

片尾删除，是把一个音频信息片段或音频信息素材自己的后头部分删去。设检索提取的音频信息片段或音频信息素材为 $g(t)$，则片尾删除可以表示为：

$$g(0<=t<T)=g(t) \quad g(t<0)=0 \tag{10.28}$$

其中，T 是被删除部分的时间起点。式（10.28）表示被删除部分删除后位置和内容都不复存在了。

（3）片中删除

片中删除，是把一个音频信息片段或音频信息素材自己的中间某部分删去。设检索提取的音频信息片段或音频信息素材为 $g(t)$，则片中删除可以表示为：

$$g(t)=g(0<=t<T_1)+g_c(t-T_1)g_c(t)=g(t+T_2)\quad g_c(t<0)=0 \tag{10.29}$$

其中，T_1是删除的时间起点，T_2是删除的时间终点。式（10.29）表示被删除部分删除后位置和内容都不复存在了，后面部分前移与前面部分连接。式（10.29）实际上是复制和加法的混合运算。

11. 放缩（Scale）

放缩是乘除运算的一种，是算术编辑中应用较多的编辑方式之一。放缩是把一个音频信息片段或音频信息素材，按照编辑的需要放大或缩小时间域幅度值，变成另一个音频信息。设检索提取的音频信息片段或音频信息素材为 $g(t)$，则放缩可以表示为：

$$g'(t)=ag(t)+b \tag{10.30}$$

其中，a 和 b 可以是常数，也可以不是常数。如果 a 和 b 是常数，则放缩是线性放缩。如果 $a>1$，则放缩是放大，即幅度增加，音量放大。如果 $0<a<1$，则放缩是缩小，即幅度降低，音量缩小。

如果 a 不是常数，而是时间的函数 $a(t)$ 或幅度值的函数 $a(g(t))$。如果 $a=a(t)$ 或 $a=a(g(t))$，则放缩是非线性放缩，可以表示为：

$$g'(t)=a(t)g(t)+b \tag{10.31}$$

或

$$g'(t)=a(g(t))g(t)+b \tag{10.32}$$

例如，$a(t)=t$，音量随时间增加而放大；$a(t)=1/t$，音量随时间增加而缩小；$a(t)=g(t)$，音量幅度呈平方放大；$a(t)=1/g^2(t)$，音量幅度呈倒数缩小。

12. 伸缩（Stretch）

伸缩是乘除运算的一种，是算术编辑中应用很多的编辑方式之一。伸缩是把一个音频信息片段或音频信息素材，按照编辑的需要放大或缩小时间轴，变成另一个音频信息。此时，若时间轴放大，则音频信息长度伸长；若时间轴缩小，则音频信息长度缩短。设检索提取的音频信息片段或音频信息素材为 $g(t)$，则伸缩可以表示为：

$$g'(t)=g(at+b) \tag{10.33}$$

其中，a 和 b 可以是常数，也可以不是常数。如果 a 和 b 是常数，则伸缩是线性伸缩。如果 $a>1$，则伸缩是缩短，即音频信息长度缩短，速度变快，频率升高。音频信息缩短，相当于音频信息上采样。如果 $0<a<1$，则伸缩是伸长，即音频信息长度伸长，速度变慢，频率降低。音频信息伸长，相当于音频信息下采样。

a 也可以不是常数，而是时间的函数 $a(t)$ 或幅度值的函数 $a(g(t))$。如果 $a=a(t)$ 或 $a=a(g(t))$，则伸缩是非线性放缩，可以表示为：

$$g'(t)=g(a(t)t+b) \tag{10.34}$$

或

$$g'(t)=g(a(g(t))t+b) \tag{10.35}$$

例如，$a(t)=t$，音频信息随时间增加而长度呈平方缩短，速度呈平方变快，频率呈平方升高；$a(t)=1/t^2$，音频信息随时间增加而长度呈倒数伸长，速度呈倒数变慢，频率呈倒数降低。又例如，$a(t)=g(t)$，音频信息随幅度变大而长度缩短，速度变快，频率升高；$a(t)=1/g^2(t)$，音频信息随幅度变大而长度伸长，速度变慢，频率降低。

式（10.33）的伸缩，当 $a>1$ 是整数时，实际上是一个最简单的等倍数上采样。有时为了消除噪声，可以采用等倍数均值上采样：

$$g'(t)=\frac{1}{2R+1}\sum_{r=-R}^{R}g((a+r)t+b) \tag{10.36}$$

其中，R 是领域半径。

当 $0<a<1$ 是分数时，实际上是一个最简单的等倍数下采样。下采样中有空白值。空白值可以采用等倍数线性插值：

$$g'(t)=ar[g(\text{int}(at)+1)-g(\text{int}(at))]+g(\text{int}(at)) \quad r=t\%(1/a) \tag{10.37}$$

其中，$\text{int}(x)$ 表示取 x 的整数部分，$t\%(1/a)$ 表示 t 模除 $1/a$ 的余数。

13. 化入化出（淡入淡出）（Fade in/Fade out）

化入化出，即淡入淡出，是乘除运算的一种，也是算术编辑中应用很多的编辑方式之一。化入化出是把一个音频信息片段或音频信息素材的时间域幅度，按照编辑的需要，从无到有，由小到大逐步增强到某个强度（化入或淡入），或者由大到小逐步减弱到消失（化出或淡出），变成另一个音频信息。设检索提取的音频信息片段或音频信息素材为 $g(t)$，则化入化出可以表示为：

$$g'(t)=(at+b)g(t) \tag{10.38}$$

其中，a 和 b 可以是常数，也可以不是常数。如果 a 和 b 是常数，则化入化出是线性变化。如果 $a>0$，则是化入，音量从无到有，由小到大逐步增强。如果 $a<0$，则是化出，音量由大到小逐步减弱到消失。a 的大小，决定化入化出的速度快慢。

如果 a 不是常数，可以是时间的函数 $a(t)$ 或幅度值的函数 $a(g(t))$。如果 $a=a(t)$ 或 $a=a(g(t))$，则放缩是非线性放缩，可以表示为：

$$g'(t)=(a(t)t+b)g(t) \tag{10.39}$$

或

$$g'(t)=(a(g(t))t+b)g(t) \tag{10.40}$$

例如，$a(t)=t$，音量随时间增加而快速化入；$a(t)=1/t^2$，音量随时间增加而快速化出；$a(t)=g(t)$，音量幅度变化随时间增加而化入；$a(t)=1/g^2(t)$，音量幅度变化随时间增加而化出。

14. 标记（Label/Mark）

标记是在音频信息中贴标签或做记号，以便识别、查找音频信息的某处或某部分，但基本不影响音频信息的听觉效果。标记是音频信息编辑中常常应用的一种方式。标记一般有两种类型：点标记和段标记；有两种编辑方式：插入或叠加。

（1）点标记

点标记，是在音频信息 $g(t)$ 中的某个时刻 t_i 贴上一个标签 L。点标记可以采用插入的方式：

$$g(t>t_i)=g(t-1)$$
$$g(t_i)=L \tag{10.41}$$

这里插入的标签 L 必须不同于任何音频信息值 $g(t)$，否则，识别或查找标签时会出错。

点标记也可以采用叠加的方式：

$$g(t_i)=g(t_i)+L \tag{10.42}$$

这里，叠加标签 L 后的值 $g(t_i)+L$ 必须不同于任何音频信息值 $g(t)$，否则，识别或查找标签时会出错。

（2）段标记

段标记，是在音频信息 $g(t)$ 中的某个时间段 t_i 到 t_j 上贴上一个标签 L。段标记可以采用两点标记，也可以采用全段标记。两点标记是标记段的起点和段的终点。这两点标记可以采用插入的方式：

$$g(t>t_j+2)=g(t-2)g(t_i<t<=t_j+1)=g(t-1)$$
$$g(t_i)=L_ig(t_j)=L_j \tag{10.43}$$

这里插入的标签 L_i，L_j 必须不同于任何音频信息值 $g(t)$，否则，识别或查找标签时会出错。

两点标记也可以采用叠加的方式：

$$g(t_i)=g(t_i)+L_i \tag{10.44}$$

$$g(t_j)=g(t_j)+L_j \tag{10.45}$$

这里，叠加标签 L_i，L_j 后的值 $g(t_i)+L_i,g(t_j)+L_j$ 必须不同于任何音频信息值 $g(t)$，否则，识别或查找标签时会出错。

全段标记一般采用叠加的方式：

$$g(t_i<=t<=t_j)=g(t)+L_{ij} \tag{10.46}$$

这里，叠加标签 L_{ij} 后的值 $g(t)+L_{ij}$ 必须不同于任何音频信息值 $g(t)$，否则，识别或查找标签时会出错。

算术编辑主要用于计算机系统和智能系统的音频信息编辑。其优点是：

1）音频信息片段或音频信息素材易于保存，能反复使用。

2）音频信息片段、素材、完整音频信息的存储、读取、管理非常方便，速度快。

3）音频信息片段或音频信息素材的检索非常方便，编辑方便、速度快、效率高。

4）音频信息片段或音频信息素材的反复使用，不会导致质量衰减，噪声渗入。

5）编辑需要的设备种类不多，设备连接简单、调试容易、互相干扰小。

6）编辑过程非常灵活、方便，编辑结果的调试和修改非常简单。尤其对结构复杂、内容丰富、风格多变的音频信息编辑非常方便快捷。

7）编辑点的查找非常容易、迅速、准确。

其缺点是：完整音频信息内部连续性、平稳性不如线性编辑。

10.5 本章小结

本章主要介绍了音频信息编辑的一些基本概念、基本方法和基本算法。音频信息编辑主要包括线性编辑、非线性编辑、算术编辑三种类型。音频信息的线性编辑是把一些音频信息片段或音频信息素材根据编辑需要按一定的顺序存储，再按照一定的存储顺序检索提取一些音频信息片段或音频信息素材，根据编辑需要按一定的顺序组合成连续的完整的一个音频信息。线性编辑是一维编辑，主要用于磁带和电影胶片的音频信息编辑。音频信息的非线性编辑是把一些音频信息片段或音频信息素材按照存储系统的文件管理方式和文件格式存储，再按照存储系统的文件管理方式和文件格式检索提取一些音频信息片段或音频信息素材，根据编辑需要按一定的顺序组合成一个连续的完整的音频信息。非线性编辑是多维编辑，用于计算机系统或智能系统的音频信息编辑。音频信息的算术编辑是把一些音频信息片段或音频信息素材按照存储系统的文件管理方式和文件格式存储，再按照存储系统的文件管理方式和文件格式检索提取一些音频信息片段或音频信息素材，采用算术运算的方法，根据编辑需要按一定的顺序组合成一个连续的完整的音频信息。算术编辑主要采用相等、加法和减法运算，有时也采用乘法或除法运算，其他运算几乎不采用。相等运算包括复制（Copy）、粘贴（Paste）、覆盖（Cover）、替换（Replace）、清除（Clear）等。加法运算包括叠加（Sum）、插入（Insert）、标记（Label/Mark）等。减法运算包括叠减（Subtract）、剪切（Cut）、删除（Delete）等。乘法运算包括放缩（Scale）、伸缩（Stretch）、化入化出（淡入淡出）（Fade in/Fade out）等。

参 考 文 献

[1] 韩纪庆，等. 音频信息处理技术[M]. 北京：清华大学出版社，2007.

[2] 彭声泽，黄敏，冉雪江. 现代多媒体信息处理技术研究[M]. 北京：中国水利水电出版社，2013.

[3] 康华光，陈大钦. 电子技术基础——模拟部分[M]. 6 版. 北京：高等教育出版社，2013.

[4] 康华光，邹寿彬. 电子技术基础——数字部分[M]. 4 版. 北京：高等教育出版社，2000.

[5] 维格特. 数字信号处理基础[M]. 侯正信，等译. 北京：电子工业出版社，2006.

[6] 奥本海姆. 信号与系统[M]. 刘树棠，译. 西安：西安交通大学出版社，1998.

[7] 刘泉，郭志强. 数字信号处理原理与实现[M]. 北京：电子工业出版社，2009.

[8] 张雪英，贾海蓉. 语音与音频编码[M]. 西安：西安电子科技大学出版社，2011.

[9] 吴家安. 现代语音编码技术[M]. 北京：科学出版社，2008.

[10] 阮秋琦. 数字图像处理学[M]. 2 版，北京：电子工业出版社，2011.

[11] 胡广书. 数字信号处理理论、算法与实现[M]. 3 版. 北京：清华大学出版社，2012.

[12] 博格斯，马科维奇. 小波与傅里叶分析基础[M]. 2 版. 芮国胜，康健，译. 北京：电子工业出版社，2010.

[13] 张德丰，等. MATLAB 小波分析[M]. 2 版. 北京：机械工业出版社，2012.

[14] 曹雪虹，张宗橙. 信息论与编码[M]. 2 版. 北京：清华大学出版社，2009.

[15] 龚耀寰. 自适应滤波[M]. 2 版. 北京：电子工业出版社，2003.

[16] 程佩青. 数字信号处理教程[M]. 北京：清华大学出版社，2001.